天工開物

全本全注全译

〔明〕宋应星 著
谦德书院 注译

團结出版社

图书在版编目(CIP)数据

天工开物 / (明) 宋应星著 ; 谦德书院注译 . -- 北京 : 团结出版社 , 2023.6

ISBN 978-7-5126-9838-3

Ⅰ. ①天… Ⅱ. ①宋… ②谦… Ⅲ. ①农业史—中国—古代②手工业史—中国—古代③《天工开物》—译文④《天工开物》—注释 Ⅳ. ① N092

中国版本图书馆 CIP 数据核字 (2022) 第 213646 号

出版: 团结出版社

(北京市东城区东皇城根南街 84 号 邮编: 100006)

电话: (010) 65228880 65244790 (传真)

网址: www.tjpress.com

Email: zb65244790@vip.163.com

经销: 全国新华书店

印刷: 天宇万达印刷有限公司

开本: 145×210 1/32

印张: 12

字数: 260 千字

版次: 2023 年 6 月 第 1 版

印次: 2023 年 6 月 第 1 次印刷

书号: 978-7-5126-9838-3

定价: 58.00 元

《谦德国学文库》出版说明

人类进入二十一世纪以来，经济与科技超速发展，人们在体验经济繁荣和科技成果的同时，欲望的膨胀和内心的焦虑也日益放大。如何在物质繁荣的时代，让我们获得内心的满足和安详，从经典中获取智慧和慰藉，或许是我们不二的选择。

之所以要读经典，根本在于，我们应当更好地认识我们自己从何而来，去往何处。一个人如此，一个民族亦如此。一个爱读经典的人，其内心世界必定是丰富深邃的。而一个被经典浸润的民族，必定是一个思想丰赡、文化深厚的民族。因为，文化是民族之灵魂，一个民族如果不能认识其民族发展的精神源泉，必定就会失去其未来的生机。而一个民族的精神源泉，就保藏在经典之中。

今日，我们提倡复兴中华优秀传统文化，当自提倡重读经典始。然而，读经典之目的，绝不仅在徒增知识而已，应是古人所说的“变化气质”，进一步，是要引领我们进德修业。《易》曰：“君子以多识前言往行，以畜其德。”实乃读经典之要旨所在。

基于此理念，我们决定出版此套《谦德国学文库》，“谦德”，即本《周易》谦卦之精神。正如谦卦初六爻所言：“谦谦君子，用涉大川”，我们期冀以谦虚恭敬之心，用今注今译的方式，让古圣先贤的教诲能够普及到每一个人。引导有心的读者，透过扫除古老经典的文字障碍，从而进入经典的智慧之海。

作为一套普及型的国学丛书，我们选择经典，不仅广泛选录以儒家文化为主的经、史、子、集，也将视野开拓到释、道的各种经典。一些大家所熟知的经典，基本全部收录。同时，有一些不太为人熟知，但有当代价值的经典，我们也选择性收录。整个丛书几乎囊括中国历史上哲学、史学、文学、宗教、科学、艺术等各领域的基本经典。

在注译工作方面，版本上我们主要以主流学界公认的权威版本为底本，在此基础上参考古今学者的研究成果，使整套丛书的注译既能博采众长而又独具一格。今文白话不求字字对应，只在保证文意准确的基础上进行了梳理，使译文更加通俗晓畅，更能贴合现代读者的阅读习惯。

古籍的注译，固然是现代读者进入经典的一条方便门径，然而这也仅仅是阅读经典的一个开端。要真正领悟经典的微言大义，我们提倡最好还是研读原本，因为再完美的白话语译，也不可能完全表达出文言经典的原有内涵，而这也正是中国经典的魅力所在吧。我们所做的工作，不过是打开阅读经典的一扇门而已。期望藉由此门，让更多读者能够领略经典的风采，走上领悟古人思想之路。进而在生活中体证，方能直趋圣贤之境，真得圣贤典籍之大用。

经典，是古圣先贤留给我们的恩泽与财富，是前辈先人的智慧精华。今日我们在享用这一份恩泽与财富时，更应对古人心存无尽的崇敬与感恩。我们虽恭敬从事，求备求全，然因学养所限、才力不及，舛误难免，恳请先贤原谅，读者海涵。期望这一套国学经典文库，能够为更多人打开博大精深之中华文化的大门。同时也期望得到各界人士的襄助和博雅君子的指正，让我们的工作能够做得更好！

团结出版社

2017年1月

前 言

《天工开物》是我国明代大科学家宋应星（1587-？）的代表作，初版于崇祯十年（1637），是作者任江西分宜教谕时（1634-1638）撰写而成。它记载了明朝中叶以前中国古代的各项技术。与《天工开物》同时期的还有李时珍的《本草纲目》以及徐光启的《农政全书》。但与后两者不同，《天工开物》最初的声誉来自于海外，尤其是受到日本和欧洲学术界的推崇。《天工开物》是世界上第一部关于农业和手工业生产的综合性著作，有人称它是一部百科全书式的著作。

宋应星，字长庚，明代万历十五年（1587）生，江西奉新人，大约卒于清康熙五年（1666）。他出生在一个“三代尚书”的没落官宦之家，自幼聪慧过人，精通经史子集。万历四十三年，时年28岁的宋应星便与其兄一起在江西乡试时同榜中举，一时传为佳话，有“奉新二宋”之称。宋应星兴趣十分广泛，他对天文、地理、农业、手工业等都比较注意观察和研究。当科举场中屡受挫折，以致“六上公车而不第”之后，他便幡然醒悟，一方面为官，一方面著书立说，遂成为一名科学上的巨人。

《天工开物》共十八卷，附有百余幅插图，涉及30多个行业，描绘了130多项生产技术和工具的名称、形状、工序。书名取自《尚书·皋陶谟》“天工人其代之”及《易经·系辞》“开物成务”，作者说是“盖人巧造成异物也”（《五金》）。全书按“贵五谷而贱金玉之义”（《序》）分为《乃粒》（五谷）、《乃服》（纺织）、《彰施》（服装染色）、《粹精》（粮食加工）、《作咸》（制盐）、《甘嗜》（制糖）、《陶埏》（陶瓷）、《冶铸》（铸造）、《舟车》（船车）、《锤锻》（锻造）、《燔石》（煤石烧制）、《膏液》（食油）、《杀青》（造纸）、《五金》（冶金）、《佳兵》（兵器）、《丹青》（矿物颜料）、《曲蘖》（酒曲）和《珠玉》。所以中国地质事业奠基人、科学家丁文江曾评价《天工开物》说：“三百年前言农工业书如此其详且备者，举世界无之，盖亦绝作也。读此书者，不特可以知当日生活之状况，工业之程度，且以今较昔，吾国经济之变迁，制作之兴废，亦于是中观焉。”

值得一提的是，书中所提到的工具、工序等都详略兼顾，配以插图，阅读起来甚是有趣，这些插图不仅仅是为了带有审美性的愉悦所为，它们和相关文字几乎可以做到一一对照，加上宋应星对以往典籍，如《考工记》《梓人遗制》《梦溪笔谈》《便民图纂》《耕织图谱》等的了解和运用，使得《天工开物》中与工具相关的信息极有价值，也许许多人对《天工开物》的图像比对文字更为熟悉。

全书前六卷记载了谷物豆麻的栽培和加工方法，蚕丝棉苎的纺织和染色技术，以及制盐、制糖工艺。这些内容都是与人们日常生活关系较为密切的。中间七卷内容包括砖瓦、陶瓷的制作，车船的建造，金属的铸锻，煤炭、石灰、硫黄、白矾的开采和烧制，以及榨油、造纸方法等。后五卷记述了金属矿物的开采和冶炼，兵器的制造，颜料、酒曲的生产，以及珠玉的采集加工等。其中，分量最大的是农业技术，其次是金属冶铸技术。作者撰写此书，一是向人们系统介绍农业、手工业的生产知识。他认为天覆地载，物号数万，若每一种知识都靠他人口授，或者亲自去观察，是认识不了多少东西的，所以应向书本学习。二是强调生产知识的重要性，批判那种轻视生产劳动而侈谈楚萍的错误倾向。

同时，《天工开物》还涉及许多中国古代物理知识，如在提水工具（筒车、水滩、风车）、船舵、灌钢、泥型铸釜、失蜡铸造、排除煤矿瓦斯方法、盐井中的吸卤器（唧筒）、熔融、提取法中都有许多关于力学、热学等物理知识。在《五金》篇中，作者明确指出，锌是一种新金属，并且首次记载了它的冶炼方法。

据传，因书中有“北虏”等字样，《天工开物》在清朝被列为禁书，直到民国初年才重见天日。据不完全统计，《天工开物》在全世界已有16个版本发行。英国生物学家达尔文很推崇《天工开物》，将其称为“权威著作”。英国科学史家李约瑟称《天工开物》为“中国十七世纪的工艺百科全书”，还说宋应星是中国的阿格里科拉、中国的狄德罗。

《天工开物》主要有四个版本。最早的版本是涂本，即明刊初刻本；杨本，又称坊刻本，是以涂本为底本翻刻的第二版；菅本，是最早在中国以外刊行的版本；陶本，是20世纪以来中国刊行的第一个《天工开物》新版本，在整个版本史上属于第四版，也是比较通俗的一版。此次出版，原文以涂刻本为底本，同时参考了其他几种版本，择善而从。为了便于现代读者阅读，编者对原文做了简明的注释和通俗流畅的译文。囿于能力，书中难免有所疏漏，恳请读者不吝赐教。

谦德书院

2023年3月

目　录

序……………………………………………………………………1

乃粒第一

总　名 ……………………………………………………………8
稻………………………………………………………………………9
稻　宜 ……………………………………………………………13
稻　工（耕、耙、磨耙、耘耔具图） ………………………………14
稻　灾 ……………………………………………………………18
水　利 ……………………………………………………………22
麦……………………………………………………………………27
麦　工 ……………………………………………………………29
麦　灾 ……………………………………………………………32
黍稷粱粟 …………………………………………………………33
麻……………………………………………………………………35

菽…… 38

乃服第二

蚕种、蚕浴、种忌、种类 …… 45
抱养、养忌、叶料、食忌、病症 …… 49
老足、结茧、取茧、物害、择茧 …… 55
造 绵 …… 60
治 丝(缫车 具图) …… 61
调丝、纬络、经具、过糊 …… 64
边维、经数 …… 68
机式、腰机式、花本(具图) …… 69
穿经、分名、熟练 …… 73
龙袍、倭缎 …… 76
布衣、枲著、夏服 …… 77
裘 …… 82
褐、毡 …… 86

彰施第三

诸色质料 …… 90
蓝 淀 …… 94
红 花 …… 95
附:燕脂、槐花 …… 97

粹精第四

攻 稻（击禾 轧禾 风车 水碓 石碾 臼 碓 筛 皆具图）… 100
攻 麦（扬 磨 罗 具图） …… 108
攻黍、稷、粟、粱、麻、菽（小碾 枷 具图） …… 112

作咸第五

盐 产 …… 118
海水盐 …… 119
池 盐 …… 124
井 盐 …… 125
末盐、崖盐 …… 131

甘嗜第六

蔗 种 …… 134
蔗 品 …… 137
造[红]糖（具图） …… 138
造白糖 …… 140
附：造兽糖 …… 142
蜂 蜜 …… 143
饴 饧 …… 146

陶埏第七

瓦 …… 149

砖…… 152
罂 瓮 …… 157
白瓷 附：青瓷 …… 162
附：窑变、回青 …… 171

冶铸第八

鼎…… 173
钟…… 175
釜…… 181
像、炮、镜 …… 183
钱 附：铁钱…… 185

舟车第九

舟…… 193
漕 舫 …… 194
海 舟 …… 203
杂 舟 …… 205
车…… 211

锤锻第十

治 铁 …… 219
斤 斧 …… 221
锄 镈 …… 222

鎈…… 223
锥…… 224
锯…… 224
刨…… 225
凿…… 225
锚…… 226
针…… 227
治 铜 …… 229

燔石第十一

石灰、蛎灰…… 233
煤 炭 …… 236
矾石 白矾 …… 238
青矾、红矾、黄矾、胆矾 …… 240
硫 黄 …… 243
砒 石 …… 245

膏液第十二

油 品 …… 249
法 具 …… 252
皮 油 …… 257

杀青第十三

纸 料 …… 261
造竹纸 …… 262
造皮纸 …… 269

五金第十四

黄 金 …… 273
银 附: 朱砂银 …… 279
铜 …… 287
附: 倭铅 …… 291
铁 …… 292
锡 …… 297
铅 附: 胡粉、黄丹 …… 300

佳兵第十五

弧、矢 …… 305
弩、干 …… 313
火药料 …… 316
硝石、硫黄 …… 318
火 器 …… 320

丹青第十六

朱 …… 328

墨…………………………………………………… 333
附…………………………………………………… 336

曲蘖第十七

酒 母 ……………………………………………… 339
神 曲 ……………………………………………… 341
丹 曲 ……………………………………………… 342

珠玉第十八

珠…………………………………………………… 347
宝…………………………………………………… 352
玉…………………………………………………… 356
附: 玛瑙、水晶、琉璃…………………………………… 363

序

天覆地载，物数号万，而事亦因之，曲成而不遗，岂人力也哉？事物而既万矣，必待口授目成而后识之，其与几何？万事万物之中，其无异生人与有益者，各载其半。世有聪明博物者，稠人推焉。乃枣梨之花未赏，而臆度“楚萍[①]”；釜鬵[②]之范鲜经，而侈谈“莒鼎[③]”；画工好图鬼魅而恶犬马[④]；即郑侨、晋华岂足为烈[⑤]哉？

【注释】①楚萍：《孔子家语·致思篇》记载，楚昭王见江中有红色圆状物。问孔子，孔子说是楚萍，属于吉祥、罕见而难得之物，唯有霸者才能得之。②釜鬵（xín）：釜和鬵，都是古代炊具。③莒鼎：《左传》记载，晋侯赐子产二方鼎，是由莒国（今山东莒县）所铸的食器。④画工：《韩非子》记载，齐王问画师，画何物最难？画师答：画犬马难。齐王又问，画何物最易？画师答：画鬼怪最易。因犬马天天见到，画得好不好一看便知；鬼怪无人看到，怎样画都随画师的意愿。⑤烈：美好，优美。嵇康《琴赋》："声烈遐布。"

【译文】天覆于上，地载于下，其间有万物，因万物而有万事。《周易》说："曲成而不遗（大意是：树立目标之后，顺乎'道'的变化，想方设法扭转困境，矢志不渝，最终获得成就）。"然而，这岂是人力所能做到的呢？事物既然数以万计，一定要等到别人口授、自己眼见才认识它们，又能掌握多少？在万事万物之中，无益于人与有益于人的各占一半。世界上有聪明人，他们见多识广，受到众人的推崇。然而，有些人连枣花、梨花都未经辨别，却胡乱猜测"楚萍"；连铸锅的模具都很少接触，却大谈"莒鼎"；至于画工，喜好画鬼魅类虚幻之物，而讨厌画犬马的真实之形。这样的人，纵然像郑国的公孙侨、西晋的张华那样名声显赫，又有什么实际的益处呢？

幸生圣明极盛之世，滇南车马纵贯辽阳，岭徼[①]宦商衡游蓟北。为[②]方万里中，何事何物不可见见闻闻！若为士而生东晋之初、南宋之季，其视燕、秦、晋、豫方物已成夷产，从互市[③]而得裘帽，何殊肃慎之矢[④]也。且夫王孙帝子生长深宫，御厨玉粒正香而欲观耒耜[⑤]，尚宫锦衣方剪而想象机丝。当斯时也，披图一观，如获重宝矣。

【注释】①徼（jiào）：巡查。②为：于，在。《淮南子》："今之时人，辞官而隐处为乡邑之下。"③互市：指民族或国家之间的贸易活动。④肃慎之矢：《国语·鲁语下》："此肃慎氏之矢也。"肃慎是中国古代东北民族，是现代满族的祖先。肃慎族曾将楛矢石砮（楛木制作的箭杆，青石磨制的箭头）进贡于周成王。⑤耒耜（lěi sì）：古代耕地用的农具。

【译文】我们有幸生在圣明之世，物品极其繁盛。南方云南的车马，可以直达东北的辽阳；岭南巡查的官员与商人可以横游河北。在方圆万里之内，何事何物不能见闻呢？假设作为读书人而生于东晋初年或者南宋末年，那么他会把河北、陕西、山西和河南的土产看成外国的货物，从集市贸易来的裘衣皮帽，也犹如"肃慎之矢"那样珍奇。并且，王孙帝子生长深宫之内，御厨米饭正香之际，看一看"耒耜"耕耘的情景；尚宫局（宫廷女官六局之一）裁剪锦衣之时，想一想巧织机丝的辛勤。正当此时，打开图册一看，也会有如获至宝之感。

年来著书一种，名曰《天工开物[1]》卷。伤哉贫也，欲购奇考证，而乏洛下之资[2]；欲招致同人商略赝[3]真，而缺陈思之馆[4]。随其孤陋见闻，藏诸方寸而写之，岂有当哉？吾友涂伯聚[5]先生，诚意动天，心灵格物[6]。凡古今一言之嘉，寸长可取，必勤勤恳恳而契合焉。昨岁《画音归正》，由先生而授梓。兹有后命，复取此卷而继起为之，其亦夙缘之所召哉。

【注释】①天工开物："天工"，《尚书·皋陶谟》："天工人其代之"；"开物"，《易经·系辞传上》："开物成务"。二词并用，意谓"以自然力配合人工的技巧，从而在自然界开发物产"。②洛下之资：《三国志·魏志·夏侯玄传》注引《魏略》载蒋济语："洛中（洛阳）市买，一钱不足则不行"。意谓没钱。③赝（yàn）：假的，伪造的。④陈思之馆：指三国时期曹植延请文人学士的宾馆。曹植生前封陈王，死后谥号为“思”。⑤涂伯聚：名涂绍煃，万历进士，宋应星好友、同学。⑥格物：意为探究事物的道理，纠正人的行为。

【译文】近年来，我著《天工开物》一册。因为贫穷，我无限伤感：计划置办一些珍奇的物品进行考证，而无买入之资；打算招致同仁商讨真伪，但缺住宿之地。仅凭自己的孤陋见闻与心中的所记所想，难免有不当之处。我的朋友涂伯聚先生，诚意能够感天，心灵足可格物。凡是古今的嘉言善语，有些微的可取之处，涂先生一定勤恳契合。去年，拙作《画音归正》，由涂先生出资刻板印刷。现在又遵照他的建议，又将《天工开物》继续刻印，这也是夙缘感召的结果。

卷分前后，乃“贵五谷而贱金玉[①]”之义。《观象》《乐律》二卷，其道太精，自揣非吾事，故临梓删去。丐大业文人弃掷案头，此书于功名进取毫不相关也。

时崇祯丁丑孟夏月，奉新宋应星书于家食之问堂[②]。

【注释】①贵五谷而贱金玉：出自晁错《论贵粟疏》：“夫珠玉、金银，饥不可食，寒不可衣……粟米、布帛生于地，长于时，聚于力……一日弗得而饥寒至。是故明君贵五谷而贱金玉。”②家食之问堂：作者书斋的名号，典出《易经·大畜》卦：“不家食，吉，养贤也。”意思是说，国家给贤人官位、俸禄，使之不在家自食。宋应星则提倡在家自食，不追官逐禄。“家食之问”指的是本书所研究的各行各业的学问以及技术。

【译文】本书分卷的前后顺序，遵照“贵五谷而贱金玉”的含义。《观象》《乐律》二卷，道理过于精微，自己揣测这些方面非我所长，所以临近付印又将其删除。恳请追求高官厚禄这类“大业”的文人将此书弃掷案头，因为拙作与执着功名、进取富贵毫不相关。

崇祯丁丑十年（1637）四月，奉新宋应星书于家食之问堂。

乃粒[1]第一

宋子[2]曰：上古神农氏若存若亡，然味其徽号，两言至今存矣。生人不能久生，而五谷生之；五谷不能自生，而生人生之。土脉[3]历时代而异，种性随水土而分。不然，神农去陶唐，粒食已千年矣。耒耜之利，以教天下，岂有隐焉？而纷纷嘉种，必待后稷详明，其故何也？纨裤之子，以赭衣视笠蓑；经生之家，以农夫为诟詈。晨炊晚饷，知其味而忘其源者众矣！夫先农而系之以神，岂人力之所为哉！

【注释】①乃粒：乃，指示代词，此，这个；粒，谷粒、谷物。此篇寓意，民以食为天，民不饥饿则天下安。②宋子：《天工开物》作者宋应星自称。③土脉：语出《国语·周语上》："农祥晨正，日月底于天庙，土乃脉发。"意思是说，土壤开冻松化，生气勃发，如人身脉动。

【译文】宋子说：上古的神农氏，此人是有是无，姑且不论，但是体味这个美好的称号，"神农"二字流传至今，自有其非凡的意义。人如果不食，则不能存活，是五谷让人延续的生命；五谷不能自己生长，而要靠人种植。土壤经历不同的时代而改变，谷物的种性随着水土的变化而有不同。假设不是这样，神农氏距离陶唐（尧帝）的年代，以五谷作粮食已有千年之久，耒、耜这些农具的使用方法，神农氏早已教会天下人，没有丝毫的保留。而无数优良的品种，必须等待后稷详细说明，是何缘故呢（后稷是尧帝时期的农官）？富人家的子弟，衣着华美，将农民看得低人一等；研治经学的书生，文质彬彬，把“农夫”当作骂人的下流粗话。晨炊饱腹，晚餐怡然，享受食物的美味而忘其根源的人比比皆是啊！所以，奉开创农业的先祖为“神农”，恰如其分，难道那些成就是人力所能做到的吗？

总 名

凡谷无定名，百谷指成数言。五谷[①]则麻、菽[②]、麦、稷[③]、黍[④]，独遗稻者，以著书圣贤起自西北也。今天下育民人者，稻居什七，而来[⑤]、牟、黍、稷居什三。麻、菽二者，功用已全入蔬饵膏馔之中，而犹系之谷者。从其朔也。

【注释】①五谷：顾名思义，即五种谷物。通常指稻、黍、稷、麦、豆。一说另指稻、稷、麦、豆、麻。一般用为粮食作物的总称，如“五谷丰登”。②菽（shū）：豆类的总称。③稷：古代一般指粮食作物粟，古代以稷为百谷之长，因此帝王奉祀为谷神，与土神合称“社稷”，从而借指国家。④黍：一年生草本植物，子实淡黄色，去皮后称

“黄米”，比小米粒大，煮熟后有黏性。⑤来：来是象形文字，像麦子的形状。本义是麦，小麦叫“麦”，大麦叫“麰”（牟）。

【译文】谷是泛称，不是说的一种粮食的名字，百谷也是指的一个概数而言。五谷包括胡麻、豆子、麦子、粟米、黄米，唯独遗漏掉稻米的原因，是因为著书的圣贤居住在西北。而今，养育天下人民的粮食，稻米占十分之七，而来、牟这两种麦子和黄米、稷米占十分之三。胡麻、菽豆两种，使用的功用已有所转换，成为蔬菜、糕饼、膏油与肴馔之类，但时至今日仍然归类于谷物的原因，是沿用旧说。

稻

凡稻种最多。不粘者，禾曰秔①，米曰粳②。粘者，禾曰稌，米曰糯③（南方无粘黍，酒皆糯米所为）。质本粳而晚收带粘（俗名婺源光④之类）不可为酒，只可为粥者，又一种性也。凡稻谷形有长芒、短芒（江南名长芒者曰浏阳早，短芒者曰吉安早）、长粒、尖粒、圆顶、扁面不一，其中米色有雪白、牙黄、大赤、半紫、杂黑不一。

【注释】①秔（jīng）：“粳”的异体字。②粳（jīng）：稻的一种，米粒宽而厚，近圆形，米质黏性强，胀性小。③糯（nuò）：稻的一种，黏性大。④婺（wù）源光：婺，婺水，水名，在中国江西省。

【译文】在粮食作物中，水稻品种最多。不粘的水稻叫作秔稻，米叫作粳米；粘的水稻叫作稌稻，米叫作糯米（在南方，不产粘黄米，都是使用糯米酿酒）。有一种水稻，本来属于粳稻，不过成熟较晚，并且带有黏性（此米俗称“婺源光”），不能用来造酒，而只能熬粥，这又是另外的一类水稻。从外形来看，稻米有长芒、短芒的区别（江南将长芒的稻米叫作“浏阳早”，将短芒的稻米叫作“吉安早”），也有长粒、尖粒以及圆顶、扁粒的各种形状。此外，稻米的颜色也五花八门，有雪白、牙黄、大红、半紫和杂黑等。

湿种之期，最早者春分以前，名为社种[①]（遇天寒有冻死不生者），最迟者后于清明。凡播种，先以稻麦稿包浸数日，俟[②]其生芽，撒于田中，生出寸许，其名曰秧。秧生三十日即拔起分栽。若田亩逢旱干、水溢，不可插秧。秧过期，老而长节，即栽于亩中，生谷数粒，结果而已。凡秧田一亩所生秧，供移栽二十五亩。

【注释】①社种：社日浸种的简称，以备种植。社日是古代春秋两次祭社神的日子，通常是立春、立秋后的第五个戊日，此处指春社。②俟（sì）：等待。

【译文】浸泡稻种的时间，最早在春分以前，称为“社种”（此时假设遇到天寒，会有冻死的种子），浸泡稻种最晚是在清明以后。播种之前，先用水稻或麦的茎秆包住稻种，浸在水中浸泡数日。等待稻种生芽后再播种到田里，长到一寸左右叫作“秧苗”。秧苗长到三十天后就要全部拔起，进行分栽。假如稻田遇到干旱或者积水太多，这两种情况都不能插秧。一旦过了育秧期而仍未插秧，秧苗就要变老长节，即使栽种到田里也不过收获几个谷粒，不会丰收。一亩秧田所育出的秧苗，可以栽种，二十五亩的稻田。

凡秧既分栽后，早者七十日即收获（粳有救公饥、喉下急，糯有金包银之类，方语百千，不可殚述），最迟者历夏及冬二百日方收获。其冬季播种、仲夏即收者，则广南之稻，地无霜雪故也。

凡稻旬日失水，即愁旱干。夏种冬收之谷，必山间源水不绝之亩，其谷种亦耐久，其土脉亦寒，不催苗也。湖滨之田，待夏潦[①]已过，六月方栽者，其秧立夏播种，撒藏高亩之上，以待时也。

【注释】①潦（lǎo）：雨水大。

【译文】水稻秧苗分栽以后，长势快的七十天后即可收获（粳稻的名称有“救公饥”“喉下急”，糯稻有“金包银”等品种。各地的方言起的名称繁多，不一而足）。长势较慢的要经过整个夏天直到冬天，共二百多天后才能成熟。有的稻种在冬季播种，到仲夏就能成熟，这是广东的水稻，因为此地没有霜雪、天气温暖。

假设稻田十天无水，便有干旱的麻烦。夏种冬收的稻子，一定要种在有山间水源不断的稻田里，这种稻生长期较长，土壤寒性较大，秧苗不能快速生长。临近湖边的稻田要等夏天雨水期过后，六月才能插秧。这种稻子的育种要在立夏时选择地势较高的土地播种，等待农时。

南方平原，田多一岁两栽两获者。其再栽秧，俗名晚糯，非粳类也。六月刈[①]初禾，耕治老膏田，插再生秧。其秧清明时已偕早秧撒布[②]。早秧一日无水即死，此秧历四五两月，任从烈日暵干无忧，此一异也。

凡再植稻遇秋多晴，则汲灌与稻相终始。农家勤苦，为春酒之需也。凡稻旬日失水则死期至，幻出旱稻一种，粳而不粘者，即高山可插，又一异也。香稻一种，取其芳气以供贵人，收实甚少，滋益全无，不足尚也。

【注释】①刈（yì）：割。②撒布：用撒的方式散布。如撒布种子。

【译文】南方的平原，稻田大多一年两次栽种两次收获。第二次所栽的稻秧，俗称“晚糯”，不属于粳米一类。六月就割取稻子，然后耕耘老田，再插第二次的稻秧。晚稻的稻秧在清明时节已和早秧同时撒布。早秧和晚秧的区别是：早秧一日无水立即死亡，而晚秧经历四、五两月的干旱，一任烈日炎炎，再干旱也无碍生长，这也是一件颇为奇异的事情。

再种的晚稻遇到秋季晴天多的时候，则始终需要灌水。农家极其勤苦，这一切都是为了酿造春酒的需要。凡是水稻，十来天没有水必然死亡，于是培育出一种旱稻，属于粳稻，性质不粘，即便是种在高山之上，也可种植，这又是一种神奇的稻子。还有一种香稻，香味馥郁，富贵人家喜欢它的香气，收成很低，谈不上什么滋养补益，不适宜推广。

稻宜[1]

凡稻，土脉焦枯，则穗实萧索。勤农粪田，多方以助之。人畜秽遗、榨油枯饼（枯者，以去膏而得名也。胡麻、莱菔子[2]为上，芸薹次之，大眼桐又次之，樟、桕[3]、棉花又次之）、草皮木叶，以佐生机，普天之所同也（南方磨绿豆粉者，取溲[4]浆灌田肥甚。豆贱之时，撒黄豆于田，一粒烂土方三寸，得谷之息倍焉）。土性带冷浆者，宜骨灰蘸秧根（凡禽兽骨），石灰淹苗足，向阳暖土不宜也。土脉坚紧者，宜耕陇，叠块压薪而烧之[5]，埴坟[6]松土不宜也。

【注释】①稻宜：适宜稻秧生长的土壤环境，指土壤改良。②莱菔（fú）子：中药名。③桕（jiù）：落叶乔木，种子可榨油，亦称“桕树”。④溲（sōu）：大小便，多指小便，也可以是发酵的液体肥。⑤叠块压薪而烧之：就是“烧火坪”，形象的说法叫作“烧焦泥灰”，是改善土壤、为稻谷追肥的一种手段。⑥埴坟：《书·禹贡》：“厥土赤埴坟。”孔传：“土黏曰埴。”后以“埴坟”指轻黏土和壤土。

【译文】凡是种稻谷，如果土壤贫瘠、焦枯，那么稻穗干瘪、收成很少。勤快的农人，以粪施田，想方设法资助稻田。人畜的粪便、榨油的枯饼（所谓枯，就是去除了油膏的饼。胡麻、莱菔子为材质的枯饼最佳，芸薹饼［油菜籽枯饼］差一些，大眼桐又差一层，樟、桕、棉花等枯饼依次更差）。烂草、树皮、木叶等等，辅助植物的生机，普天之下，道理所同（在南方，有农人磨碎绿豆粉，然后制作浆肥灌田，使得土地非常肥沃。豆子卖不上价格的时候，把黄豆散到田中，一粒黄豆可肥三寸见方的田，增收谷值比成本多一倍）。土性假如含有冷水，适合用动物的骨灰蘸染秧根（凡是禽兽的骨灰都可以），或者用石灰淹埋秧苗的根部，但是向阳的土地有温度就没有必要。土壤坚硬发紧，适合在耕地上培成一行一行的土埂，把硬土块堆压在一起，用柴草烧碎，有利于土壤的改善，但是黏土、松土不宜这样做。

稻 工

（耕、耙、磨耙、耘耔具图）

凡稻田刈获不再种者，土宜本秋耕垦，使宿稿化烂，敌粪力一倍。或秋旱无水及怠农春耕，则收获损薄也。凡粪田，若撒枯浇泽，恐霖雨至，过水来，肥质随漂而去。谨视天时，在老农心计也。凡一耕之后，勤者再耕、三耕，然后施耙，则土质匀碎，而其中膏脉释化也。

耙

【译文】凡是稻田丰收以后，如果不需要再种，土地适宜在当年秋季进行耕耘，使得稻谷的旧茬烂在泥土中，可以胜过施肥效力的一倍。如果秋天干旱无水，或者农人怠懈，在春天才耕地，则收获会减少。撒枯饼、浇粪水等在田中施肥，要避免连绵大雨，一旦大水降至，肥料就会随水漂流而去。谨慎地查看天气时，全在于老农的心计。凡是一耕之后的田地，勤快的农人往往进行两三次的耕耘，然后施耙，这样，土质均匀细碎，而肥料自然分散到土中。

耕

凡牛力穷者，两人以扛悬耜，项背相望而起土。两人竟日仅敌一牛之力。若耕后牛穷，制成磨耙，两人肩手磨轧，则一日敌三牛之力也。凡牛，中国惟水、黄两种。水牛力倍于黄。但畜水牛者，冬与土室御寒，夏与池塘浴水，畜养心计亦倍于黄牛也。凡牛春前力耕汗出，切忌雨点，将雨则疾驱入室。候过谷雨，则任从风雨不惧也。

【译文】如果家穷无牛，两人一前一后，项背相望，用木杠扛着犁头翻土耕耘。两人干一天仅抵一头牛的功效。如果耕田以后无牛可用，制成一具磨耙，两人肩手并用进行磨轧，一日的劳动可以抵得上三头牛的力量。在中国，有水牛、黄牛两种。水牛比黄牛力量大一倍。但畜养水牛的农人，冬天需要给水牛建造土屋御寒，夏天需要给水牛准备池塘浴水，畜养水牛的费心劳力，也比黄牛麻烦一倍以上。牛在春前出力耕田，假设出汗，切忌被雨点淋湿，临近下雨就需要迅速驱赶到避雨之地。然而时过谷雨，就不再惧怕刮风下雨了。

吴郡力田者，以"锄"代耜①，不藉牛力。愚见贫农之家，会计牛值与水草之资，窃盗死病之变，不若人力亦便。假如有牛者，供办十亩。无牛用锄而勤者半之。既已无牛，则秋获之后，田中无复刍牧②之患，而菽麦麻蔬诸种，纷纷可种，以再获偿半荒之亩，似亦相当也。

【注释】①以"锄"代耜：用铁搭（dā）代替犁耙。铁搭为四齿耙，深掘农具。②刍（chú）牧：割草放牧。此处引申为种植草料、进行放牧。

【译文】在吴郡一带种田的农人，以锄头代替犁具，不用牛。我见过贫穷的农家，他们计算牛的成本与水草饲料的耗费，此外还有牛被盗、死牛以及牛生病等变故，不如人力便捷省钱。有牛的农家，可种植十亩田。无牛的人家，尽管用锄头，只要勤快，也可以种植五亩田。既然没牛，也有没牛的便利，秋收之后，田中不用准备种植饲草和放牧，至于各类豆子、麦子、胡麻、蔬菜等等农作物，随意可种，也可以再有收获，用来补偿少耕种五亩地的损失，这和用牛耕种的收获也旗鼓相当了。

凡稻，分秧之后数日，旧叶萎黄而更生新叶。青叶既长，则耔可施焉（俗名挞禾）。植杖于手，以足扶泥壅根，并屈宿田水草，使不生也。凡宿田茵草[①]之类，遇耔[②]而屈折。而稊[③]、稗[④]与荼[⑤]、蓼[⑥]非足力所可除者，则耘以继之。耘者苦在腰手，辩在两眸。非类既去，而嘉谷茂焉。从此泄以防潦，溉以防旱，旬月而“奄观铚刈[⑦]”矣。

【注释】①茵（wǎng）草：俗称水稗子，一种田中杂草。②耔（zǐ）：在禾根上培土。③稊（tí）：稗子一类的草，子实像糜子。④稗（bài）：一年生草本植物，长在稻田里或低湿的地方，形状像稻，是稻田的害草。⑤荼（tú）：一种苦菜。⑥蓼（liǎo）：一年生草本植物，叶披针形，花小，白色或浅红色，果实卵形、扁平，影响庄稼生长。⑦奄观铚（zhì）刈（yì）：语出《诗经》。铚：古代割禾穗的短镰刀。刈：收割。

【译文】水稻在分秧以后的数日之内，旧叶出现蔫萎变黄而生出新叶。新的青叶长出来，就可以进行培土壅根（当地俗称“挞禾”），方法是手扶木杖，以脚对秧苗进行壅根，并把田间的杂草踩在土里，使其不能生长。凡田里原有的草，遇到踩踏而折断。而稊草、稗草与荼菜以及蓼草，脚踏解决不了问题，需要以手拔除。拔草者弯腰用力，双手很累，需要两眼分明。不是秧苗一概除去，这样秧苗才能茁壮成长。从此以后，放水防涝，灌溉防旱，一个月左右再进行观察，差不多可以准备开镰收割了。

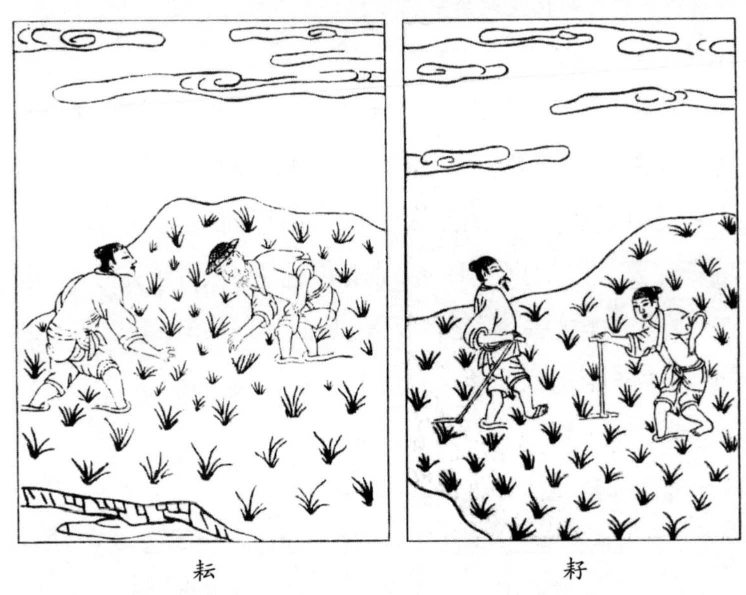

耘　　耔

稻灾

凡早稻种，秋初收藏，当午晒时烈日火气在内，入仓廪[①]中关闭太急，则其谷粘带暑气（勤农之家，偏受此患）。明年田有粪肥，土脉发烧，东南风助暖，则尽发炎火，大坏苗穗，此一灾也。若种谷晚凉入廪，或冬至数九天收贮雪水、冰水一瓮[②]（交春即不验），清明湿种时，每石[③]以数碗激洒，立解暑气，则任从东南风暖，而此苗清秀异常矣（祟在种内，反怨鬼神）。

【注释】①廪（lǐn）：米仓，亦指储藏的米。②瓮（wèng）：一种盛水或酒等的陶器。③石：作为容量单位时读shí，一石等于十斗；作为重量单位时读dàn，一石等于一百二十市斤。

【译文】早稻稻种在秋初收藏时，假设正午经过烈日暴晒，稻谷内就会有火气，收稻入库后又随即关闭，这样谷种就会含有热气（勤劳的农家偏偏存在此种弊端）。第二年播种后，田里有粪肥使得土温上升，又有东南风带来的热量，必然让稻子发烧，致使苗穗受到损坏，这是一个灾害。如果稻种在天晚凉快时入库，或在冬至后的数九寒天收藏一缸雪水或者冰水（立春后的冰雪水无效），在清明浸种时每石稻种掺入几碗，就会消除稻种内贮藏的热气，播种后哪怕东南暖风吹得再厉害，禾苗也能长得清秀异常（这种灾害的原因在稻种内部，有人不解，认为是鬼神作怪）。

凡稻撒种时，或水浮数寸，其谷未即沉下，骤发狂风，堆积一隅[①]，此二灾也。谨视风定而后撒，则沉匀成秧矣。凡谷种生秧之后，妨雀鸟聚食，此三灾也。立标飘扬鹰俑，则雀可驱矣。凡秧沉脚未定，阴雨连绵，则损折过半，此四灾也。邀天晴霁[②]三日，则粒粒皆生矣。凡苗既函之后，亩上肥泽连发，南风熏热，函内生虫（形似蚕茧），此五灾也。邀天遇西风雨一阵，则虫化而谷生矣。

【注释】①隅（yú）：角落。②霁（jì）：雨雪停止，天放晴。

【译文】撒播稻种时，假如田里积水数寸，种子还没有沉下，就突然刮起狂风，把稻种吹在一起堆积在角落，这是第二个灾害。要看风停稳了再撒种，稻种就会均匀下沉而长出稻秧来。稻谷生秧后就怕雀鸟聚食，这是第三个灾害。在田里设立标杆、悬挂假鹰、摆上假人随风晃动，可以驱赶鸟雀。稻秧扎根未稳，遇上阴雨连绵，就会损伤过半，这是第四个灾害。要是遇到三日的晴天，就可以粒粒成活。秧苗长出新叶后，土里肥料不断散发，南风吹暖，稻叶上就会生出像蚕茧一样的害虫，这是第五个灾害。如果这时能够盼来刮一阵西风、下一场阵雨，那么，害虫就会死尽而稻谷的长势良好。

凡苗吐穑[①]之后，暮夜“鬼火[②]”游烧，此六灾也。此火乃朽木腹中放出。凡木母火子，子藏母腹，母身未坏，子性千秋不灭。每逢多雨之年，孤野墓坟多被狐狸穿塌。其中棺板为水浸，朽烂之极，所谓母质坏也。火子无附，脱母飞扬。然阴火不见阳光，直待日没黄昏，此火冲隙而出，其力不能上腾，飘游不定，数尺而止。凡禾穑叶遇之立刻焦炎。逐火之人见他处树根放光，以为鬼也。奋梃[③]击之，反有鬼变枯柴之说。不知向来鬼火见灯光而已化矣（凡火未经人间灯传者，总属阴火，故见灯即灭）。

【注释】①穑：谷类植物的穗。②鬼火：实际是棺木内的尸体分解后产生的磷火。人体的骨骼中含有非常丰富的磷酸钙，人死后，人体开始发生各种物理化学反应，磷就会由磷酸根的形式转变为磷化氢，而磷化氢易燃，在40摄氏度左右的高温环境就可以与氧气发生化学反应而“燃烧”。③梃（tǐng）：棍棒。

【译文】稻苗吐穗以后，晚间有“鬼火”四处游荡烧禾，这是第六个灾害。这种火是从朽烂的木头中产生的。在五行中，木产生火，火藏于木中，木未坏而火便在其中永远存在。每当遇到多雨之年，野外坟墓多被狐狸穿越而塌架。其中棺板被水浸泡，发生朽烂变质。木中之火就没有依附，便脱离板木四处飞扬。但是阴火总是避开阳光，直到黄昏时分，此火才从缝隙中冲出，又由于地球的吸引力，又缺乏上升动能，于是在数尺范围内飘游。稻谷的穗、叶要是遇到此火就会烧焦。追逐这种火的人见别处树根放光，以为遇到了鬼。挥棒猛击，就有了“鬼变枯柴”的传说。他们不知道，这种所谓的“鬼火”见到灯光即灭（不是由人点燃的灯、火，都属于阴火，见到灯光即灭）。

凡苗自函活[①]以至颖栗，早者食水三斗，晚者食水五斗，失水即枯（将刈之时少水一升，谷数虽存，米粒缩小，入碾臼[②]中亦多断碎），此七灾也。汲灌之智，人巧已无余矣。凡稻成熟之时，遇狂风吹粒殒落，或阴雨竟旬，谷粒沾湿自烂，此八灾也。然风灾不越三十里，阴雨灾不越三百里，偏方厄难亦不广被。风落不可为。若贫困之家，苦于无霁，将湿谷升于锅内，燃薪其下，炸去糠膜，收炒糗[③]以充饥，亦补助造化之一端矣。

【注释】①函活：《诗经》："播厥百谷，实函斯活。"孔颖达疏："函者，容藏之义，故转为含，犹人口含之也。活者，生活，故为生，言种子内含生气，种之必生也。"后以"函活"指秧苗成活。②臼（jiù）：舂米的器具，用石头或木头制成，中间凹下。③糗（qiǔ）：干粮，炒熟的米或面等。

【译文】秧苗从生叶到抽穗、结实，早稻需要三斗水，晚稻需要五斗水，失去水就会干枯（临近收割时，如果少水一升，谷粒数目虽然一样，但米粒就会缩小，而且在入碾臼中加工时多数会粉碎），这是第七个灾害。灌溉的智慧，人们已经熟练地掌握无遗。稻在成熟的时期，遇到狂风会将稻粒吹落；也有阴雨连续十余天而使谷粒潮湿腐烂的现象，这是第八个灾害。然而狂风的灾害不会刮过三十里，阴雨的灾害不会超过三百里。局部地方成灾，不会扩及广泛地区。劲风吹落稻谷在所难免，不可预防。如果贫困的农家苦于阴雨，可将湿稻谷放入锅内，锅下点火，炒去糠壳，以炒熟的米来充饥，这也是补救自然灾害的一个办法。

水 利

（筒车、牛车、踏车、拔车、桔槔，皆具图）

凡稻妨旱藉水，独甚五谷。厥[①]土沙、泥、硗[②]、腻，随方不一。有三日即干者，有半月后干者。天泽不降，则人力挽水以济。凡河滨有制筒车者，堰陂障流，绕于车下，激轮使转，挽水入筒，一一倾于枧[③]内，流入亩中。昼夜不息，百亩无忧（不用水时，拴木碍止，使轮不转动）。其湖池不流水，或以牛力转盘，或聚数人踏转。车身长者二丈，短者半之。其内用龙骨[④]拴串板，关水逆流而上。大抵一人竟日之力，灌田五亩，而牛则倍之。

【注释】①厥（jué）：代词，其，它的。②硗（qiāo）：地坚硬不肥沃。③枧（jiǎn）：引水的竹、木等管子。④龙骨：起支架作用的板。

【译文】在五谷中，水稻最需要防旱。稻田里的土有沙土、泥土、瘦土、肥土各种性质，因地而异。灌水以后，有三天就干的，也有半月后才干的。若不下雨，就要人力引水补充。临近河边的农家制造筒车，筑坝拦水，让水经车下冲激水轮旋转，然后将水引进筒内，各个筒内的水分别倾入水槽，再灌溉进田。昼夜不息，可以轻松灌溉百亩（不用水时，用木栓别住，阻止水轮转动）。湖泊、池塘边水不流动的地方也可以用牛力牵动转盘，转盘再带动水车引水；也可以用数人踏转水车引水。水车车身长的有二丈，短的也有一丈，水车内用龙骨拴一串串的木板，带水逆行向上，再流入稻田。大概一人一天可以灌田五亩，而牛灌田的数量翻倍。

其浅池、小浍[①]不载长车者，则数尺之车，一人两手疾转，竟日之功可灌二亩而已。扬郡以风帆数扇，俟风转车，风息则止。此车为救潦，欲去泽水以便栽种。盖去水非取水也，不适济旱。用桔槔[②]、辘轳[③]，功劳又甚细已。

【注释】①浍（kuài）：田间水沟。②桔槔（jié gāo）：汲水工具，在水边架一杠杆、一端系提水工具，一端坠重物、可一起一落地汲水。③辘轳（lù lu）：利用轮轴原理制成的一种起重工具，通常安在井上汲水。

【译文】浅池、小水沟无法设置较长的水车，就用数尺长的拔车，一人手握摇柄快速转动，一日辛勤劳动可灌二亩稻田。扬州一带，制作出数扇风帆组成的水车，靠风力转动，有风就转，风止车停。拔车排涝用的，旨在排水以便栽种。拔车的用处是排水而不是取水，所以不适于抗旱。用桔槔、辘轳来排水引水，工效又更低了。

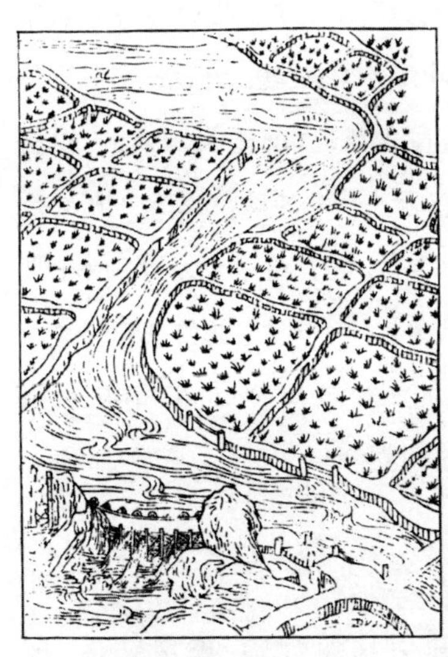

堰

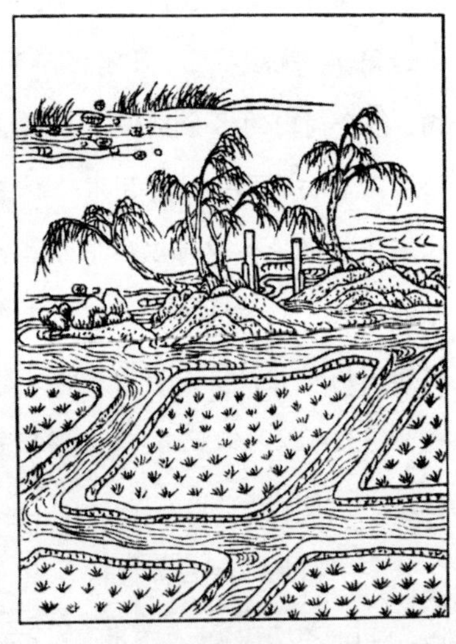

塘陂

筒　车

高转筒车

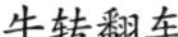

牛转翻车

水转翻车

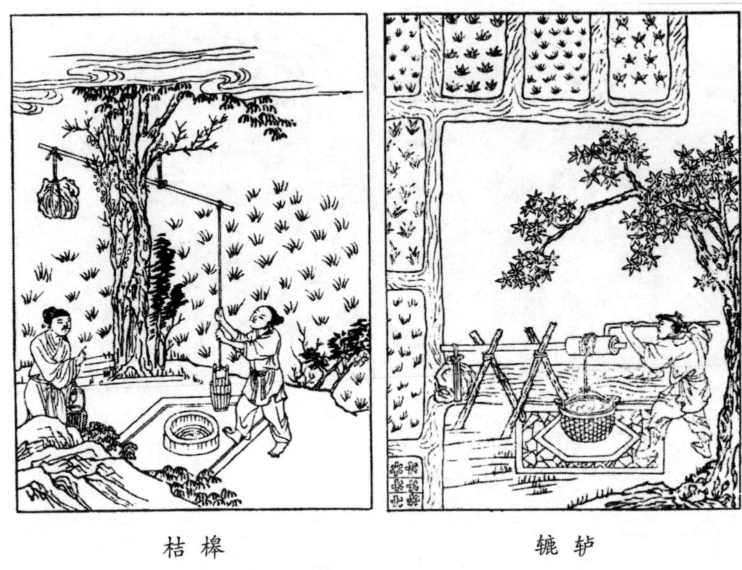

桔 槔　　　　辘 轳

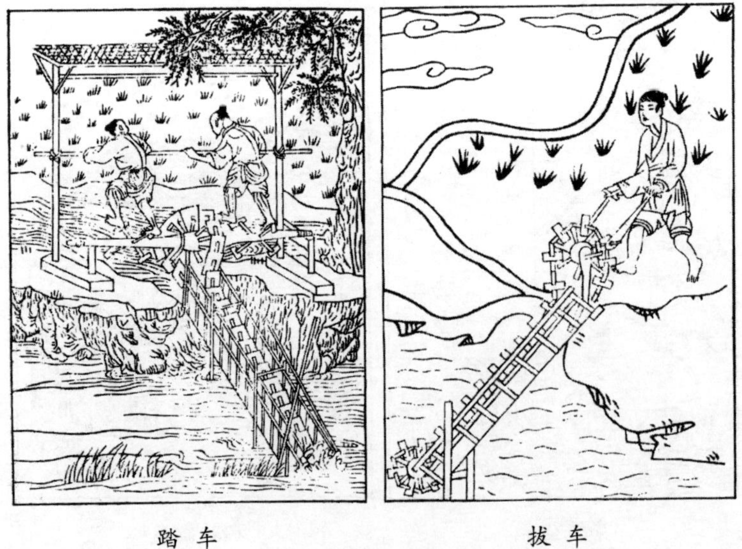

踏 车　　　　拔 车

麦

凡麦有数种。小麦曰来，麦之长也；大麦曰牟、曰穬①；杂麦曰雀、曰荞。皆以播种同时、花形相似、粉食同功而得麦名也。四海之内，燕、秦、晋、豫、齐、鲁诸道，烝民粒食，小麦居半，而黍、稷、稻、粱仅居半。西极川、云，东至闽、浙，吴、楚腹焉，方长六千里中，种小麦者，二十分而一，磨面以为捻头②、环饵③、馒首、汤料之需，而饔飧④不及焉。种余麦者五十分而一，闾阎⑤作苦以充朝膳，而贵介不与焉。

【注释】①穬（kuàng）：稻麦等有芒的谷物。②捻头（niǎn tóu）：即馓子。一种油炸的面食。③饵：糕饼。④饔飧（yōng sūn）：早饭和晚饭，泛指饭食。此处指馈赠及宴饮祭祀中的食物。⑤闾阎（lǘ yán）：里巷内外的门，借指平民。

【译文】麦子的品种很多，小麦叫“来”，是麦中重要的品种。大麦有牟或穬，杂麦有雀麦、荞麦。这些麦类都是同一时间播种，花形类似，又都磨成面粉食用，所以一律称之为麦。在河北、陕西、山西、河南、山东各省居民赖以生存的粮食中，小麦只占二分之一，而黍、稷、稻、粱加到一起占二分之一。西至四川、云南，东至福建、浙江、江苏及中部的楚地（今湖北、湖南及安徽、江西一部），方圆六千里左右，小麦的耕种量占二十分之一。将小麦磨成面粉制作花卷、糕饼、馒头、面条，而馈赠、宴饮等隆重的场合中，很少用到。至于种其他麦类的，占五十分之一，贫苦人家用来做早饭用，富贵人家不吃这些。

穬麦独产陕西，一名青稞，即大麦，随土而变。而皮成青黑色者，秦人专以饲马，饥荒人乃食之。（大麦亦有粘者，河洛用以酿酒。）雀麦细穗，穗中又分十数细子，间亦野生。荞麦实非麦类，然以其为粉疗饥，传名为麦，则麦之而已。

【译文】穬麦只在陕西生产，一名“青稞”，其实就是大麦，随着土质不同而略有差异。有一种穬麦外皮呈青黑色，秦地人专门用来喂马，饥荒年代人们才会吃。（大麦也有黏性的，河洛一带用来酿酒。）雀麦的穗小，穗中又分十多个细子，间或也有野生的。荞麦实际上并不是麦类，然而因为它可以磨成粉来充饥，人们都叫它麦子，也就有了麦子的称号。

凡北方小麦，历四时之气，自秋播种，明年初夏方收。南方者种与收期，时日差短。江南麦花夜发，江北麦花昼发，亦一异也。大麦种获期与小麦相同，荞麦则秋半下种，不两月而即收。其苗遇霜即杀，邀天降霜迟迟，则有收矣。

【译文】北方的小麦，经历春夏秋冬四时，在秋天播种，到明年的初夏才收割。南方所种的麦子与收期，时间短于北方。江南的麦子夜间开花，江北的麦子白天开花，这也是二者的不同之处。大麦的种植、收获期与小麦相同，荞麦在仲秋时下种，不到两月即可收获。荞麦苗遇霜必死无疑，所以，只要晚些降霜，则收成有望。

麦 工

（北耕种、耨具图）

北耕兼种

凡麦与稻，初耕垦土则同，播种以后则耘耔诸勤苦皆属稻，麦惟施耨[①]而已。凡北方厥土坟垆[②]易解释者，种麦之法耕具差异，耕即兼种。其服牛起土者，耒[③]不用耜，并列两铁于横木之上，其具方语曰耩[④]。耩中间盛一小斗，贮麦种于内，其斗底空梅花眼。牛行摇动，种子即从眼中撒下。欲密而多，则鞭牛疾走，子撒必多；欲稀而少，则缓其牛，撒种即少。既撒种后，用驴驾两小石团，压土埋麦。凡麦种紧压方生。南方地不北同者，多耕多耙之后，然后以灰拌种，手指拈而种之。种过之后，随以脚根压土使紧，以代北方驴石也。

【注释】①耨（nòu）：古代锄草的农具。②垆（lú）：黑色坚硬的土。③耒（lěi）：古代的一种翻土农具，形如木叉，上有曲柄，下面是犁头，用以松土，可看作犁的前身。④耩（jiǎng）：用耧播种或施肥。

【译文】麦田的耕耘、开垦与稻一样，播种以后，稻田注重壅根、拔草，而麦田只要锄草即可。北方的土地质地疏松易于打碎，种麦的方法、耕具都有所不同，是耕、种同时进行。北方驱牛翻土不用犁，而是用横木插上两个并排的铁尖，当地称为“耩”。耩中间是盛器，内装麦种，木斗底钻些梅花眼。牛走产生晃动，麦种就从眼中撒下。想要种得密而且多，就快些赶牛，晃动得厉害，麦种就撒得多。想种稀少一些，则慢些赶牛，撒种就少。撒种后，用驴拉两个小石礤压土埋种。麦种必须压紧才能成活。南方与北方的不同之处是，南方麦田必须经过多次的耕、耙，再用草木灰拌种，以手抓取点播。播种后，随即用脚压土，以代替北方用驴拉石礤压土。

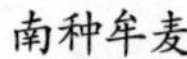
南种牟麦

北盖种

耕种之后，勤议耨锄。凡耨草用阔面大镈[1]，麦苗生后，耨不厌勤（有三过、四过者），余草生机尽诛锄下，则竟亩精华尽聚嘉实矣。功勤易耨，南与北同也。凡粪麦田，既种以后，粪无可施，为计在先也。陕洛之间忧虫蚀者，或以砒霜拌种子，南方所用惟炊烬也（俗名地灰）。南方稻田有种肥田麦者，不冀麦实。当春小麦、大麦青青之时，耕杀田中蒸罨[2]土性，秋收稻谷必加倍也。

【注释】①镈（bó）：古代锄类农具。②罨（yǎn）：掩盖，覆盖。

【译文】播种以后，要勤锄杂草，锄草用宽面的大锄。麦苗出来后，要不断锄草（勤快的农人锄草有三四次之多），杂草锄尽不再生长时，地里的肥分就全部供养麦子生长。肯下功夫，辛勤劳动，草易锄尽，在这方面南北方一样。麦地不要在播种以后施肥，施肥要在播种前计划完善。陕西洛水地区担心害虫蛀蚀麦种，有的就用砒霜拌种，南方一带只用草木灰（俗名地灰）拌种。南方稻田有种“肥田麦”的，就是不指望麦子丰收，而是当春天小麦、大麦长得青绿时，将土地耕翻压死“肥田麦”，使其腐烂，利于土地的肥沃，秋天收稻谷时产量必定增加一倍。

凡麦收空隙，可再种他物。自初夏至季秋，时日亦半载，择土宜而为之，惟人所取也。南方大麦有既刈之后乃种迟生粳稻者。勤农作苦，明赐无不及也。凡荞麦，南方必刈稻，北方必刈菽、稷而后种。其性稍吸肥腴，能使土瘦。然计其获入，业偿半谷有余，勤农之家何妨再粪也。

【译文】麦收后，可再利用土地种其余农作物。从初夏到秋末有近半年时间可因地制宜地选择而种，因人而异。南方一带有在大麦收割以后，种上晚熟粳稻的习惯。农民勤苦，劳而有获。荞麦的种植，在南方必须在割完稻子，北方必须在割完豆子、稷麦以后才播种。荞麦特性是吸收肥料较多，能使土地贫瘠。然而，如果计算一下种荞麦的收入，已经足有原来收获谷物的一半还多，勤快的农人何妨再施一遍肥料呢？

麦 灾

凡麦妨患祇稻三分之一。播种以后，雪、霜、晴、潦皆非所计。麦性食水甚少，北土中春再沐雨水一升，则秀华成嘉粒矣。荆、扬以南唯患霉雨。倘成熟之时晴干旬日，则仓廪皆盈，不可胜食。扬州谚云“寸麦不怕尺水”，谓麦初长时，任水灭顶无伤；“尺麦只怕寸水”，谓成熟时寸水软根，倒茎沾泥，则麦粒尽烂于地面也。

江南有雀一种，有肉无骨，飞食麦田，数盈千万，然不广及，罹害者数十里而止。江北蝗生，则大祲[1]之岁也。

【注释】①祲（jìn）：不祥之气，妖氛。

【译文】麦子的抗灾性强，所受的灾害只有稻的三分之一。播种以后，雪、霜、旱、涝都不怕。麦子需水很少，北方在仲春时只要有一场透雨，就能开花结粒。荆州（今湖北江陵）、扬州（今江苏扬州）以南地区，就怕梅雨。如果在成熟期内连续晴天十日，就能保证麦粒满仓，食用不尽。扬州谚语说："寸麦不怕尺水。"意思是麦子生长初期，一寸之高，不怕水淹灭顶。所谓"尺麦只怕寸水"，意思是说麦子在成熟期，一寸深的水会将土地泡软，麦秆倒在田中，麦粒都烂在地里。

江南有一种肥雀，看似有肉无骨，成千上万到麦田啄麦而食。但为害不广，受害地区不过方圆几十里。不过，一旦江北的蝗虫出现，就是大灾之年。

黍稷粱粟①

凡粮食，米而不粉者种类甚多。相去数百里，则色、味、形、质随方而变，大同小异，千百其名。北人唯以大米呼粳稻，而其余概以小米名之。凡黍与稷同类，粱与粟同类。黍有粘有不粘（粘者为酒），稷有粳无粘。凡粘黍、粘粟统名曰秫②，非二种外更有秫也。黍色赤、白、黄、黑皆有，而或专以黑色为稷，未是。至以稷米为先他谷熟，堪供祭祀，则当以早熟者为稷，则近之矣。

【注释】①黍：黍子，一年生草本植物，碾成米叫黄米，性黏，可酿酒。稷：稷为不粘之黍，是黍的一个变种。粱：小米之大而不黏者叫粱，其细而粘者谓之秫。粟：北方通称谷子，去壳后叫作小米。②秫（shú）：黏高粱，可以做烧酒。

【译文】在粮食作物中，只碾成米而不磨成面的种类极多。相隔数百里，粮食作物的颜色、味道、形状和品质便因地而变，大同小异，其名称更是有百千种之多。北方人将粳稻称为大米，其余一律叫小米。黍与稷是一类，粱与粟也是一类。黍有粘与不粘之别（粘的可以酿酒），稷只有不粘的，没有粘的。粘黍与粘粟统称为秫，这两种外没有其他的秫了。黍的颜色，红、白、黄、黑都有，有人称黑色的黍叫稷，实属错误。至于说因为稷米比其余谷先熟以供祭祀之用，因此将早熟的叫稷，这种说法合情合理。

凡黍在《诗》《书》有虋、芑、秬、秠①等名，在今方语有牛毛、燕颔、马革、驴皮、稻尾等名。种以三月为上时，五月熟；四月为中时，七月熟；五月为下时，八月熟。扬花结穗，总与来、牟不相见也。凡黍粒大小，总视土地肥硗②、时令害育。宋儒拘定以某方黍定律③，未是也。

【注释】①虋（mén）：即“赤粱粟”，粟的一种。芑（qǐ）：粱、黍一类的农作物。秬（jù）：黑黍。秠（pī）：古书上说的一种黑黍，一壳二米。②硗（qiāo）：地坚硬不肥沃。③宋儒拘定以某方黍定律：据《宋史·律历志》，仁宗时（1023—1063）定百黍排列之长为一尺，不久因黍粒参差不齐而作罢，又以2460粒黍之重为一两，以山西上党黍粒为准。

【译文】在《诗经》《书经》里，黍有虋、芑、秬、秠等名称，而现在一些方言又有“牛毛、燕颔、马革、驴皮、稻尾”等名。黍最早在三月播种，五月成熟；其次是在四月播种，七月成熟。五月播种是最晚的时间，必须等到八月才能成熟。其开花、结穗与大麦、小麦时间不同。黍粒大小总由土地肥瘦、时令好坏而定（并非一成不变）。宋朝人刻板地以某一地方的黍粒作为度量的标准，并不正确。

凡粟与粱统名黄米。粘粟可为酒，而芦粟一种名曰高粱者，以其身高七尺如芦、荻[1]也。粱粟种类名号之多，视黍稷犹甚，其命名或因姓氏、山水，或以形似、时令，总之不可枚举。山东人唯以谷子呼之，并不知粱粟之名也。已上四米皆春种秋获，耕耨之法与来、牟同，而种收之候则相悬绝云。

【注释】①荻（dí）：多年生草本植物，生在水边。

【译文】粟与粱统称为黄米，粘粟可以酿酒。另有一种芦粟叫作高粱，因为高粱秆长七尺，如芦苇、荻一般，所以称之“高”。粱、粟的种类和名号之多，比黍、稷还要过之。其命名的起源，有的因为姓氏、山川，有的根据形状、时令，总之不胜枚举。山东人大多只叫它谷子，而不知粱、粟这样细分之后的名称。以上四种粮食，都是春种秋收，而其耕锄方法与大麦、小麦相同，但播种与收获的时间相差很大。

麻

凡麻可粒可油者，惟火麻[1]、胡麻[2]二种。胡麻即脂麻，相传西汉始自大宛来。古者以麻为五谷之一，若专以火麻当之，义岂有当哉？窃意《诗》《书》五谷之麻，或其种已灭，或即菽、粟之中别种，而渐讹其名号，皆未可知也。

【注释】①火麻：一般指大麻。②胡麻：即芝麻、脂麻，又称油麻。

【译文】在麻类中，既可作粮食又可榨油的有大麻和芝麻这两种。芝麻就是脂麻，相传西汉时期从大宛国传入中国。古时把麻列为五谷之一，如果专指大麻，定义怎么妥当呢？愚意以为《诗经》《书经》所说五谷中的麻，或者已经绝种，或者是豆、粟中的别种，名称混乱，以讹传讹，这些都有可能。

今胡麻味美而功高，即以冠百谷不为过。火麻子粒压油无多，皮为疏恶布，其值几何？胡麻数龠[①]充肠，移时不馁。粔[②]饵、饴饧[③]得粘其粒，味高而品贵。其为油也，发得之而泽，腹得之而膏，腥膻得之而芳，毒厉得之而解。农家能广种，厚实可胜言哉！

【注释】①龠（yuè）：量词。《汉书·律历志》："量者，龠、合、升、斗、斛也。所以量多少也。本起于黄钟之龠……合龠为合，十合为升，十升为斗，十斗为斛。"②粔（jù）：古代一种油炸的食品，类似现在的麻花之类。③饴饧（yí xíng）：饴，用麦芽制成的糖浆，糖稀；饧，糖块、面剂子等软类食物。亦泛指饴糖。

【译文】芝麻味美、功用众多，将其列为百谷之首也不过分。大麻子出油量不多，表皮织成粗麻布，能有多大价值？吃一些芝麻，长时间不会感到饥饿。糕饼、饴糖粘上芝麻，则味美而品贵。用芝麻油抹在头发上会发亮，食用则滋养丰富，放在腥膻食物里会发出香味，涂在毒疮上能解毒。农家若能广泛种植，好处数不胜数。

种胡麻法，或治畦圃，或垄田亩。土碎草净之极，然后以地灰微湿，拌匀麻子而撒种之。早者三月种，迟者不出大暑前。早种者花实亦待中秋乃结。耨[①]草之功唯锄是视。其色有黑、白、赤三者。其结角长寸许，有四棱者，房小而子少，八棱者房大而子多。皆因肥瘠所致，非种性也。收子榨油每石[②]得四十斤余，其枯用以肥田。若饥荒之年，则留供人食。

【注释】①耨（nòu）：古代锄草的农具。②石（dàn）：中国市制容量单位，十斗为一石。

【译文】种芝麻的方法，或在田里作畦，或者培出田垄，必须土碎无草，然后以略湿的草木灰拌种，撒播在田里。早春三月即可下种，最迟也要在大暑以前。早种的芝麻也要到中秋开花结实，必须用锄头仔细锄草。芝麻的颜色有黑、白、红三种，所结之果长约一寸，呈四棱形的果小而粒少，八棱的果大而粒多。这都源于土地的肥瘠，与品种无关。芝麻榨油以后，每石得油四十余斤，其枯饼可作肥料。如遇荒年，枯饼则供人食用。

菽

凡菽种类之多，与稻、黍相等，播种收获之期，四季相承。果腹之功在人日用，盖与饮食相终始。一种大豆，有黑、黄两色，下种不出清明前后。黄者有五月黄、六月爆、冬黄三种。五月黄收粒少，而冬黄必倍之。黑者刻期八月收。淮北长征骡马必食黑豆，筋力乃强。

【译文】豆类的种类繁多，与稻、黍相似。播种、收获的时间，持续在一年四季之内。作为食物，豆类的功用很大，始终与饮食共同存在于人类的日常生活中。有一种大豆，分黑、黄两种颜色，下种期不外是清明前后。黄豆有“五月黄”“六月爆”“冬黄”三种。“五月黄”收粒少，而“冬黄”倍增。至于黑豆，要到八月收获。淮北跑长途的骡、马，必吃黑豆，这样能筋强力壮。

凡大豆视土地肥硗、耨草勤怠、雨露足悭，分收入多少。凡为豉[①]、为酱、为腐，皆大豆中取质焉。江南又有高脚黄，六月刈早稻方再种，九、十月收获。江西吉郡种法甚妙：其刈稻田竟不耕垦，每禾稿头中拈豆三四粒，以指扱[②]之，其稿凝露水以滋豆，豆性充发，复浸烂稿根以滋已。生苗之后，遇无雨亢干，则汲水一升以灌之。一灌之后，再耨之余，收获甚多。凡大豆入土未出芽时，妨鸠雀害，驱之惟人。

【注释】①豉(chǐ)：豆豉，一种用熟的黄豆或黑豆经发酵后制成的食品。②扱(chā)：古同“插”。

【译文】大豆收获多少，取决于土地的肥瘠、除草的勤惰、雨水的足缺。做豆豉、豆酱、豆腐，都以大豆为原料。江南有一种“高脚黄”，六月割早稻时下种，九、十月即可收获。江西吉安地区的种法甚妙，收割后的稻田不用耕耘，直接在稻茬中用手放入三四粒豆种。稻茬上凝聚的露水滋润着豆种，大豆发芽后又吸取浸烂的稻根的养分。出苗之后，遇到干旱，要浇水滋润。浇水后，再除去杂草，收获必多。大豆种入土中尚未出芽时，要防备鸠、雀盗食，方法只有靠人去驱赶。

一种绿豆，圆小如珠。绿豆必小暑方种，未及小暑而种，则其苗蔓延数尺，结荚甚稀。若过期至于处暑，则随时开花结荚，颗粒亦少。豆种亦有二，一曰摘绿，荚先老者先摘，人逐日而取之。一曰拔绿，则至期老足，竟亩拔取也。凡绿豆磨澄晒干为粉，荡片搓索，食家珍贵。做粉溲浆灌田甚肥。凡畜藏绿豆种子，或用地灰、石灰，或用马蓼，或用黄土拌收，则四、五月间不愁空蛀。勤者逢晴频晒，亦免蛀。

【译文】绿豆圆小如珠，种绿豆必须在小暑时，不到小暑就种，苗秧会蔓延数尺长，而结荚很稀少。如果过期到处暑时下种，则会随时开花结荚，不过豆粒也少。绿豆有两种，一种叫“摘绿”，豆荚随老随摘，每天摘取。另一种叫“拔绿”，要到全都熟透后整亩地一起拔取。将绿豆磨成粉浆，澄去浆水，晒干成绿豆粉，再做成粉皮、粉条，这些食品弥足珍贵。做绿豆粉剩下的浆水灌田有很高的肥效。贮藏绿豆的种子，有的用草木灰、石灰，有的用马蓼，有的用黄土搅拌，这样，四、五月以内没有虫蛀。勤快人遇天晴晒豆，也可避免虫蛀。

凡已刈稻田，夏秋种绿豆，必长接斧柄，击碎土块，发生乃多。凡种绿豆，一日之内，遇大雨扳土，则不复生。既生之后，妨雨水浸，疏沟浍以泄之。凡耕绿豆及大豆田地，耒耜欲浅，不宜深入。盖豆质根短而苗直，耕土既深，土块曲压，则不生者半矣。“深耕”二字，不可施之菽类。此先农之所未发者。

【译文】夏、秋时在已收割的稻田里种绿豆，必须用长柄斧头击碎土块，出苗才多。种绿豆二十四小时以内，如果遇到大雨而让土壤板结，豆种则全部死亡。生苗后要防雨水浸泡，而且需要疏通垄沟排水。耕绿豆及大豆的田地，下犁要浅，不宜深入。因为豆类根短苗直，耕土若深，豆苗常被土块压弯，至少有一半不会生长。因此“深耕”二字不适用于豆类，这是神农和后稷所不曾提到的。

一种豌豆，此豆有黑斑点，形圆同绿豆，而大则过之。其种十月下，来年五月收。凡树木叶迟者，其下亦可种。一种蚕豆，其荚似蚕形，豆粒大于大豆。八月下种，来年四月收。西浙桑树之下，遍繁种之。盖凡物树叶遮露则不生，此豆与豌豆，树叶茂时，彼已结荚而成实矣。襄、汉上流，此豆甚多而贱，果腹之功，不啻[①]黍稷也。

【注释】①不啻（chì）：无异于，如同。

【译文】一种豌豆有黑斑点，圆形，状如绿豆，不过比绿豆大。其种十月下，等到来年五月收。春季迟长叶子的落叶树下也可种。另有一种蚕豆，豆荚的形状似蚕，豆粒大于大豆。八月下种，来年四月收，西浙桑树下种得到处都是。如有树叶遮挡露水，农作物就很难存活，但是此豆与豌豆，在树叶茂密时就已结荚成实。在襄水、汉水的上游，蚕豆产量巨大，价格也很便宜，作为粮食的功用无异于黍、稷。

一种小豆，赤小豆入药有奇功，白小豆（一名饭豆）当餐助嘉谷。夏至下种，九月收获，种盛江淮之间。一种穭[①]（音吕）豆，此豆古者野生田间，今则北土盛种。成粉荡皮，可敌绿豆。燕京负贩者，终朝呼穭豆皮，则其产必多矣。一种白藊[②]豆，乃沿篱蔓生者，一名蛾眉豆。其他豇豆[③]、虎斑豆、刀豆，与大豆中分青皮、褐色之类，间繁一方者，犹不能尽述。皆充蔬代谷，以粒烝[④]民者，博物者其可忽诸！

【注释】①穭（lǚ）：野生豆。②藊（biǎn）：藊豆同"扁豆"。③豇（jiāng）豆：一年生草本植物。果实为圆筒形长荚果，是普通的蔬菜。④烝（zhēng）：众多。

【译文】在小豆中有红小豆，入药功效神奇；也有白小豆（又名饭豆），是掺在米饭里吃的上好食物。小豆在夏至时播种，九月时收获，在长江、淮河之间种得遍地皆是。另一种稆豆，古时野生，现在北方早已广泛种植，将其磨粉制成粉皮，顶得上绿豆。北京小贩整天吆喝稆豆皮，可见其产量丰富。还有一种白扁豆，是沿着篱笆蔓生的，又名“蛾眉豆”。其余之类，豇豆、虎斑豆、刀豆等比比皆是，与大豆中的青皮、褐色等品种，还有一些仅仅是种植在一地一处的，就数不胜数了。豆类可作蔬菜，也可代替粮食供百姓食用，利于天下苍生，博物学者对它们岂能忽略！

乃服[1]第二

宋子曰：人为万物之灵，五官百体，赅而存焉。贵者垂衣裳，煌煌山龙[2]，以治天下。贱者裋褐[3]枲裳[4]，冬以御寒，夏以蔽体，以自别于禽兽。是故其质则造物之所具也。属草木者为枲、麻、苘[5]、葛[6]，属禽兽与昆虫者为裘、褐[7]、丝、绵[8]。各载其半，而裳服充焉矣。

【注释】①乃服：穿上服装，南北朝周兴嗣《千字文》有"始制文字，乃服衣裳"之句。此指服装的制作、原料等。②煌煌山龙：指古代高贵者衣服上印有各种图案，穿云高山、游天飞龙等华丽图案，典出《书经·益稷》。③裋（shù）褐：粗布衣服。④枲（xǐ）裳：枲，大麻的雄株，只开雄花，不结果实，称"枲麻"。泛指麻类植物的纤维。此谓粗麻之类的衣裳。⑤苘（qǐng）：苘麻，植物茎皮的纤维。⑥葛：多年生草本植物，纤维可织布，古时用葛布做的头巾，称为葛巾，古人不分贵贱常常戴之。清代小说家蒲松龄创作了一篇文言短篇小说即名《葛巾》，可见葛巾的影响。⑦褐：本指粗布或粗布衣，最早用葛、兽毛制成，后来通常指大麻、兽毛的粗加工品，此指后者。⑧绵：蚕丝结成的片或团，供絮衣被用，比如丝绵、绵绸。

【译文】宋子说：人是万物之灵，五官端正，并且四肢百骸最为健全、完善地存在于世。身份高贵者宽袍大袖，煌煌山龙，仪态威严，治理天下；身份低者粗衣麻衫，冬可御寒，夏能蔽体，以示自己步入文明，别于禽兽。所以，人类衣服的材料都是由大自然提供的。属于草木者为棉、大麻、苘麻、葛，属于禽兽与昆虫一类的有皮、毛、丝、绵，各占一半，这些材料可谓琳琅满目，制作起衣服来绰绰有余。

天孙机杼[①]，传巧人间。从本质而见花，因绣濯而得锦。乃杼柚[②]遍天下，而得见花机之巧者，能几人哉？"治乱""经纶"字义，学者童而习之，而终身不见其形象，岂非缺憾也！先列饲蚕之法，以知丝源之所自。盖人物相丽，贵贱有章，天实为之矣。

【注释】①天孙：神话传说中天帝之孙女，善织造，又称织女。机杼就是织机。②杼柚（zhù zhú）：织布机上的两个部件，即用来持纬（横线）的梭子和用来承经（直线）的筘，亦代指织机，此指后者。

【译文】机杼的巧织技术，织女传于人间。从原料到收获到各种图案的成品织物，更因为刺绣加工而得到绫罗绸缎。时至今日，织布机遍布天下，然而见过实地的提花机以及纺织技巧的人能有几个？"治乱""经纶"这些字义，学者在童蒙时就已经学到，但是他们终生没见过实际的形象，这难道不是一个缺憾吗？我们先列出养蚕的方法（然后叙述纺织技术，说明衣料是如何制造出来的），让人们知道丝来自何处。因为人与物这两者自古相得益彰，贵贱贫富从衣可查，上天在这方面早已安排得井然有序。

蚕种、蚕浴、种忌、种类

蚕种：凡蛹变蚕蛾，旬日破茧而出，雌雄均等。雌者伏而不动，雄者两翅飞扑，遇雌即交，交一日、半日方解。解脱之后，雄者中枯而死，雌者即时生卵。承藉卵生者，或纸或布，随方所用（嘉、湖用桑皮厚纸，来年尚可再用）。一蛾计生卵二百余粒，自然粘于纸上，粒粒匀铺，天然无一堆积。蚕主收贮，以待来年。

【译文】蚕种：蛹变成蚕蛾，十日左右破茧而出，雌雄的数量相同。雌性蚕蛾静伏不动，雄性蚕蛾两翅飞动，雌雄相遇立即交配，交配一日或者半日才算结束。结束之后，雄性蚕蛾体内枯竭而死，雌性蚕蛾当即生卵。生卵时，纸、布一般作为承接的材料，随地区不同而有异（嘉兴、湖州用较厚的桑皮纸，来年还可再用）。一个雌蛾大约生卵二百余粒，自然粘于纸上，一粒粒均匀铺在纸上，天然分布，无一堆积相叠。蚕农将卵收藏好，以待来年使用。

蚕浴[①]：凡蚕用浴法，唯嘉、湖两郡。湖多用天露、石灰，嘉多用盐卤水[②]。每蚕纸一张，用盐仓走出卤水二升，参水浸于盂内，纸浮其面（石灰仿此）。逢腊月十二即浸浴，至二十四日，计十二日，周即漉起，用微火炡干。从此珍重箱匣中，半点风湿不受，直待清明抱产。其天露浴者，时日相同。以篾盘盛纸，摊开屋上，四隅小石镇压，任从霜雪、风雨、雷电，满十二日方收。珍重待时如前法。盖低种经浴，则自死不出，不费叶故，且得丝亦多也。晚种不用浴。

【注释】①蚕浴：浴蚕，浸洗蚕子，是一种养蚕的育种方法。《蚕书》："蚕为龙精，月值大火（二月）则浴其种。"用此法处理蚕卵，可淘汰劣种，又有消毒作用。②盐卤水：盐结晶后在盐池中留下的苦味母液，其中包含有其他的盐如氯化镁、硫酸镁、溴化物和碘化物，有消毒作用。

【译文】蚕种用浴洗进行处理，只有嘉兴、湖州两地采用此法。湖州地区多用天露（天然露水）、石灰浴蚕，而嘉兴则多用盐卤水浴。用盐仓内流出的卤水二升，掺水倒入盆内，让粘有蚕卵的纸浮在水上（石灰浴也类似此法）。每逢腊月十二日就开始浸浴，至二十四日为止，总计十二天，到时捞起蚕纸滴干水分，用微火烘干。然后珍藏在箱盒里，严防风寒、湿气侵入，直到清明时孵化。用天然露水浴蚕的方法，时间同上。在竹盘里，放上蚕纸，摊开置于屋顶上，四角用小石头压住。任其经受霜雪、风雨、雷电，放够十二天后收起。保存方式、时间与前述方法一样。因为劣种经过浴洗之后，会自然死亡而被淘汰。这样处理，意在不浪费桑叶，收茧得丝也较多。晚种（即二化性的蚕种）则无须经过浴洗。

蚕浴

种忌：凡蚕纸用竹木四条为方架，高悬透风避日梁枋之上。其下忌桐油、烟煤火气。冬月忌雪映，一映即空。遇大雪下时，即忙收贮。明日雪过，依然悬挂，直待腊月浴藏。

【译文】蚕卵禁忌是，将四条竹木棍制成方架，高悬蚕纸，放在透风、无阳光的房梁上。蚕纸下方禁止有桐油与烟煤的火气，冬季严禁雪光映照，否则蚕种即成为空卵壳。一旦天降大雪，立即将蚕纸收藏起来。假设次日大雪过去，依然可以悬挂起来，直到腊月浴种后收藏。

种类：蚕有早、晚二种[①]。晚种每年先早种五六日出（川中者不同），结茧亦在先，其茧较轻三分之一。若早蚕结茧时，彼已出蛾生卵，以便再养矣（晚蛹戒不宜食）。凡三样浴种，皆谨视原记。如一错误，或将天露者投盐浴，则尽空不出矣。凡茧色唯黄、白二种。川、陕、晋、豫有黄无白，嘉、湖有白无黄。若将白雄配黄雌，则其嗣变成褐茧。黄丝以猪胰[2]漂洗，亦成白色，但终不可染漂白、桃红二色。

【注释】①蚕有早、晚二种：早蚕指一化性蚕，即一年孵化一次的蚕。晚蚕指二化性蚕，一年孵化两次。②猪胰：猪胰子，为猪的胰腺，可以制作肥皂。

【译文】蚕的种类：蚕有早蚕、晚蚕两种。晚蚕每年比早蚕先孵出五、六天左右（四川中部的蚕不一样），晚蚕结茧也在早蚕之前，但其茧比早蚕茧轻三分之一。当早蚕结茧时，晚蚕已出蛾产卵，以供再养了（晚蚕蚕蛹不可食用）。总计有三种方法浴种，都要谨慎注意原来的标记，万一弄错，比如错把天露浴的蚕种投在盐卤水中浸浴，那么蚕种尽空而不会出蚕了。蚕茧有黄、白两种颜色，四川、陕西、山西、河南只有黄色蚕茧而无白色，嘉兴、湖州只有白色蚕茧而无黄色。倘若将白茧蚕的雄蛾和黄茧蚕的雌蛾进行交配，则其后代就会结出褐色茧。黄色的丝经猪胰漂洗后，也可变成白色，但始终不能漂成纯白和染成桃红色。

凡茧形亦有数种。晚茧结成亚腰葫芦样，天露茧尖长如榧[1]子形，又或圆扁如核桃形。又一种不忌泥涂叶者，名为贱蚕[2]，得丝偏多。

凡蚕形亦有纯白、虎斑、纯黑、花纹数种，吐丝则同。今寒家有将早雄配晚雌者，幻出嘉种，一异也。野蚕自为茧，出青州、沂水等地，树老即自生。其丝为衣，能御雨及垢污。其蛾出即能飞，不传种纸上。他处亦有，但稀少耳。

【注释】①榧（fěi）：常绿乔木，种子有很硬的壳，两端尖，称“榧子”。②贱蚕：桑叶沾泥，则蚕不食，而此蚕不忌泥叶，农家称之为贱蚕。

【译文】蚕茧的形状也有数种。晚蚕（二化性蚕）结成束腰像葫芦形，天然露水浴过的蚕结成尖长，像榧子的形状，或扁圆像核桃形。还有一种蚕，不忌讳吃沾泥的桑叶，叫作“贱蚕”，此蚕产丝反而较多。

蚕的外观也有纯白、虎斑、纯黑、花纹数种，吐丝则一样。现在贫寒农家有将早蚕雄蛾与晚蚕雌蛾交配的，居然育出良种，比较神奇。野蚕自行结茧，出于青州、沂水等地区，树叶枯黄时即自生蛾。用野蚕丝做衣料，能防雨水，并耐污垢。野蚕蛾钻出茧壳即能飞动，不须在纸上产卵传种。其他地方也有野蚕，但是稀少。

抱养、养忌、叶料、食忌、病症

抱养：凡清明逝三日，蚕纱即不偎衣衾暖气，自然生出。蚕室宜向东南，周围用纸糊风隙，上无棚板者宜顶格，值寒冷则用炭火于室内助暖。凡初乳蚕，将桑叶切为细条。切叶不束稻麦稿为之，则不损刀。摘叶用瓮坛盛，不欲风吹枯悴。

【译文】蚕的饲养方法是：清明节过后三天，蚁蚕就无须再借助衣、被来保暖就能自然生出。蚕室宜面向东南，用纸糊好缝隙以防透风，室内顶部无棚板的要加上隔层。遇寒冷天则点燃炭火在室内取暖。喂养幼蚕要将桑叶切成细条。切叶的墩子要用稻麦秆制作，这样就不会损伤刀口。摘下桑叶用瓮盛放，避免风干。

二眠[①]以前，誊筐[②]方法，皆用尖圆小竹筷提过。二眠[②]以后，则不用箸，而手指可拈矣。凡誊筐勤苦，皆视人工。怠于誊者，厚叶与粪湿蒸，多致压死。凡眠齐时，皆吐丝而后眠。若誊过，须将旧叶些微拣净。若粘带丝缠叶在中，眠起之时，恐其即食一口，则其病为胀死。三眠已过，若天气炎热，急宜搬出宽凉所，亦忌风吹。凡大眠后，计上叶十二餐方誊，太勤则丝糙。

【注释】①二眠：幼虫蜕皮期间不食不动称“眠”，这种眠性是桑蚕幼虫的一种生理现象，也是蚕在幼虫期蜕皮次数的一种特性。从收蚁到老熟蜕皮四次的叫“四眠蚕”，蜕皮三次的叫“三眠蚕”。一般多为四眠蚕。四眠蚕的全龄期比三眠蚕长。眠性与遗传性和内分泌有关，并受生活条件的影响。②誊筐：在竹筐中养蚕，环境要清洁。必须经常清除筐内的残叶、蚕粪等不洁物，将原筐中的蚕转移到另一干净的筐内，这项操作又名“除沙”。

【译文】在蚕二眠以前，腾筐（除沙）方法都是用尖圆小竹筷将蚕提过去。二眠以后可不用筷，直接用手指捏拿即可。腾筐次数多少，全在人工的勤快与否。腾筐不勤，桑叶与蚕粪就会堆得较厚，湿热交加，常常会将蚕闷压致死。蚕入眠时，都是先吐丝而后眠。如果腾筐，必须把旧叶拣净。假设有丝粘带的桑叶在里面，则蚕眠起后，恐怕吃上一口，也会得病胀死。三眠以后，如果天气炎热，急需将蚕搬到宽敞、凉爽之地，但忌讳风吹。大眠过后，要上十二次桑叶再腾筐，腾筐太勤会让蚕丝粗糙。

养忌：凡蚕畏香，复畏臭。若焚骨灰、淘毛圊[①]者，顺风吹来，多致触死。隔壁煎鲍鱼、宿脂，亦或触死。灶烧煤炭，炉爇沉、檀，亦触死。懒妇便器摇动气侵，亦有损伤。若风则偏忌西南，西南风太劲，则有合箔[②]皆僵者。凡臭气触来，急烧残桑叶烟以抵之。

【注释】①毛圊（qīng）：厕所。②箔（bó）：养蚕的器具，多用竹制成。

【译文】饲养禁忌：蚕怕香味，又怕臭味。如有焚烧骨头或掏厕所的气味顺风吹来，蚕接触即死。如果隔壁煎咸鱼和加热不新鲜的油脂，也会使蚕致死。灶里燃烧煤炭、炉中点沉香、檀香，这些气味也会使蚕致死。懒惰的妇女摇动装有粪便的便桶发出的臭味，也会对蚕造成损伤。蚕怕西南风，西南风劲吹，全筐的蚕都会僵死。遇有臭气袭来，要赶紧燃烧残桑叶，用烟来抵挡臭气。

叶料：凡桑叶无土不生。嘉、湖用枝条垂压，今年视桑树傍生条，用竹钩挂卧，逐渐近地面，至冬月则抛土压之，来春每节生根，则剪开他栽。其树精华皆聚叶上，不复生葚与开花矣。欲叶便剪摘，则树至七八尺即斩截当顶，叶则婆娑可扳伐，不必乘梯缘木也。其他用子种者，立夏桑葚紫熟时取来，用黄泥水搓洗，并水浇于地面，本秋即长尺余。来春移栽，倘灌粪勤劳，亦易长茂。但间有生葚与开花者，则叶最薄少耳。又有花桑，叶薄不堪用者，其树接过，亦生厚叶也。

【译文】桑叶：桑树随处都可生长。嘉兴、湖州用“垂压法”繁殖，选当年桑树上长的侧枝用竹钩拉下来，使之逐渐接近地面，到冬天用土压住枝条，次年春天每节都会生根，就可剪开分别移栽。用这种方法栽的桑树，精华、营养都在叶上，就不再生长桑葚和开花了。要想使叶便于剪摘，则当树长到七八尺高时，截去树顶，树叶便披散生长，可扳枝摘取，不必登梯上树。此外，用种子种的桑树，立夏时摘下熟得发紫的桑葚，用黄泥水搓洗，连水浇到地里，当年秋天就可长出一尺，来年春天再行移栽。如果勤于施肥，也容易枝繁叶茂。但间或有生长桑葚和开花的桑树，那么它的叶子会又薄又少。还有一种花桑，叶薄不能用，但是经过嫁接也能长出厚叶。

又有柘[①]叶三种，以济桑叶之穷。柘叶浙中不经见，川中最多。寒家用浙种，桑叶穷时，仍啖柘叶，则物理一也。凡琴弦、弓弦丝，用柘养蚕，名曰棘茧，谓最坚韧。

凡取叶必用剪，铁剪出嘉郡桐乡者最犀利，他乡未得其利。剪枝之法，再生条次月叶愈茂，取资既多，人工复便。凡再生条叶，仲夏以养晚蚕，则止摘叶而不剪条。二叶摘后，秋来三叶复茂，浙人听其经霜自落，片片扫拾以饲绵羊，大获绒毡之利。

【注释】①柘（zhè）：落叶灌木或乔木，树皮有长刺，叶卵形，可以喂蚕。

【译文】又有柘叶一种，桑叶不足则用柘叶补济。柘树在浙江不常见，但四川最多。贫寒人家饲养浙江蚕种，缺乏桑叶，就用柘叶代替，原理是一样的。琴弦、弓弦所用的丝，来自用柘叶养的蚕，名叫“棘茧”，都说这种蚕丝最为坚韧。

采桑叶必须用剪刀，铁剪中最锋利的当属嘉兴府桐乡县所出产的，别处的剪刀没有这么锐利。剪枝得法，当桑树再长出枝条后，第二个月就能长出很多桑叶。这样收获大，摘取也方便。再生枝条的叶，农历五月用以饲养晚蚕，则只是摘叶而不剪枝。第二茬叶子摘取后，到秋天第三茬叶子又茂盛起来。浙江人任其经霜自落，然后将落叶饲养绵羊，就会大获羊毛绒毡的收益。

食忌：凡蚕大眠以后，径食湿叶。雨天摘来者，任从铺地加餐；晴日摘来者，以水洒湿而饲之，则丝有光泽。未大眠时，雨天摘叶，用绳悬挂透风檐下，时振其绳，待风吹干。若用手掌拍干，则叶焦而不滋润，他时丝亦枯色。凡食叶，眠前必令饱足而眠，眠起即迟半日上叶无妨也。雾天湿叶甚坏蚕，其晨有雾，切勿摘叶。待雾收时，或晴或雨，方剪伐也。露珠水亦待旰[①]干而后剪摘。

【注释】①旴（xù）：古同“旭”，晒干。

【译文】食忌：蚕经过大眠后，直接就吃湿桑叶。雨天摘取的叶子，可随便摊开喂蚕。晴天摘来的干叶，则要用水洒湿后再行喂蚕，这样得到的丝才有光泽。蚕大眠以前，雨天摘取的桑叶要悬挂在透风的屋檐下，还要不时地振动绳子，让风吹干叶子。若用手掌拍干，那么就会叶焦而不滋润，以后蚕吐出的丝也无光泽。喂叶时，蚕眠前要吃饱。眠起后，即使晚半天喂食桑叶也无妨碍。雾天的湿叶对蚕有损，早晨有雾时切勿摘取。待雾散后，不论晴天下雨都可摘叶。若有露水珠时，也要等晒干后再行剪摘。

病症：凡蚕卵中受病，已详前款。出后湿热积压，妨忌在人。初眠誊时，用漆合者不可盖掩，逼出气水。凡蚕将病，则脑上放光，通身黄色，头渐大而尾渐小；并及眠之时，游走不眠，食叶又不多者，皆病作也。急择而去之，勿使败群。凡蚕强美者必眠叶面，压在下者，或力弱，或性懒，作茧亦薄。其作茧不知收法，妄吐丝成阔窝者，乃蠢蚕，非懒蚕也。

【译文】蚕病：蚕卵所遇到的各种病害，前文已然详述。蚕从卵中孵出后遇到的湿热、积压，要靠人来防止。初眠腾筐时，若用漆盒装，要打开通风，以免湿气太重。蚕要生病时，脑上就放光，周身透出黄色，头部渐大而尾部渐小。而且该入眠时，到处游走不眠，吃叶又不多，都显示蚕已生病。立即将病蚕拣择出去，避免其成为“害群”之蚕。健康完美的蚕必会眠在叶面上，压在下面的蚕不是体弱就是懒惰，结茧也单薄。作茧没有章法，乱吐蚕丝结窝松散的蚕，是蠢蚕而非懒蚕。

老足、结茧、取茧、物害、择茧

老足：凡蚕食叶足候，只争时刻。自卵出蚁，多在辰、巳二时，故老足结茧，亦多辰、巳二时。老足者，喉下两颊通明。捉时嫩一分则丝少，过老一分又吐去丝，茧壳必薄。捉者眼法高，一只不差方妙。黑色蚕不见身中透光，最难捉。

老足

【译文】蚕的成熟：蚕吃足桑叶，要力争尽早捉蚕作茧，要抢时间。蚕卵孵化多在辰时（上午七至九时）、巳时（上午九至十一时）这两个时间，所以蚕发育成熟而结茧也多在辰时、巳时。老熟的蚕喉下两颊通透明亮。捉蚕时要是未完全成熟的，吐丝就少。要是捉到过于老熟的，已吐一部分丝，其茧壳一定薄。捉蚕的农人眼法高超，捉得一只不差才妙。黑色蚕老熟时，看不到其身中透光，最为难捉。

结茧：（山箔　具图）凡结茧必如嘉、湖，方尽其法。他国[①]不知用火烘，听蚕结出，甚至丛秆之内，箱匣之中，火不经，风不透。故所为屯、漳等绢，豫、蜀等绸，皆易朽烂。若嘉、湖产丝成衣，即入水浣濯百余度，其质尚存。其法：析竹编箔[②]，其下横架料木，约六尺高，地下摆列炭火（炭忌爆炸），方圆去四五尺即列火一盆。初上山[③]时，火分两[④]略轻少，引他成绪[⑤]，蚕恋火意，即时造茧，不复缘走。

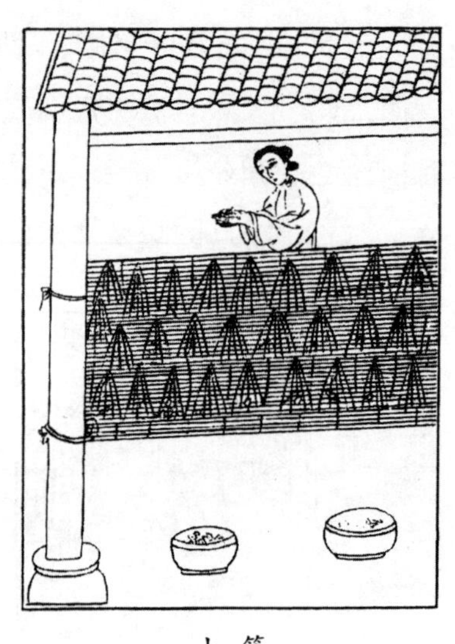

山　箔

【注释】①他国：此国为"郡国"之国，他国，就是其他州府。②箔（bó）：养蚕的器具，多用竹制成，像筛子或席子，亦称"蚕帘"。③上山：上簇，将熟蚕引至结茧的箔（筛或席）上。④分两：即分量，此指火力程度。⑤成绪：吐出丝缕的头绪。

【译文】结茧：结蚕茧时，一定要像嘉兴、湖州那样行事，才算完善。其他州府不知用火烘，任凭蚕结茧。甚至让茧结到秆把上或箱匣里，既不经过火烘，也不透风。所以，安徽屯溪、福建漳州用这种丝织的绢布和河南、四川的绸缎，都容易朽烂。倘若用嘉兴、湖州产的丝制作衣物，就算在水中洗涤百余次，丝质依然完好。嘉兴、湖州的方法是劈竹编成竹箔，下面用木料搭架，离地六尺左右高，地面摆列着炭火（防止炭爆出），前后左右每隔四五尺即摆一火盆。蚕初上山（上簇）时，火力稍小些，引蚕吐丝，因为蚕依恋火烧的温暖，便即时造茧，不再游走。

茧绪既成，即每盆加火半斤，吐出丝来随即干燥，所以经久不坏也。其茧室不宜楼板遮盖，下欲火而上欲风凉也，凡火顶上者不以为种，取种宁用火偏者。其箔上山，用麦稻稿斩齐，随手纠捩成山，顿插箔上。做山之人，最宜手健。箔竹稀疏，用短稿略铺洒，妨蚕跌坠地下与火中也。

【译文】茧结成后，每盆火再加半斤炭，那么吐出来的丝随即能够干燥，所以蚕丝经久不坏。茧室不可用楼板遮盖，因为结茧时下面需要火烘，上面需要透风。凡是火盆顶上的茧不用作蚕种，取蚕种宁可选取远离火盆的。蚕箔上的山（簇）用切齐的稻麦秆随手拧成，用力插在蚕箔上。做山的人手艺要熟练。一旦蚕箔上的竹条稀疏，可用短秆略微补密，以防蚕坠地和落入火中。

取茧：凡茧造三日，则下箔而取之。其壳外浮丝一名丝匡者，湖郡老妇贱价买去（每斤百文），用铜钱坠打成线，织成湖绸。去浮之后，其茧必用大盘摊开架上，以听治丝、扩绵。若用厨箱掩盖，则浥郁而丝绪断绝矣。

【译文】取茧：蚕结茧三天后，便拿下蚕箔而取茧。茧壳外面的浮丝叫作“丝匡”（茧衣），被湖州老妇以每斤百文的贱价买去，用铜钱坠作纺锤将其打成线，再织成湖绸。去掉浮丝后的茧，在大盘里摊开并置于架上，下一步就是缫丝和制丝绵。如用橱柜、箱子装蚕茧，就会发闷湿潮，容易造成断丝。

取茧

物害：凡害蚕者，有雀、鼠、蚊三种。雀害不及茧，蚊害不及早蚕，鼠害则与之相终始。防驱之智，是不一法，唯人所行也（雀屎粘叶，蚕食之立刻死烂）。

【译文】物害：危害蚕的有麻雀、老鼠和蚊子这主要的三种物害。但麻雀害不到茧，蚊子害不到早蚕，而鼠害始终伴随着蚕。防虫驱鸟的方法各种各样，因人施行而异（麻雀屎落到桑叶上，蚕食之立刻死烂）。

择茧：凡取丝必用圆正独蚕茧，则绪不乱。若双茧并四五蚕共为茧，择去取绵用。或以为丝，则粗甚。

【译文】择茧：缫丝时一定要用端正的单茧，则丝绪不乱。假设有双蚕或四、五条蚕共同结出的茧，要拣择出来作丝绵用。有人用这类茧缫丝，结果丝极其粗糙。

择茧

造绵

造绵：凡双茧，并缫丝[①]锅底零余，并出种茧壳，皆绪断乱不可为丝，用以取绵。用稻灰水煮过（不宜石灰），倾入清水盆内。手大指去甲净尽，指头顶开四个，四四数足，用拳顶开，又四四十六拳数，然后上小竹弓。此《庄子》所谓洴澼絖[②]也。

【注释】①缫（sāo）丝：把蚕茧浸在滚水里抽丝。②洴澼絖（píng pì kuàng）：指在水中漂洗棉絮。洴澼，漂洗。絖，较纤细的棉絮。《庄子·逍遥游》："宋人有善为不龟手之药者，世世以洴澼絖为事。"

【译文】造绵：双宫茧、缫丝时留在锅底的碎丝断茧，以及种茧壳，都是丝绪断乱而无法缫丝的，却能制取丝绵。将其用稻草灰水煮后（不适合用石灰），倾倒入清水盆内。将大拇指指甲修理干净光洁，用拇指顶开四个蚕茧，连续叠套在其余指头上，四个手指中每个手指都叠套四个蚕茧，用拳将茧顶开，这样每次用一只手的四指可顶开十六个蚕茧，然后用小竹弓敲打。这就是《庄子》所说的"洴澼絖"吧。

湖绵独白净清化者，总缘手法之妙。上弓之时，惟取快捷，带水扩开。若稍缓，水流去，则结块不尽解，而色不纯白矣。其治丝余者，名锅底绵，装绵衣、衾内以御重寒，谓之挟纩[①]。凡取绵人工，难于取丝八倍，竟日只得四两余。用此绵坠打线织湖绸者，价颇重。以绵线登花机者，名曰花绵，价尤重。

【注释】①挟纩（jiā kuàng）：把丝绵装入衣衾内，制成绵袍、绵被。纩：絮衣服的新丝绵。

【译文】湖州的丝绵具备独有的洁白、纯净，都是因为艺术手法巧妙。上弓操作时动作快捷，带水打开丝绵。如果动作稍微缓慢，水已流去，则丝绵结块而不能完全松开，颜色也达不到纯白。缫丝以后，剩下锅底绵，将其装入绵衣、被中用来御寒，称为“挟纩”。造丝绵所费的人工，八倍于缫丝，每人劳动一天只得四两多丝绵。用此丝绵坠打成线来织“湖绸”，价钱很贵。用绵线在提花机上织出的产品叫“花绵”，价钱更高。

治丝

（缫车　具图）

凡治丝，先制丝车，其尺寸器具开载后图。锅煎极沸汤，丝粗细视投茧多寡，穷日之力，一人可取三十两。若包头丝，则只取二十两，以其苗长也。凡绫罗丝，一起投茧二十枚，包头丝只投十余枚。凡茧滚沸时，以竹签拨动水面，丝绪自见。提绪入手，引入竹针眼[①]，先绕星丁头[②]（以竹棍做成，如香筒样），然后由送丝干勾挂，以登大关车。

【注释】①竹针眼：即集绪眼，将多个茧的绪集聚起来的部件。②星丁头：导丝用的滑轮。

【译文】缫丝要先制造缫车，其尺寸、所需器具部件都列见后图。缫丝时将锅内的水烧至滚沸，将茧投入锅中，丝的粗细要看投茧的多少，一人一天可缫丝三十两。如果缫织包头巾用的丝，只能得到二十两，因为这种丝缕比较细。缫绫罗用的丝，一次投入二十个茧入锅，缫织包头巾用的丝只投十多个茧。当茧在锅内滚沸时，用竹签拨动水面，丝头自然出现，手引丝头进入竹针眼，先绕过星丁头（导丝的滑轮，用竹棍做成的像香筒形状的部件），然后将丝钩挂在送丝竿上，最后接到“大关车”（脚踏转动的绕丝部件）上。

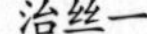

治丝一

治丝二

断绝之时，寻绪丢上，不必绕接。其丝排匀不堆积者，全在送丝干与磨不之上。川蜀丝车制稍异，其法架横锅上，引四五绪而上，两人对寻锅中绪，然终不若湖制之尽善也。凡供治丝薪，取极燥无烟湿者，则宝色不损。丝美之法有六字：一曰“出口干”，即结茧时用炭火烘；一曰“出水干”，则治丝登车时，用炭火四五两，盆盛，去车关五寸许。运转如风时，转转火意照干，是曰出水干也。（若晴光又风色，则不用火。）

南缫车

【译文】丝断以后，找出丝头放上去，不需要绕接原来的丝。让丝排列均匀而不堆在一起，全靠送丝竿和脚踏摇柄配合得好。四川缫车形式稍有不同，其方法是把缫车架在锅上，一次牵出四五根丝绪上车，需要两人面对面地寻找锅中的丝头，但终究不如湖州缫车完善。用以缫丝的薪柴，要求极其干透而无烟的，这样才不会损害丝的光泽。使丝质优良的方法有六字，一个是“出口干”，就是在结茧时用炭火烘。一个是“出水干”，就是说在缫丝上车时，用盆装上四五两炭火，放在离大关车五寸左右，当大关车运转如风时，生丝借火烘干，此即“出水干”。（如天晴又有风吹，就无须火烘。）

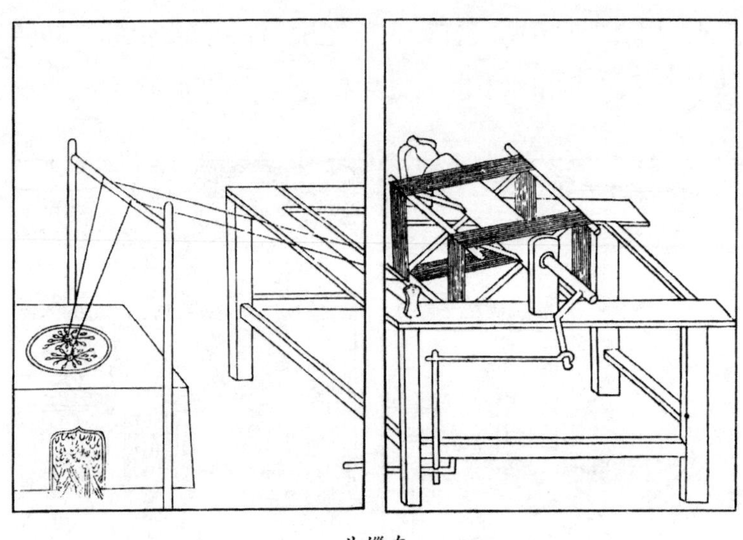

北缫车

调丝、纬络、经具、过糊

调丝[1]：凡丝议织时，最先用调。透光檐端宇下，以木架铺地，植竹四根于上，名曰络笃。丝匡竹上，其傍倚柱高八尺处，钉具斜安小竹偃月挂钩，悬搭丝于钩内，手中执籰[2]旋缠，以俟牵经织纬之用。小竹坠石为活头，接断之时，扳之即下。

【注释】①调丝：就是绕丝。②籰（yuè）：络丝的用具。

【译文】绕丝：织丝之前，首先要绕丝。选择光线好的屋檐下，把木架铺在地上，木架上直插四根竹竿，叫作“络笃”。将丝围绕在竹上，络笃一旁立柱上高八尺的地方，斜钉上一根带有半月形挂钩的小竹竿。将丝悬挂在半月形钩内，手持籰具旋转绕丝，以备牵经、织纬。小竹竿一端挂一小石块作为活动的接头，要接断丝时一拉绳，挂钩就下落了。

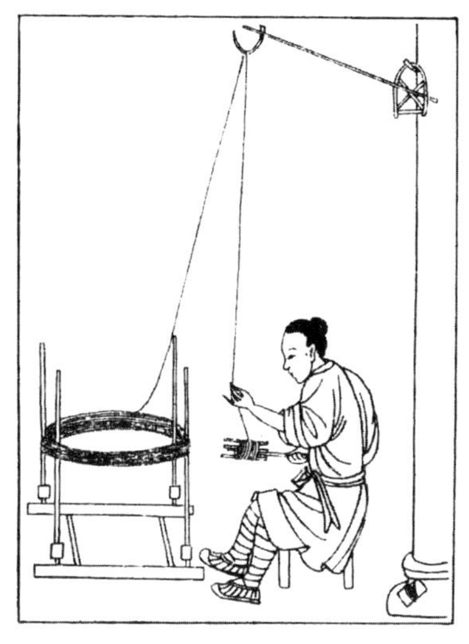

调 丝

纬络（纺车　具图）：凡丝既籰之后，以就经纬。经质用少，而纬质用多，每丝十两，经四纬六，此大略也。凡供纬籰，以水沃湿丝，摇车转锭[①]而纺于竹管之上（竹用小箭竹）。

纺 车

【注释】①锭：锭子。这里指卷纬车上带动纬线管转动的轴。

【译文】卷纬：丝在籰上

绕好以后，就可用来牵经卷纬了。经丝用少，而纬丝用多。每十两丝，经线用四两，纬线用六两，大致如此。供卷纬线用的篗具（俗称绕丝棒），要将上面的丝润湿，再摇卷纬车带动锭子转动，把丝绕在竹管上（竹管以小箭竹做成）。

经具（溜眼 掌扇 经耙 印架 皆有图）：凡丝既篗之后，牵经就织。以直竹竿穿眼三十余，透过篾圈，名曰溜眼。竿横架柱上，丝从圈透过掌扇，然后缠绕经耙之上。度数既足，将印架捆卷。既捆，中以交竹二度，一上一下间丝，然后扱①于筘②内（此筘非织筘）。扱筘之后，然的杠③与印架相望，登开五七丈。或过糊者，就此过糊。或不过糊，就此卷于的杠，穿综④就织。

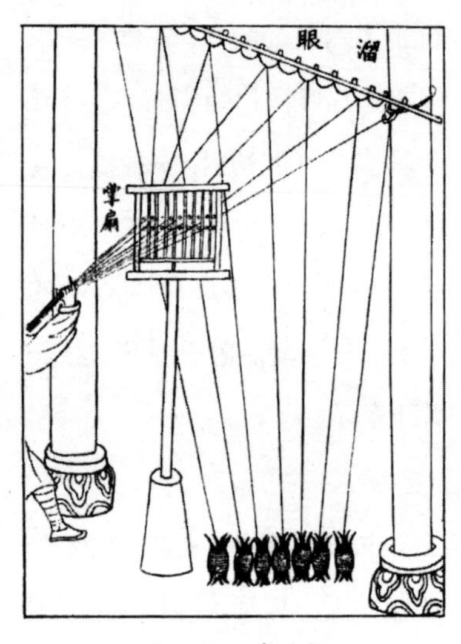

溜眼 掌扇

【注释】①扱（chā）：古同“插”。②筘：这里指分经筘，呈梳子形状，将经线穿入梳齿，使其均匀排列至一定宽度，控制织物幅度，又称定幅筘。③的杠：织机上卷绕经丝的经轴。④综（zèng）：织机上使经线上下交错以受纬线的部件。

【译文】牵经工具：当丝线绕在篗（绕丝棒）上以后，随后牵

经耙

经就织。在直竹竿上穿小眼，约三十多个，眼内套上竹圈，叫作“溜眼”。将竹竿横架在柱子上，丝通过竹圈再穿过“掌扇”（分丝箱），然后缠绕在“经耙”（牵经架）之上。当丝达到要求的长度以后，就卷在“印架”（卷经架）上。卷好后，中间用两根“交竹”把丝分为上下，然后插于梳丝筘内（此筘不是织机上的筘）。穿过梳丝筘后，把“的杠”与“印架”拉开，中间隔开五至七丈远。需要上浆的就上浆，不需上浆的则就此卷在经轴上，即可穿综织丝了。

过糊：凡糊用面筋内小粉为质。纱、罗所必用，绫绸或用或不用。其染纱不存素质者，用牛胶水为之，名曰清胶纱。糊浆承于筘上，推移染透，推移就干。天气晴明，顷刻而燥，阴天必藉风力之吹也。

印架 过糊

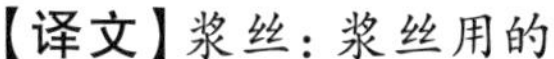
【译文】浆丝：浆丝用的

面糊以面筋里面的小粉（淀粉）为原料。织纱、罗一定要浆丝，织绫、绸等可以用，也可不用。用染过的丝织纱，因为丝已失原来光滑、不发毛等特性，要用牛皮胶水过浆，叫作“清胶纱”。浆料放在梳丝筘上，推移梳丝筘将丝浆透，随推随干。天气晴明，顷刻即干，但是阴天必借风力吹干。

边维、经数

边维：凡帛不论绫、罗，皆别牵边[①]，两傍各二十余缕。边缕必过糊，用筘推移梳干。凡绫、罗必三十丈、五六十丈一穿，以省穿接繁苦。每匹应截画墨于边丝之上，即知其丈尺之足。边丝不登的杠，别绕机梁之上。

【注释】①牵边：服装边部用线网收边加固。

【译文】边经：丝织物不论绫、罗，纺织时都要另行牵边。两边各牵经线二十余根，边经线必须过浆，用筘推移梳干。绫罗的经线一定要每三十丈或五六十丈穿一次筘，以省去穿接的劳累和辛苦。每够一匹长应在边经上用墨划记号（一匹等于四丈），以掌握长度。织边的丝线不绕在“的杠”上，而是另外绕在织机横梁之上。

经数：凡织帛，罗纱筘以八百齿为率。绫绢筘以一千二百齿为率。每筘齿中度经过糊者，四缕合为二缕[①]，罗纱经计三千二百缕，绫绸经计五千、六千缕。古书八十缕为一升，今绫绢厚者，古所谓六十升布也。凡织花文必用嘉、湖出口、出水皆干丝为经，则任从提挈，不忧断接。他省者即勉强提花[2]，潦草而已。

【注释】①缕（lǚ）：就是线，如千丝万缕。《仪礼·丧服》传曰："缌者，十五升，抽其半，有事其缕，无事其布曰缌。"郑玄注："云缌者十五升抽其半者，以八十缕为升。"六十升布即2.2尺幅内有4800根线。②提花：用专门机器在织物上织出经、纬线凸出的图案。

【译文】经线数目：织纱罗的筘以八百个齿为标准。织绫绢的筘以一千二百齿为标准。每个筘齿中穿入上浆的经线，四根线合为二根线。罗纱的经丝共三千二百根，绫绸的经丝共五六千根。古书标明八十根为一升，现在较厚的绫绢即是古时所说的六十升布。织花纹时必须用嘉兴、湖州所产结茧和缫丝，当地都用火烘干的丝作经线，无论怎样提拉都不怕断开。其他省所出的丝，即使可勉强提花，看着也不工整、高档。

机式、腰机式、花本（具图）

机式：凡花机通身度长一丈六尺，隆起花楼[1]，中托衢盘[2]，下垂衢脚[3]（水磨竹棍为之，计一千八百根）。对花楼下堀坑二尺许，以藏衢脚（地气湿者，架棚二尺代之）。提花小厮坐立花楼架木上。机末以的杠卷丝，中用叠助木两枝，直穿二木，约四尺长，其尖插于筘两头。

【注释】①花楼：控制提花机上经线起落的机件。②衢盘：调整经线开口部位的机件。③衢脚：旧式提花织机上使经线回复原位的部件。现在称为纹针。

【译文】提花机的构造：提花机全长一丈六尺，隆起部分是花楼，中间托着衢盘，下面垂吊着衢脚（用加水磨光的竹棍制成，共一千八百根）。正对着花楼的地方，下挖二尺深坑，用来放衢脚（如果地下潮湿，就要架二尺高的棚代替挖坑）。提花的徒工坐立在花楼的木架上。提花机末端以“的杠”（经轴）卷丝，机的中部用两根叠助木（打纬的摆杆）来穿接两根木棍（四尺左右长），棍尖插入织箱两端。

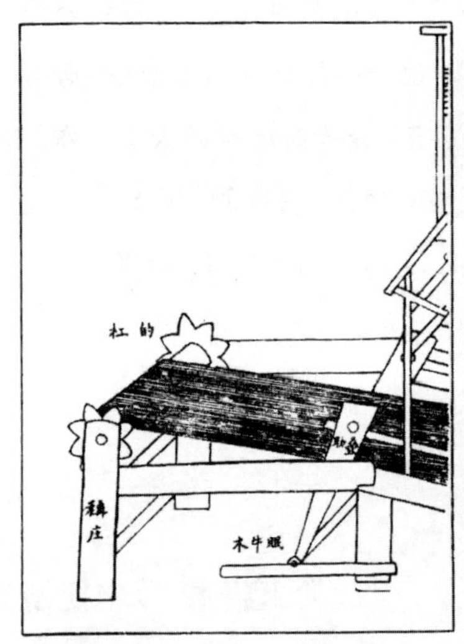

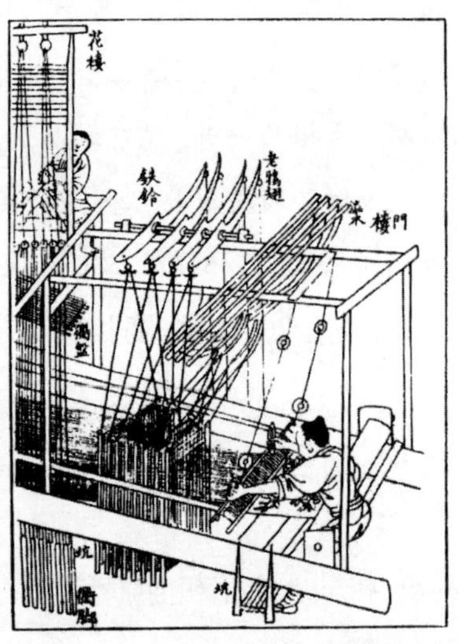

花机

叠助，织纱罗者，视织绫绢者减轻十余斤方妙。其素罗不起花纹，与软纱绫绢踏成浪梅小花者，视素罗只加桄二扇。一人踏织自成，不用提花之人，闲住花楼，亦不设衢盘与衢脚也。其机式两接，前一接平安，自花楼向身一接，斜倚低下尺许，则叠助力雄。若织包头细软，则另为均平不斜之机。坐处斗二脚，以其丝微细，防遏叠助之力也。

【译文】叠助木若用于织纱罗，它比织绫绢的最好轻十几斤。织素罗不起花纹，要在软纱、绫绢上织出波浪、梅花等图案，比织素罗只多加两扇综框，一人踏织即成，不用提花的人闲待在花楼上，也不用设置衢盘与衢脚。其织机形式分为两截，前一截平放，从花楼向织工的一截向下倾斜一尺左右，这样，叠助木（筘座摆杆）的力量较大。若织包头巾之类细软的丝织物，则应另做一个均平的不倾斜的织机。人坐的地方安二个脚架，因为织头巾的丝比较微细，要防止叠助木力过猛。

腰机式：凡织杭西、罗地等绢，轻素等绸[①]，银条、巾帽等纱，不必用花机，只用小机。织匠以熟皮一方置坐下，其力全在腰尻[②]之上，故名腰机。普天织葛、苎、棉布者，用此机法，布帛更整齐坚泽，惜今传之犹未广也。

腰 机

【注释】①轻素：白色丝织品，特点是轻而薄。绸（chóu）：

一种丝织品，特点是薄而软。②尻（kāo）：臀部，脊骨末端。

【译文】腰机构造：织“杭西”“罗地”等绢、轻白的绸，以及银条、巾帽等纱，不必使用提花机，只用小机即可。织匠用一块熟皮作靠背，其力全在腰臀部分，所以叫腰机。各地织葛、苎麻、棉布的，都用这种织机。织出的布、帛更为整齐、坚实而有光泽，可惜至今还没有普遍推广。

花本：凡工匠结花本[①]者，心计最精巧。画师先画何等花色于纸上，结本者以丝线随画量度，算计分寸秒忽而结成之。张悬花楼之上，即织者不知成何花色，穿综带经，随其尺寸度数提起衢脚，梭过之后，居然花现。盖绫绢以浮轻而见花，纱罗以纠纬而见花。绫绢一梭一提，纱罗来梭提，往梭不提。天孙机杼，人巧备矣。

【注释】①结花本：挑花结本，根据画稿花纹图案，用经纬交织挑制出花纹，其中最重要工序是挑花。

【译文】花本：在工匠中，织花纹者的心计最是精巧。画师先将各种花纹图案画在纸上，织花纹的工匠能用丝线按图度量，精确算计分寸秒忽，用丝线编结出花本来。花本悬挂在花楼上，织工不知会织成什么样的花纹，但穿综带经，按照花本的尺寸度数，提起纹针，穿梭而织后花样居然显现，因为绫绢以浮起经线而显花纹，纱罗是纠集纬线而显现花纹。因此织绫绢是一梭一提，织纱罗来梭时提花，返回时不提。天上织女的纺织工艺与技巧，人间已然掌握得十分完备。

穿经、分名、熟练

穿经：凡丝穿综度经，必用四人列坐。过筘之人，手执筘耙先插，以待丝至。丝过筘，则两指执定，足五七十筘，则绦结之。不乱之妙，消息全在交竹。即接断，就丝一扯即长数寸。打结之后，依还原度，此丝本质自具之妙也。

【译文】经线穿综、穿筘：将经线穿过综和织筘，需要四人并坐进行操作。穿织筘的人手持筘耙，先插入筘中，等待另一人将丝递过来。丝过筘后，两指握紧，穿好五十至七十筘后把丝扭结起来。丝不乱的奇妙，关键在于可将丝上下分开的“交竹”。接断丝时，将丝轻微一扯就能拉长数寸。打好结后又缩回。这是丝自身所具有的奇妙。

分名：凡罗，中空小路以透风凉，其消息全在软综之中。衮头两扇打综，一软一硬。凡五梭三梭（最厚者七梭）之后，踏起软综[①]，自然纠转诸经，空路不粘。若平过不空路而仍稀者曰纱，消息亦在两扇衮头[②]之上。直至织花绫绸，则去此两扇，而用桄综[③]八扇。

【注释】①软综：用线绳做的综，又称绞综，织平纹。硬综，织纠纹或网纹。两综并用可织平纹，又可起绞孔。综，织布机上带着经线上下分开形成梭口的装置。②衮头：织地纹的提综杠杆。③桄

（guàng）综：辘踏牵动的综，八扇桄综可起伏织成花纹。

【译文】分名：罗之类的丝织物，中有小孔以透风取凉，其织造的奥秘在于用线绳做成的软综（绞综）。用两扇衮头打综，可织平纹，又可起绞孔。织过三梭五梭（最厚的七梭）纬线之后，踏起软综，自然会使两股经丝绞组成绞纱孔，而不并合起来，形成小孔。如果一直织下去，不起条纹而普遍有孔的，就制作出纱，织纱的奥秘也在于两扇衮头。直到织花绫绸时，才去掉两扇衮头，而使用八扇桄综。

凡左右手各用一梭交互织者，曰绉纱[①]。凡单经曰罗地，双经曰绢地，五经曰绫地。凡花分实地与绫地，绫地者光，实地者暗。先染丝而后织者曰缎。（北土屯绢，亦先染丝。）就丝绸机上织时，两梭轻，一梭重，空出稀路者，名曰秋罗，此法亦起近代。凡吴越秋罗，闽广怀素，皆利缙绅当暑服，屯绢则为外官、卑官逊别锦绣用也。

【注释】①绉纱（zhòu shā）：一种古代疏细有折纹的纱织物。这种纱，表面自然绉缩而显得凹凸不平，虽然细薄，却给人一种厚实感。

【译文】左右手各用一梭交互织成的丝织品叫绉纱。经线单起单落织出的叫“罗地”，经线双起双落织出的叫“绢地”，经线每隔四根提起一根织成的织物叫“绫地”。提花织物分为平纹实地（素地）与斜纹绫地（花地），绫地有光泽，实地暗淡。先行染丝而后织成的织物叫“缎”。（北方地区的屯绢，也是先染丝。）丝在织机上如织两梭平纹、一梭起绞综，形成一排排纱孔的，叫作“秋罗”，这种织法近代才有。江苏、浙江的“秋罗”，福建、广东的“怀素”，大部分都供给官绅制作暑衣，而屯绢则为一般小官吏当作锦绣制衣。

熟练[①]：凡帛织就，犹是生丝，煮练方熟。练用稻稿灰入水煮[②]。以猪胰脂陈宿一晚，入汤浣之，宝色烨然。或用乌梅者，宝色略减。凡早丝为经、晚丝为纬者，练熟之时，每十两轻去三两。经纬皆美好早丝，轻化只二两。练后日干张急[③]，以大蚌壳磨使乖钝，通身极力刮过，以成宝色。

【注释】①熟练：用煮洗（或脱胶）法从生丝或加拈的丝线上去除丝胶或天然胶质，这样可增加丝的光泽和柔软性。②稻稿灰入水煮：稻稿灰中含有碳酸钾，溶于水导致溶液呈碱性。③张急：原意是说琴弦绷紧。此指将丝织品绷紧。

【译文】熟练：织成的织物仍属于生丝，煮练以后才成为熟丝。煮练的程序是先将生丝用稻草灰加水煮，再加一些猪胰脂（肥皂）陈放一夜，之后在热水中清洗，色泽就会鲜明夺目。有的用乌梅水煮，色泽略差一些。用一化性蚕的丝为经线并以二化性蚕的丝为纬线而织成的丝，煮练后每十两减轻三两。经纬线都用一等一化性蚕的丝，只减轻二两。煮练后晾晒绷紧，再用大蚌壳将丝织物打磨，丝织品便现出光泽。

龙袍、倭缎

龙袍：凡上供龙袍，我朝局在苏、杭。其花楼高一丈五尺，能手两人扳提花本，织过数寸即换。龙形各房斗合，不出一手。赭[①]、黄亦先染丝，工器原无殊异，但人工慎重与资本皆数十倍，以效忠敬之谊。其中节目微细，不可得而详考云。

【注释】①赭（zhě）：红褐色。

【译文】龙袍：上供朝廷的龙袍，我朝（宋应星当时的明朝）的织造局设在苏州和杭州。其织机的花楼高一丈五尺，由两名专业能手依据设计好的花样，每织过几寸之后，便变换提织龙形图案的其余部分。龙袍由机房各部分织工单独织造，然后加以拼合，非出自一人之手。红褐色、黄色也需要先染，工具织器无不同之处，只是人工都是高手，成本要高出数十倍，以表示对皇帝的忠敬。其中的细节众多浩繁，无法进行详考。

倭缎：凡倭缎[①]，制起东夷，漳、泉海滨效法为之。丝质来自川蜀，商人万里贩来，以易胡椒归里。其织法亦自夷国传来。盖质已先染，而斫绵夹藏经面，织过数寸即刮成黑光。北虏互市者见而悦之。但其帛最易朽污，冠弁之上顷刻集灰，衣领之间移日损坏。今华夷皆贱之，将来为弃物，织法可不传云。

【注释】①倭缎：日本出产的一种缎子，此指漳绒（天鹅绒），是江苏省丹阳市的地方传统丝织品。是以绒为经，以丝为纬，用绒机编织，使织物表面构成绒圈或剪切成绒毛的丝织物，其制法是否起于日本，尚待考证。

【译文】倭缎：倭缎制法起自日本国，福建漳州、泉州沿海一带曾加以仿制。丝的原料来自四川，商人万里贩卖过来，换取胡椒运回。其织法工艺也从日本传来，先将原料染色作为纬线，把截断的铜线沿着纬线织进去，每织成经面几寸后，沿着铜线把上面的经线割断以形成绒，然后刮成黑光。北方少数民族地区的商人很中意这种商品。但因其最易朽坏变脏，做成的帽子戴上后立即聚满灰尘，做成衣领穿不了几天就会磨坏。现在，任何地方都轻贱此品，将来必然成为淘汰之物，其织法也就可以不传了。

布衣、枲著、夏服

布衣（赶、弹、纺具图）：凡棉布御寒，贵贱同之。棉花古书名枲麻，种遍天下。种有木棉、草棉两者，花有白、紫二色。种者白居十九，紫居十一。凡棉春种秋花，花先绽者逐日摘取，取不一时。其花粘子于腹，登赶车而分之。去子取花，悬弓弹化。（为挟纩温衾袄者，就此止功。）弹后以木板擦成长条，以登纺车，引绪纠成纱缕。然后绕籰牵经就织。凡纺工能者一手握三管，纺于锭上（捷则不坚）。

【译文】棉布：人们都用棉衣御寒，身份不分贵贱。棉花在古书中叫枲麻，种植遍及天下。分为木棉、草棉两种，花有白、紫两色。种白棉的占十分之九，紫棉占十分之一。棉花春天播种后，秋天结花，棉桃先裂开的依次摘取，并非同时摘取。棉絮与棉籽都在棉桃内，需要用轧花、脱子的赶车（旋床）分开。棉花去籽经过弹弓弹松。（制作棉被棉袄用的棉絮，加工到此即可使用。）弹后的棉花在木板上将棉花搓成长条，再用纺车牵引棉绪纺出棉纱。然后再把棉纱绕到籰具上，就可牵经织布了。技艺较高的纺织工一人手握三个纺锤，把三根棉纱纺在锭子上（速度太快则棉纱易断）。

赶 棉

弹 棉

擦 条

纺缕一　　纺缕二

凡棉布寸土皆有，而织造尚松江，浆染尚芜湖。凡布缕紧则坚，缓则脆。碾石取江北性冷质腻者（每块佳者值十余金），石不发烧，则缕紧不松泛。芜湖巨店首尚佳石。广南为布薮，而偏取远产，必有所试矣。为衣敝浣，犹尚寒砧捣声，其义亦犹是也。外国朝鲜造法相同，惟西洋则未核其质，并不得其机织之妙。凡织布有云花、斜文、象眼等，皆仿花机而生义。然既曰布衣，太素足矣。织机十室必有，不必具图。

【译文】棉布在各地都有生产，但松江（今上海）的纺织技术最高，而芜湖的浆染技术则为第一。棉纱纺得紧密，布就结实耐用，纺得松，布就易坏易损。浆染布时用的碾石，取用江北性冷的石料，因为质地细腻（每块碾石好的能卖到十几两银子）。用这种碾石碾布时不易发热，导致纱线紧密而不松散。芜湖的大染店非常推崇碾石。广东是棉布的集中地，却偏偏使用远方的碾石，一定是试验后才有所选择的。衣服浆洗时怕磨损，也选择在性冷的石板上捶捣，其道理相同。朝鲜的织布方法与中国一样，西洋布没有查明其原料，也不知道他们的机织技术。棉布可织出云花、斜纹、象眼等各类花纹，都是依据花机的原理而制成。不过既称为“布衣”，织成平纹即可。至于织机，十户人家中必有一个，因此不必附图。

枲著[①]：凡衣、衾挟纩御寒，百人之中，止一人用茧绵，余皆枲著。古缊袍，今俗名胖袄。棉花既弹化，相衣、衾格式而入装之。新装者附体轻暖，经年板紧，暖气渐无，取出弹化而重装之，其暖如故。

【注释】①枲（xǐ）著：本指麻衣（以麻衬于袍内）。此处指棉衣。

【译文】枲著：用棉衣、棉被御寒者，百分之一的人才会在其中装入丝绵，其余都用棉花。古时的缊袍今俗称为胖袄（棉袄）。棉花弹好以后，便依据衣服、被子的格式放进棉花。新棉衣穿着贴身而轻暖，但穿久了就会板紧，也不保暖。将棉花取出重新弹松、装入衣内，暖和如初。

夏服：凡苎麻[①]无土不生。其种植有撒子、分头两法。（池郡[②]每岁以草粪压头，其根随土而高，广南青麻[③]撒子种田茂甚。）色有青、黄两样。每岁有两刈者、有三刈者，绩为当暑衣裳、帷帐。凡苎皮剥取后，喜日燥干，见水即烂。破析时则以水浸之，然只耐二十刻，久而不析则亦烂。苎质本淡黄，漂工化成至白色。（先用稻灰、石灰水煮过，入长流水再漂，再晒，以成至白。）纺苎纱，能者用脚车，一女工并敌三工。惟破析时，穷日之力只得三五铢重。织苎机具与织棉者同。凡布衣缝线、革履串绳，其质必用苎纠合。

【注释】①苎（zhù）麻：是多年生草本植物，茎皮含纤维质很多，是纺织工业的重要原料。②池郡：今安徽贵池地区。③青麻：苎麻的一种，青叶苎麻。

【译文】夏服：苎麻随处生长。其种植方法有播种和分根种植两种。（池州每年将草粪压在根部，麻根顺土而长高。广东的青麻通过撒种进行种植，长势茂盛。）苎麻有青、黄两色。每年收割两次，也有三次的，织成夏衣和帷帐。苎麻剥皮后，适宜在日光下晒干，见水就会烂掉。将麻皮撕破时要浸泡，但只能浸泡五小时，浸泡太久不撕也烂，苎麻本是淡黄色的，经过漂洗加工成白色。（先用稻草灰水或石灰水煮过，然后在流水中进行漂洗，再晒干后就成为白色。）纺苎纱的能手使用脚车，一女工可抵三人之力。但撕裂麻皮则一日只得三五铢重。织苎麻的机具与织棉的机具相同。缝布衣的线和缝合皮鞋鞋帮与鞋底的绳，材料都由苎麻搓合而成。

凡葛蔓生，质长于苎数尺。破析至细者，成布贵重。又有苘麻[①]一种，成布甚粗，最粗者以充丧服。即苎布有极粗者，漆家以盛布灰，大内以充火炬。又有蕉纱，乃闽中取芭蕉皮析、缉为之，轻细之甚，值贱而质枵[②]，不可为衣也。

【注释】①苘（qǐng）麻：一年生草本植物，茎直立，茎皮的纤维可以做绳子、衣物。②枵（xiāo）：布的丝缕稀而薄。

【译文】葛是蔓生的植物，其纤维长于苎麻数尺。用破析极细的葛织成的布很贵重。还有一种苘麻，织成的布粗糙，最粗的布作为丧服。即使是苎布，也有非常粗糙的，漆工用来蘸灰擦磨漆器，而宫内则用作火炬照明。还有一种蕉纱，是福建一带取芭蕉皮破析加工而成，极其轻细，不值钱也不结实，不能做衣服穿。

裘

凡取兽皮制服，统名曰裘。贵至貂、狐，贱至羊、麂[①]，值分百等。貂产辽东外徼建州地及朝鲜国。其鼠好食松子，夷人夜伺树下，屏息悄声而射取之。一貂之皮方不盈尺，积六十余貂仅成一裘。服貂裘者立风雪中，更暖于宇下。眯入目中，拭之即出，所以贵也。色有三种，一白者曰银貂，一纯黑，一黯黄。（黑而长毛者，近值一帽套已五十金。）凡狐、貉亦产燕、齐、辽、汴诸道。纯白狐腋裘价与貂相仿；黄褐狐裘值貂五分之一，御寒温体功用次于貂。凡关外狐，取毛见底青黑，中国者吹开见白色，以此分优劣。

【注释】①麂（jǐ）：哺乳动物的一属，像鹿，腿细而有力，善于跳跃，皮很软可以制革。通称"麂子"。

【译文】凡取兽皮做的衣服统称为裘。贵重的有貂皮、狐皮，便宜的有羊皮、麂皮，价格分为百种之多。貂产于辽宁省的建州地区以及朝鲜。貂鼠喜欢吃松子，各部族的猎人晚间藏在松树下伺机射取貂鼠。一张貂皮不到一尺见方，累积六十多张貂皮仅成一件貂皮裘衣。穿上貂皮，立在风雪中，比在室内还觉得温暖；灰沙尘土眯住眼睛时用貂皮一擦即出，因此才这样贵重。貂皮有三种颜色，一种色白叫作银貂，一种纯黑，另一种是暗黄。（黑色长毛的貂皮帽，近来价值五十两银子。）狐和貉也产于北方的河北、山东、辽宁、河南等地，纯白的狐腋皮衣的价格与貂皮衣差不多。黄褐色的狐皮衣价值是貂裘的五分之一，御寒之功次于貂皮。关外狐皮拨开毛看到皮板是青黑色，中国内地的吹开毛看到白色皮板，以此区分优劣。

羊皮裘，母贱子贵。在腹者名曰胞羔（毛文略具），初生者名曰乳羔（皮上毛似耳环脚），三月者曰跑羔，七月者曰走羔（毛文渐直）。胞羔、乳羔为裘不膻。古者羔裘为大夫之服，今西北缙绅亦贵重之。其老大羊皮，硝熟[①]为裘，裘质痴重，则贱者之服耳，然此皆绵羊所为。若南方短毛革，硝其鞟如纸薄，止供画灯之用而已。服羊裘者，腥膻之气习久而俱化，南方不习者不堪也。然寒凉渐杀，亦无所用之。

【注释】①硝熟：用芒硝、朴硝等鞣制动物皮革使之变软。

【译文】在羊皮衣中，母羊皮贱而羊羔皮贵。怀在腹中的羊羔叫胞羔（也就是刚刚长毛），初生的叫乳羔（皮上的毛像弯曲的环钩），三个月后叫跑羔，七个月叫走羔（此时皮上的毛渐渐变直）。用胞羔、乳羔的皮制作皮衣没有膻味。古时羔皮衣为大夫之服，现在西北的官绅依然重视。老羊皮经过硝熟之后做衣，穿起来笨重，是下层人的衣服，但是这些皮衣都是绵羊皮做成的。南方的短毛羊皮，其去毛的皮在硝熟之后薄得像纸，只能作画灯用。穿羊皮衣的人，对腥膻之气久而习惯，但南方不习惯此味的人难以忍受。不过往南气候温暖，一般无须穿上皮衣御寒。

麂皮去毛，硝熟为袄、裤，御风便体，袜、靴更佳。此物广南繁生外，中土则积集楚中，望华山为市皮之所。麂皮且御蝎患，北人制衣而外，割条以缘衾边，则蝎自远去。虎豹至文，将军用以彰身。犬、豕至贱，役夫用以适足。西戎尚獭[①]皮，以为毳[②]衣领饰。襄、黄之人，穷山越国，射取而远货，得重价焉。殊方异物，如金丝猿，上用为帽套。扯里狲[③]御服以为袍，皆非中华物也。兽皮衣人，此其大略，方物则不可殚述。飞禽之中，有取鹰腹雁胁毳毛，杀生盈万乃得一裘，名天鹅绒者，将焉用之？

【注释】①獭（tǎ）：水獭，哺乳动物，脚短，趾间有蹼，体长七十余厘米。毛棕褐色，是珍贵的裘皮。②毳（cuì）：鸟兽的细毛。③扯里狲：猞猁的别名。毛可做皮衣等，极为贵重。

【译文】麂皮去毛以后，硝熟后做成袄、裤，穿起来抵御风寒，制作鞋、袜更佳。麂子在广东繁殖生长以外，在中原地区集中于湖南、湖北，望华山是毛皮交易的场所。麂皮还能防止蝎患，北方人做衣之外，还割成长条镶为被边，这样蝎子远远躲开。虎、豹的皮纹理壮观，将军用来制作战衣。猪、狗皮廉价，工人们用来做鞋。西北少数民族地区崇尚水獭皮，用来做皮衣领。襄阳府、黄州府人遍山搜求猎取水獭后，卖到远方可获得大价钱。不同地方的奇珍异兽，如金丝猴，其毛皮仅供皇帝制作帽子戴。扯里狲的毛皮也仅供皇帝用作御袍，这些都不是中原的产物。兽皮制衣的情况大略如此，各地特产不可尽述。至于飞禽之中，有取鹰腹、雁腋的细毛作为衣料的，杀生过万才得到一件裘衣，名为“天鹅绒”，怎么忍心穿在身上呢？

褐、毡

凡绵羊有二种，一曰蓑衣羊，剪其毳为毡、为绒片，帽、袜遍天下，胥此出焉。古者西域羊未入中国，作褐为贱者服，亦以其毛为之。褐有粗而无精，今日粗褐亦间出此羊之身。此种自徐、淮以北州郡无不繁生。南方唯湖郡饲畜绵羊，一岁三剪毛（夏季希革不生）。每羊一只，岁得绒袜料三双，生羔牝牡合数得二羔，故北方家畜绵羊百只，则岁入计百金云。

【译文】绵羊有两种，一种是蓑衣羊，剪下它的细毛做成毛毡、绒片，遍布各地的毛线帽和毛袜，都是这种原料制作而成。古时西北的羊没有传入中原，下层人做衣服用的毛布，也是这种羊毛做的。毛布粗糙而不精细，今天的粗毛布也有用这种羊毛做成的。此种绵羊在徐州和淮河流域以北都大量繁殖。南方只有湖州饲养绵羊，一年剪毛三次（夏天毛稀，不长新毛）。一只羊，每年剪下的毛可做三双毛袜，能生羔的母羊交配后可生二只小羊，所以北方一家养百只绵羊，一年可收入百两银子。

一种矞艿羊（番语）[①]，唐末始自西域传来，外毛不甚蓑长，内毳细软，取织绒褐，秦人名曰山羊，以别于绵羊。此种先自西域传入临洮，今兰州独盛，故褐之细者皆出兰州，一曰兰绒，番语谓之孤古绒，从其初号也。山羊毳绒亦分两等，一曰挡绒，用梳栉挡下，打线织帛，曰褐子、把子诸名色。一曰拔绒，乃毳毛精细者，以两指甲逐茎挦[②]下，打线织绒褐。此褐织成，揩面如丝帛滑腻。每人穷日之力，打线只得一钱重，费半载工夫方成匹帛之料。若挡绒打线，日多拔绒数倍。凡打褐绒线，冶铅为锤，坠于绪端，两手宛转搓成。

【注释】①矞艻（yù lì）：山羊的别称有很多种，驹驴、羖历羊、羖等等，矞艻的称呼是其中一种。番（fān）：称外国的或外族的，例如番邦。②挦（xián）：扯，拔（毛发）。

【译文】另一种羊叫矞艻羊（这是少数民族语），唐朝末年从西域（今新疆）传来，外毛不长，但内毛细软，可以用来织绒毛布。陕西人称之为山羊，以区别于绵羊。这种羊先从西域（今新疆）传到临洮（甘肃岷县），现在兰州养得最多，故细羊毛布都出自兰州，又叫兰绒，西北少数民族语叫孤古绒，这是初期的叫法。山羊细绒也分两等，一曰“挡绒”，是用梳篦从羊身上梳下来的，打线织成毛布叫“褐子”“把子”等名称。另一种叫“拔绒”，是细毛中的精品，用两指甲逐根从羊身上拔下，再打线织成绒毛布。这种布织成后，手感如丝帛那样光滑细腻。每人拔一天只能打出一钱重的线，耗费半年时间才凑成一匹绒布的用料。若用挡绒打线，数量每天比拔绒多好几倍。打毛布绒线，用铅做成锤，坠在线头，两手不断转动搓成绒线。

凡织绒褐机大于布机，用综八扇，穿经度缕，下施四踏轮，踏起经隔二抛纬，故织出文成斜现。其梭长一尺二寸。机织、羊种皆彼时归夷传来（名姓再详），故至今织工皆其族类，中国无与也。凡绵羊剪毳，粗者为毡，细者为绒。毡皆煎烧沸汤投于其中搓洗，俟其粘合，以木板定物式，铺绒其上，运轴擀成。凡毡绒白、黑为本色，其余皆染色。其氍毹[①]、氆氇[②]等名称，皆华夷各方语所命。若最粗而为毯者，则驽马诸料杂错而成，非专取料于羊也。

【注释】①氍毹（qú shū）：毛织的布或地毯，旧时演戏多用来铺在地上。②氆氇（pǔ lu）：是藏族人民手工生产的一种毛织品，可以做衣服、床毯等，举行仪礼时也作为礼物赠人。

【译文】织绒毛布的织机比织布机大，用八扇综通过经线，下面设置四个踏轮，每踏起二根经线，就过一次纬线，所以可织成斜纹。织机的梭子长一尺二寸。这种织机和羊种都是当时归附的少数民族传来的（名称有待进一步调查），所以到今天为止，织工仍然都是这些少数民族，中原内地的人很少参与这一行业。从绵羊身上剪下的细毛，粗者做毡，细者做绒。做毡时将羊毛放到沸水中搓洗，等羊毛相互黏合后，将其铺在木板上，用转轴赶压而成毡绒。毡绒主要有白黑两色，其余的颜色都是后染而成。毡绒有“氍毹”“氆氇”等名称，都是依据各地方言而命名的。制作毛毯所用的粗毛，是劣等马的毛和其他的杂料，掺进去以降低成本，并非都用羊毛。

彰施第三

扫码听谦德
君为您导读

宋子曰：霄汉之间云霞异色，阎浮[①]之内花叶殊形。天垂象而圣人则之[②]，以五彩彰施于五色[③]，有虞氏[④]岂无所用其心哉？飞禽众而凤则丹，走兽盈而麟则碧，夫林林青衣[⑤]，望阙而拜黄朱也，其义亦犹是矣。君子曰："甘受和，白受采[⑥]。"世间丝、麻、裘、褐，皆具素质，而使殊颜异色得以尚焉，谓造物不劳心者，吾不信也。

【注释】①阎浮：梵语，即阎浮提，亦称南赡部洲，一般指我们居住的地球。②天垂象而圣人则之：《周易·系辞上》："天垂象，见吉凶，圣人象之。河出图，洛出书，圣人则之。""天垂象而圣人则之"的意思是，上天显示各种天象，圣人据此进行效法。③以五彩彰施于五色：用各种颜色在衣服上染绘出各种图案。彰施，明施，意即鲜明地展现出来。出自《书经·益稷》："帝（虞舜）曰：予欲宣力于四方，汝为……以五彩彰施于五色作服，汝明。"这是上古传说中的帝王虞舜召见禹时所说的一段话，作者从《书经》中引此典故，并以“彰施”命名本章。④有虞氏：古部落名。其首领舜受尧禅，都蒲阪。⑤青衣：指黑色的衣服，汉朝以后卑贱者身穿青衣，故称婢仆、差役等人为青衣。⑥白受采：《礼记》：“甘受和，白受采。”甘，指能调和众味的美味；受和，接受调和；受采，接受与各种色彩的调和。

【译文】宋子说：天上的云、霞五彩缤纷，地上的花、叶各式各样。大自然呈现的万千景象美丽非凡，古代的圣人以此为准加以模仿，用染料把衣服染成青、黄、赤、白、黑等五颜六色，穿在身上，令人神采飞扬、焕然一新。虞舜当初难道是无所用心吗？绝对不是。飞禽无处不有，而只有凤凰的丹红出类拔萃；走兽漫山遍野，而只有麒麟的青碧无与伦比。成千上万的百姓，身着黑衣，看到皇宫里穿黄戴朱的权贵而恭敬下拜，其含义与此相同。君子说：“甘美之味可调和一切的味道，白色织品能染成所有的颜色。”世上丝、麻、皮、布都是素料，因而可以染成各种各样的颜色。如果说这一切都不是造物者精心为之，我决不相信。

诸色质料

大红色（其质红花饼[①]一味，用乌梅水煎出。又用碱水澄数次，或稻稿灰代碱，功用亦同。澄得多次，色则鲜甚。染房讨便宜者，先染栌木[②]打脚。凡红花最忌沉、麝，袍服与衣香共收，旬月之间，其色即毁。凡红花染帛之后，若欲退转，但浸湿所染帛，以碱水、稻灰水滴上数十点，其红一毫收转，仍还原质。所收之水藏于绿豆粉内，放出染红，半滴不耗。染家以为秘诀，不以告人）、莲红、桃红色、银红、水红色。（以上质亦红花饼一味，浅深分两加减而成。是四色皆非黄茧丝所可为，必用白丝方现。）

【注释】①红花饼：红花是中国古代纺织品重要的染料植物，红色在隋唐时期极其流行，唐代诗人李中《红花》写道“红花颜色掩千花，任是猩猩血未加（猩猩的血，借指鲜红色）”，形象地概况了红花非同凡响的艳丽效果。②栌（lú）木：落叶灌木，木材黄色，可做染料。通称“黄栌”。

【译文】染大红色（原料用一种红花饼，用乌梅水将红花饼进行煎煮，然后用碱水澄数次。有的用稻草灰代碱，作用相同。澄多次后，颜色极其鲜艳。染房为图省钱，往往先用栌木水染黄打底色，再用红花水染。红花最忌与沉香、麝香一起存放。假设红色的衣袍与沉香、麝香收放在一处，经过十天半月衣服的颜色就受到损害。用红花染色的丝织品，若想褪还本色，只须将其浸湿，并滴上数十滴碱水或稻灰水，红色就消失得无影无踪，恢复到原来的素色。剩下的红水吸收在绿豆粉内收藏，再用来染红色，一点都不损失。这是染房秘方，一向不肯公之于众）、**染莲红、桃红色、银红、水红色**。（这四种颜色的原料，也用红花饼，色的深浅根据染料用量的增减而改变。这四种颜色都不能用黄茧丝来染，一定要用白丝才可以。）

木红色（用苏木煎水，入明矾、棓子）、紫色（苏木为地，青矾尚之）、赭黄色（制未详）、鹅黄色（黄蘗[①]煎水染，靛[②]水盖[③]上）、金黄色（栌木煎水染，复用麻稿灰淋，碱水漂）、茶褐色（莲子壳煎水染，复用青矾水盖）、大红官绿色（槐花煎水染，蓝淀盖，浅深皆用明矾）、豆绿色（黄蘗水染，靛水盖。今用小叶苋蓝煎水盖者，名草豆绿，色甚鲜）、油绿色（槐花薄染，青矾盖）。

【注释】①黄檗（bò）：俗作“黄柏”，落叶乔木，树皮淡灰色，羽状复叶，茎可以制黄色染料。②靛（diàn）：一种深蓝色有机染料，称“靛蓝”。亦称“靛青”“蓝靛”。③盖：盖染，染色后，染料对纤维或织物所存在的物理缺陷进行遮盖，掩盖染色不均匀，避免染色成品出现色斑、色条等疵病。

【译文】染木红色（先用苏木煎水，再加入明矾、五倍子）、**染紫色**（先用苏木水打底，再配上青矾）、**染赭黄色**（制作方法不了解）、**染鹅黄色**（用黄檗水先染一遍，再用蓝淀水进行盖染）、**染金黄色**（用栌木煎水染，然后用麻秆灰淋出的碱水进行漂洗）、**染茶褐色**（先用莲子壳煎水染，再用青矾水盖染）、**染大红官绿色**（先用槐花煎水染，以蓝淀套染，不管颜色深或者浅，都用明矾）、**染豆绿色**（用黄檗水先染，再以蓝靛进行套染。现在用小叶苋蓝煮水套染的叫草豆绿，颜色非常鲜艳）、**染油绿色**（先用槐花水薄染一次，再用青矾水进行盖染）。

天青色（入靛缸[①]浅染，苏木水盖）、蒲萄青色（入靛缸深染，苏木水深盖）、蛋青色（黄檗水染，然后入靛缸）、翠蓝、天蓝（二色俱靛水分深浅）、玄色（靛水染深青，栌木、杨梅皮等分煎水盖。又一法，将蓝芽叶水浸，然后下青矾、棓子同浸，令布帛易朽）、月白、草白二色（俱靛水微染，今法用苋蓝煎水，半生半熟染）、象牙色（栌木煎水薄染，或用黄土）、藕褐色（苏木水薄染，入莲子壳、青矾水薄盖）。

附：染包头青色（此黑不出蓝靛，用栗壳或莲子壳煎煮一日，漉起，然后入铁砂、皂矾锅内，再煮一宵即成深黑色）。

【注释】①靛（diàn）缸：用靛青染布的染缸。

【译文】 **染天青色**（在靛缸中先染成浅蓝色，再用苏木水盖染）、**染葡萄青色**（在靛缸中深染之后，再用浓苏木水盖染）、**染蛋青色**（先用黄檗水染，然后入靛缸中再染）、**染翠蓝、天蓝二色**（这两种颜色都用蓝淀水染成，只是略分深浅）、**染玄色**（用蓝淀水染成深青色，再用等量黄栌木、杨梅皮水煮后盖染。还有一种方法，用蓼蓝的嫩芽叶做成的染液浸染，然后下青矾、五倍子一起浸染，不过，用这种方法布和丝料容易朽烂）、**染月白、草白两种颜色**（都用蓝淀水略染。现在的方法是将苋蓝煮到半生半熟时浸染）、**染象牙色**（用栌木煮水略染，或用黄土染）、**染藕褐色**（先用苏木水微染，再用莲子壳、青矾水薄薄套染）。

附：染包头巾用的青色（这种黑色不是出自蓝靛染成，而是将栗壳或莲子壳用水煮一日后滤出，然后放在锅内，加入铁砂、皂矾，再煮一夜即成黑色）。

附：染毛青布色法（布青初尚芜湖千百年矣。以其浆碾成青光，边方外国皆贵重之。人情久则生厌。毛青乃出近代，其法取松江美布，染成深青，不复浆碾，吹干，用胶水参豆浆水一过。先蓄好靛，名曰标缸。入内薄染即起，红焰之色隐然。此布一时重用）。

【译文】附：毛青（蓝）布染色法（布青色最初流行于芜湖，至今约有千年历史。因为浆碾后发出青光，边远人民和外国都很看重它。但人之常情是：久则生厌。毛青布是近代才有的，其制法是用松江好布染成深青色，不再浆碾，吹干后，用胶水掺豆浆水浸一下。事先存放最好的蓝淀，叫“标缸”，将布在其中略染，随即取出，在青布中，居然红光隐现，所以此布一时间被人看重）。

蓝 淀[1]

凡蓝五种，皆可为淀。茶蓝即菘蓝，插根活；蓼蓝、马蓝、吴蓝等皆撒子生。近又出蓼蓝小叶者，俗名苋蓝，种更佳。

【注释】①蓝淀：即蓝靛，简称靛，深蓝色的有机染料。亦指深蓝色。主要成分是靛蓝，将染料蓝的叶子发酵，再用石灰水处理而制成。

【译文】植物中的蓝共五种，都可以做蓝淀。茶蓝也就是菘蓝，插根即能成活。但蓼蓝、马蓝、吴蓝等，则都是撒子而生。近来又出现一种小叶蓼蓝，俗名苋蓝，品种更好。

凡种茶蓝法，冬月割获，将叶片片削下，入窖造淀。其身斩去上下，近根留数寸，熏干，埋藏土内。春月烧净山土，使极肥松，然后用锥锄（其锄勾末向身，长八寸许）刺土打斜眼，插入于内，自然活根生叶。其余蓝皆收子撒种畦圃中。暮春生苗，六月采实，七月刈身造淀。

【译文】种茶蓝的方法是，在冬季十月收割，将茶蓝叶子片片摘来，放入窖中制造蓝淀。剩下的茶蓝茎秆上下部要剪掉，靠根的部位保留数寸，熏干后埋在土中。来年春季，烧掉山草，使土地肥沃、疏松，然后用锥锄（锄勾长约八寸）锥刺进入土中，打成斜洞，将茶蓝茎段插在里面，自然扎根成活而长出叶子。其余各种蓝都是收子作种，撒在地中的畦里。春末出苗，六月采子，七月割蓝造淀。

凡造淀，叶与茎多者入窖，少者入桶与缸。水浸七日，其汁自来。每水浆一石下石灰五升，搅冲数十下，淀信即结。水性定时，淀沉于底。近来出产，闽人种山皆茶蓝，其数倍于诸蓝。山中结箬篓输入舟航。其掠出浮沫晒干者，曰靛花。凡靛入缸，必用稻灰水先和，每日手执竹棍搅动，不可计数。其最佳者曰标缸。

【译文】造蓝淀时，要是叶与茎很多，便放在窖中，少的放桶内或缸内。水泡七天以后，蓝液自然生出。每一石蓝液放入石灰五升，搅动数十下，蓝淀就能结成。静止后，蓝淀便沉在底部。近来生产的蓝淀，基本是福建人种的茶蓝，其数量数倍于其他各种蓝。他们在山上将茶蓝装入竹篓，用船运到外地。制造蓝淀时，漂在上面的浮沫晒干后叫“靛花”。放于缸内的蓝淀，一定要先和以稻灰水，每天用竹棍不停地搅动，其中最好的叫作“标缸”。

红花

红花场圃撒子种，二月初下种。若太早种者，苗高尺许，即生虫如黑蚁，食根立毙。凡种地肥者，苗高二三尺。每路打橛，缚绳横阑，以备狂风拗折。若瘦地，尺五以下者，不必为之。

【译文】种红花是在园圃中撒子，二月初下种。如种得太早，苗高一尺左右，就会有黑蚂蚁般的虫子将根吃光，苗会死亡。种红花的土地肥沃时，苗高可达二三尺。这就要在每行打桩，绑上绳子将苗横拦起来，以防狂风吹倒折断。如土地贫瘠，苗高不过一尺五寸以下，则无须打桩防风。

红花入夏即放绽，花下作梂汇多刺，花出梂上。采花者必侵晨带露摘取。若日高露旰，其花即已结闭成实，不可采矣。其朝阴雨无露，放花较少，旰摘无妨，以无日色故也。红花逐日放绽，经月乃尽。入药用者不必制饼。若入染家用者，必以法成饼然后用，则黄汁净尽，而真红乃现也。其子煎压出油，或以银箔贴扇面，用此油一刷，火上照干，立成金色。

【译文】红花入夏即能绽放，花长在聚集的总苞上面，苞片有许多刺。采花人必须在凌晨带着露水摘取，若等太阳高照、露水已干时，花已经闭合，此时不可以再采了。如果早晨阴雨而没有露水时，花开较少，晚些摘也无妨碍，因为没有太阳照射。红花逐日绽放，经过一个月才开尽。红花入药，就不必做成饼。若在染房中做染料，就必须依法制饼而后用。做成饼后，其中的黄液除尽，真正的红色显露无遗。用红花籽实煎煮后榨出的油，刷在贴有银箔

的扇面上，经火烘干，就成为金色。

造红花饼法：带露摘红花，捣熟以水淘，布袋绞去黄汁[①]。又捣以酸粟或米泔清。又淘，又绞袋去汁，以青蒿覆一宿，捏成薄饼，阴干收贮。染家得法，“我朱孔阳[②]”，所谓猩红也（染纸吉礼用，亦必用制饼，不然全无色）。

【注释】①黄汁：红花中除红色素外，还有黄色素。后者起干扰作用，因其溶于水及酸性溶液，故可除去，而剩下有效成分。红色素溶于碱性溶液。②我朱孔阳：语出《诗经·豳风·七月》：“我朱孔阳，为公子裳。”朱，红色；孔，很，极其；阳，本义日光，引申为鲜明。意思是说，我用鲜红色的料子，为公子制作衣裳。

【译文】造红花饼的方法：带露水摘取红花后，将其捣烂，用水淘洗，装入布袋绞去黄色液体。然后再捣，再用发酸的淘米水再次淘洗，再绞去汁液。最后用青蒿覆盖一夜，捏成薄饼，阴干后再行收藏。如染法得当，就会染出鲜红的颜色，即所谓猩红色（用于喜事的红纸，也必须用红花饼来染，否则染不出大红喜庆之色）。

附：燕脂、槐花

燕脂[①]：古造法以紫铆[②]染绵者为上，红花汁及山榴花汁者次之。近济宁路但取染残红花滓为之，值甚贱。其滓干者名曰紫粉，丹青家或收用，染家则糟粕弃也。

【注释】①燕脂：本为燕国制造，故名燕脂。②紫铆：紫胶或虫胶，是紫胶虫的分泌物，呈鲜朱红色，可做颜料。

【译文】燕脂：制造燕脂的古方以染丝用的紫胶为最佳原料，而红花汁及杜鹃花汁较差。近来济宁路（治山东巨野县）只用染丝所剩红花渣滓制作燕脂，价格非常便宜。干的红花渣滓名为“紫粉”，画家有时可用，但染房便当作糟粕抛弃了。

槐花：凡槐树十余年后方生花实。花初试未开者曰槐蕊，绿衣所需，犹红花之成红也。取者张度簨[1]稠其下而承之。以水煮一沸，漉干捏成饼，入染家用。既放之花，色渐入黄，收用者以石灰少许晒拌而藏之。

【注释】①簨（yú）：竹筐。

【译文】槐花：槐树要在生长十余年后才能开花结实。槐花含苞待放时叫槐蕊，是染绿色衣料时的必用之物，就像红花可以将衣料染红的道理一样。采槐花时要用竹筐密布在树下承接，水煮槐花至滚沸后，取出滤干再捏成饼，放在染房中备用。已开槐花颜色逐渐变黄，收用槐花时必须洒上少量石灰拌匀晒干，这样能保存长久。

粹精[1]第四

宋子曰：天生五谷以育民，美在其中，有黄裳[2]之意焉。稻以糠为甲，麦以麸为衣。粟、粱、黍、稷毛羽隐然。播[3]精而择粹，其道宁终秘也。饮食而知味者，食不厌精。杵臼之利，万民以济，盖取诸《小过》[4]。为此者，岂非人貌而天者哉？

【注释】①粹精：指粮食加工，获得精粮。②黄裳：出自《周易·坤卦》："象曰：黄裳元吉，文在中也。文言曰：君子黄中通理，正位居体，美在其中。"指粮食有黄衣包裹，精华在其中。③播（bǒ）：通"簸"。扬去谷米粒中的糠皮杂物。④小过：为《周易》的卦名，其象"艮下震上"。艮为山，震为木，正是木杵捣石臼之象。

【译文】宋子说：天地中生长的五谷养育了人，而其精华则被包裹在黄衣里，有《周易》中"黄裳元吉"的意味。糠是稻谷的外壳，麸是麦粒的外衣。粟、粱、黍、稷都像隐藏在毛羽之中。对粮食进行加工得到精华，其中的道理不会一直被隐藏。讲究饮食口味的人，希望粮食越精越好。杵臼的使用对万民都有益处，大概是采取了“小过”一卦的卦意。发明这些工具的人，难道是一般人而不是天才吗？

攻稻

（击禾 轧禾 风车 水碓 石碾 臼 碓 筛 皆具图）

凡稻刈获之后，离稿取粒。束稿于手而击取者半，聚稿于场而曳牛滚石以取者半。凡束手而击者，受击之物，或用木桶，或用石板。收获之时，雨多霁少，田稻交湿，不可登场者，以木桶就田击取。晴霁稻干，则用石板甚便也。

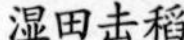

湿田击稻

场中打稻

【译文】大凡水稻割获后，需脱离禾稿取得谷粒。手握禾稿可击打出一半的谷粒，将禾稿聚集在稻场，用牛拉石磙滚压也可获取一半的谷粒。凡是手握禾稿击取的，可以用木桶或者用石板当作受击之物。如果丰收时下雨多晴天少，稻田和稻都是湿的，不能在稻场上碾压，可将木桶放在田里击打取粒。晴天稻干燥，在石板上击打则非常方便。

凡服牛曳石滚压场中，视人手击取者力省三倍。但作种之谷，恐磨去壳尖，减削生机。故南方多种之家，场禾多藉牛力，而来年作种者则宁向石板击取也。凡稻最佳者九穰一秕[1]，倘风雨不时，耘耔[2]失节，则六穰四秕者容有之。凡去秕，南方尽用风车扇去。北方稻少，用扬法，即以扬麦、黍者扬稻，盖不若风车之便也。

【注释】①秕（bǐ）：指不饱满的谷粒，与“穰（ráng）”意思相反。②耘耔（yún zǐ）：翻土除草，也泛指耕种。

【译文】凡是用牛拉着石磙在稻场中滚压，比起人手握击取力省三倍。但是恐怕会把稻种的壳尖都磨去，减削了生机。所以南方种田多的人家，在场上的稻禾多借助牛力，而来年作种的稻禾则宁愿用石板击打取粒。大凡最佳的稻有九成是饱满的谷粒，有一成不饱满，倘若在风雨不调的时候，耕种不合节令，则稻谷可能是六成饱满，四成不饱满。凡是不饱满的稻谷，在南方都使用风车扇去。北方水稻种植少，则用扬法，即是用扬麦、黍的方法扬稻，但不如风车便利。

凡稻去壳用砻[1]，去膜用舂、用碾。然水碓主舂，则兼并砻功。燥干之谷入碾亦省砻也。凡砻有二种。一用木为之，截木尺许（质多用松），斫合成大磨形，两扇皆凿纵斜齿，下合植笋[2]穿贯上合，空中受谷。木砻攻米二千余石，其身乃尽。凡木砻，谷不甚燥者入砻亦不碎，故入贡军、国漕储千万，皆出此中也。一土砻析竹匡围成圈，实洁净黄土于内，上下两面各嵌竹齿。上合篘[3]空受谷，其量倍于木砻。谷稍滋湿者，入其中即碎断。土砻攻米二百石，其身乃朽。凡木砻必用健夫，土砻即孱妇弱子可胜其任。庶民饔飧皆出此中也。

【注释】①砻（lóng）：去掉稻壳的工具，形状像磨，多为木制。②笋：通“榫（sǔn）”，框架结构两个或两个以上部分的接合处，凸出的叫榫头。③篘（chōu）：无底竹筐。

【译文】大凡稻谷去壳使用砻，去膜使用舂、碾。水碓的主要作用是舂米，但兼有砻的功用。燥干的稻谷使用碾子加工也可以省去砻的工序。凡砻有二种。一种是木制，截取一尺多的木料（木料多用松树），制成大磨形，两扇都凿有纵斜齿，下扇的榫头合上扇，上扇中间有空腔可以装稻谷。木砻磨米二千多石后，木身才会损坏。凡使用木砻，不太干燥的稻谷放入其中也不会被磨碎，因此以千万石计的军粮、官粮、漕粮、存粮，都出自木砻。一种为土砻，破开竹子编织成一个圆筐，里面用洁净的黄土填实，上下两面分别嵌上竹齿。上扇安装竹编漏斗，中空可以纳谷，容量倍于木砻。稍湿的稻谷放入其中即会被磨碎。土砻磨米二百石，其结构就会损坏。凡使用木砻必须要强健之人，而土砻即使是孱弱的妇女孩童都可胜任。百姓粮食都出自土砻。

砻

土 砻

木 砻

凡既砻，则风扇以去糠秕，倾入筛中团转。谷未剖破者浮出筛面，重复入砻。凡筛大者围五尺，小者半之。大者其中心偃隆而起，健夫利用。小者弦高二寸，其中平洼，妇子所需也。凡稻米既筛之后，入臼而舂，臼亦两种。八口以上之家，堀地藏石臼其上，臼量大者容五斗，小者半之。横木穿插碓头（碓嘴冶铁为之，用醋滓合上），足踏其末而舂之。不及则粗，太过则粉，精粮从此出焉。晨炊无多者，断木为手杵，其臼或木或石，以受舂也。既舂以后，皮膜成粉，名曰细糠，以供犬豕之豢。荒歉之岁，人亦可食也。细糠随风扇播扬分去，则膜尘净尽而粹精见矣。

【译文】凡是经过砻磨之后，利用风车扇去糠秕，倒入筛子中团转。没有被磨破壳的稻谷浮出筛面，重新再放入砻中。大筛周长五尺，小者是其一半。大筛的中心稍稍隆起，适合强健之人使用。小筛边高二寸，中间平洼，妇女孩童可使用。凡是筛过的稻米，放入臼中舂捣，臼也有两种。八口以上的人家，挖坑将石臼埋在地上，大臼容量有五斗，小者是其一半。横木穿过碓头（碓嘴用铁制作，用醋滓黏合），脚踩横木末端进行舂捣。舂捣得不足则粮粗，太过则成粉，精粮都出自臼。食粮不多的人家，截断木头做成手杵，用木头或石头做成臼以受舂。舂捣之后，皮膜成粉，叫作细糠，用来喂养猪狗。荒年歉收时，人也可以食用。细糠随风车吹净则精米制成。

风车

风扇

舂臼

凡水碓，山国之人居河滨者之所为也。攻稻之法省人力十倍，人乐为之。引水成功，即筒车灌田同一制度也。设臼多寡不一。值流水少而地窄者，或两三臼。流水洪而地室宽者，即并列十臼无忧也。江南信郡水碓之法巧绝。盖水碓所愁者，埋臼之地，卑则洪潦为患，高则承流不及。信郡造法，即以一舟为地，撅桩维之。筑土舟中，陷臼于其上。中流微堰石梁，而碓已造成，不烦椓木壅坡之力也。又有一举而三用者，激水转轮头，一节转磨成面，二节运碓成米，三节引水灌于稻田，此心计无遗者之所为也。

碓　　水碓

【译文】水碓一般是被山区河边的居民所使用。这种处理稻谷的方法省人力十倍，人们都乐意使用。引水成功的方法，即与灌田筒车的制作方法相同。水碓上设置的臼多少不一。在流水少并且地窄的地方，可有两三臼。在流水多并且地势宽的地方，即使并列十臼也没有隐患。江南信郡制造水碓的方法很巧。水碓困难的地方在于选择埋臼的地方，地势低则怕洪潦淹没，地势高则水流不及。信郡造水碓的方法是用船当作地，打桩将其系住。用土填实船只，把臼埋于土上。在河的中流填石筑坝，这样水碓就已经造成，则不需要耗费打桩围堤的力气。又有一举而有三用的水碓，激水转动轮头，一节转磨做出面来，二节运转水碓做出米来，三节引水灌溉稻田，这是心思缜密无遗的人所制造的。

凡河滨水碓之国，有老死不见砻者，去糠去膜皆以臼相终始，惟风筛之法则无不同也。凡硙，砌石为之，承藉、转轮皆用石。牛犊、马驹惟人所使，盖一牛之力，日可得五人。但入其中者，必极燥之谷，稍润则碎断也。

筛 谷

【译文】凡是河边使用水碓的地区，有老死不见砻者，去糠去膜始终都是使用臼，惟有风扬和筛的方法没有不同之处。硙是用石头砌成，硙盘、转轮都用石头制作。牛犊、马驹被人用来劳作，大概一头牛的力气每天可以抵五人。但放入其中的必须是极干燥的稻谷，稍湿润则会被碾碎。

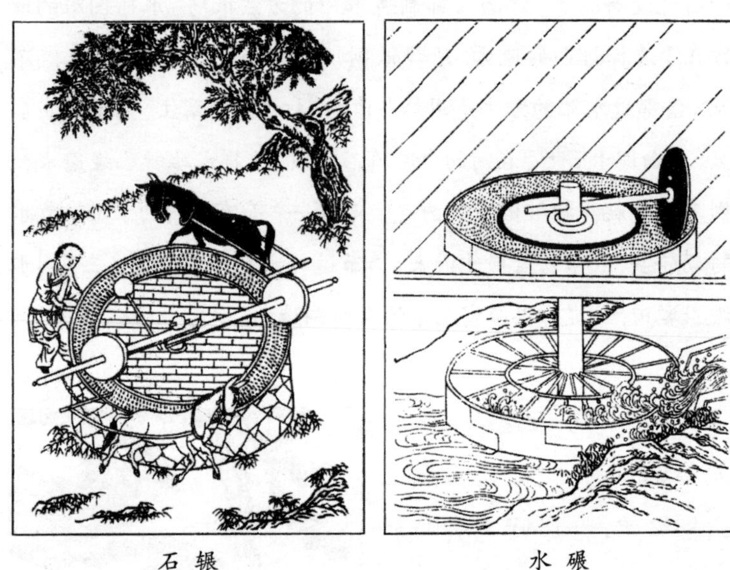

石辗　　　　水碾

攻麦

（扬 磨 罗 具图）

凡小麦其质为面。盖精之至者，稻中再舂之米；粹之至者，麦中重罗之面也。小麦收获时，束稿击取如击稻法。其去秕法北土用扬，盖风扇流传未遍率土也。凡扬不在宇下，必待风至而后为之。风不至，雨不收，皆不可为也。

【译文】小麦是面的原材料。大概稻谷中最精华的部分是多次舂捣的大米；小麦中最精细的部分是反复过罗的面粉。小麦收获时，手握麦秆击打脱取麦粒如同击稻法。小麦去秕的方法，在北方用扬法，大概是因为风车的使用没有流传到全国。凡是扬麦不能在屋檐下，必须等到起风后才能进行。风不来，雨不收，都不能扬麦。

凡小麦既扬之后，以水淘洗尘垢净尽，又复晒干，然后入磨。凡小麦有紫、黄二种，紫胜于黄。凡佳者每石得面一百二十斤，劣者损三分之一也。凡磨大小无定形，大者用肥犍力牛曳转，其牛曳磨时用桐壳掩眸，不然则眩晕。其腹系桶以盛遗，不然则秽也。次者用驴磨，斤两稍轻。又次小磨，则止用人推挨者。

【译文】凡是小麦扬过之后，用水淘洗将灰尘除去，再晒干，然后入磨。小麦有紫、黄二种，紫胜于黄。好的小麦每石可得面一百二十斤，劣等小麦所得减少三分之一。磨的大小没有统一的规格，大磨使用阉过的公牛拉转，牛拉磨时应用桐壳遮住眼睛，不然则会眩晕。在牛腹系桶用来装粪便，否则会污染面粉。小一点的磨用驴拉，因为斤两稍轻。更小的小磨，则只需要用人推。

凡力牛一日攻麦二石，驴半之。人则强者攻三斗，弱者半之。若水磨之法，其详已载《攻稻》“水碓”中，制度相同，其便利又三倍于牛犊也。凡牛、马与水磨，皆悬袋磨上，上宽下窄。贮麦数斗于中，溜入磨眼。人力所挨则不必也。

【译文】使用牛力一天可以磨二石小麦，驴是牛的一半。强健的人可以磨三斗，瘦弱的人是其一半。如果使用水磨的方法，该法已详细记载在《攻稻》“水碓”那部分中，方法相同，其便利程度又三倍于牛犊。牛、马与水磨，都是在磨上悬挂上宽下窄的袋子。在里面放入数斗麦子，自动溜入磨眼。人力推磨则不必这样做。

磨

水磨

凡磨石有两种，面品由石而分。江南少粹白上面者，以石怀沙滓，相磨发烧，则其麸并破，故黑纇[①]参和面中，无从罗去也。江北石性冷腻，而产于池郡之九华山者美更甚。以此石制磨，石不发烧，其麸压至扁秕之极不破，则黑疵一毫不入，而面成至白也。凡江南磨二十日即断齿，江北者经半载方断。南磨破麸得面百斤，北磨只得八十斤，故上面之值增十之二，然面筋、小粉皆从彼磨出，则衡数已足，得值更多焉。

【注释】①纇（lèi）：丝上的疙瘩。这里指碎麸皮。

【译文】磨石有两种，面的品质根据磨石而划分。江南少出精白的上等面粉，因为磨石含沙滓，相互摩擦发热，麦麸一同被碾破，因此黑麸掺和在面中，而无法罗去。江北的磨石性冷细腻，池郡九华山产出的石头更好。用这种石头做磨，石头不发热，麦麸被压扁到极致而不破，黑色杂质一毫都不会混入，因此做出来的面非常精白。江南磨一般用二十日就会磨钝磨齿，江北磨经半年才会磨钝。南磨因为磨碎麦麸可以得面百斤，北磨只得八十斤，因此上等白面的价值增加十分之二，然而面筋、小粉都从北磨的麸皮中取得，则总分量也足够，收益更多。

凡麦经磨之后，几番入罗，勤者不厌重复。罗匡之底用丝织罗地绢为之。湖丝所织者，罗面千石不损，若他方黄丝所为，经百石而已朽也。凡面既成后，寒天可经三月，春夏不出二十日则郁坏。为食适口，贵及时也。凡大麦则就舂去膜，炊饭而食，为粉者十无一焉。荞麦则微加舂杵去

面 罗

衣，然后或舂或磨以成粉而后食之。盖此类之视小麦，精粗贵贱大径庭也。

【译文】凡是小麦磨过之后，还要多次入罗，勤劳的人不厌烦重复。箩筐底用丝织的罗地绢做成。用湖州丝所织的罗地绢，罗面千石而不破损，若用其他地方的黄丝制作，经过百石就已损坏。凡面制成之后，寒冷季节可放三月，春夏不出二十日则会闷坏。为使面食适口，贵在及时食用。大麦则舂捣去膜，煮成饭食用，磨粉的不到十分之一。荞麦则稍微舂捣去外皮，然后再舂或磨成粉后食用。此类粮食与小麦相比，精粗贵贱差得很远。

攻黍、稷、粟、粱、麻、菽

（小碾 枷 具图）

凡攻治小米，扬得其实，舂得其精，磨得其粹。风扬、车扇而外，簸法生焉。其法篾织为圆盘，铺米其中，挤匀扬播。轻者居前，揲弃[①]地下；重者在后，嘉实存焉。凡小米舂、磨、扬、播[②]制器，已详《稻》《麦》之中。唯小碾一制在《稻》《麦》之外。北方攻小米者，家置石墩，中高边下，边沿不开槽。铺米墩上，妇子两人相向，接手而碾之。其碾石圆长如牛赶石，而两头插木柄。米堕边时，随手以小篲扫上。家有此具，杵臼竟悬也。

【注释】①揲（shé）弃：积聚着弃落。揲，积。②播（bǒ）：通“簸”。

【译文】凡是加工小米，扬后得到子实，舂后得到米，磨后得到粉。除了风扬、车扇的方法之外，还有簸法。这个方法是用竹篾编织圆盘，把米铺在其中，均匀地扬簸。轻者被簸到前面，丢弃在地下；重者在后，饱满的子实留了下来。有关小米舂、磨、扬、簸使用的器物，已详细记载在《稻》《麦》之中。唯小碾这一工具在《稻》《麦》之外。北方加工小米，在家放置石墩，中间高，周边低，边沿不开槽。米铺在墩上，妇女、小孩两人面对面，用手交接碾柄来回碾压。这个碾石是长圆形，如同牛拉的石磙，两头插着木柄。米落到边缘时，随手用小扫帚扫回去。家里有这个器具，杵臼就用不上了。

砻磨

小碾

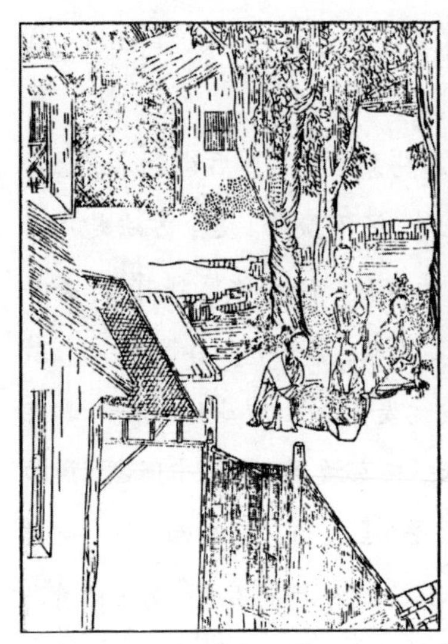

簸扬

凡胡麻刈获，于烈日中晒干，束为小把，两手执把相击。麻粒纷落，承藉以箪席也。凡麻筛与米筛小者同形，而目密五倍。麻从目中落，叶残角屑皆浮筛上而弃之。凡豆菽刈获，少者用枷，多而省力者仍铺场，烈日晒干，牛曳石赶而压落之。凡打豆枷，竹木竿为柄，其端锥圆眼，拴木一条，长三尺许，铺豆于场，执柄而击之。凡豆击之后，用风扇扬去荚叶，筛以继之，嘉实洒然入廪矣。是故舂磨不及麻，硙碾不及菽也。

【译文】凡是胡麻（芝麻）收割后，需要在烈日中晒干，扎成小把，两手各拿一把相击。麻粒散落下来，用竹席承接。胡麻筛与小款米筛形状相同，但是筛眼密五倍。胡麻从筛眼中落出，丢弃掉浮在筛子上面的残叶杂屑。凡是豆类收割后，量少的用连枷脱粒，量多而省力的方法是铺在场上，烈日晒干，牛拉石磙而碾压脱粒。打豆的连枷，用竹、木竿做柄，在其一端锥出圆眼，拴上一个长三尺的木条，将豆子铺在场上，执柄击打。豆打过之后，用风车扬去荚叶，接下来再筛，便得到饱满的豆子收入仓库。因此说胡麻用不上舂和磨，豆类用不上硙和碾。

击 麻

打 枷

赶稻及菽

作咸第五

宋子曰：天有五气①，是生五味。润下作咸②，王访箕子③而首闻其义焉。口之于味也，辛酸甘苦经年绝一无恙。独食盐禁戒旬日，则缚鸡胜匹，倦怠恹然。岂非"天一生水④"，而此味为生人生气之源哉？四海之中，五服⑤而外，为蔬为谷，皆有寂灭之乡，而斥卤则巧生以待。孰知其所以然。

【注释】①五气：金、木、水、火、土五种物质运气之气。②润下作咸：出自《尚书·洪范》，其中说水性湿润而向下流动，水味咸，内含盐质。③箕子：商王文丁的儿子，官封太师，封于箕，故称箕子。建立朝鲜，其流风遗韵，至今犹存。④天一生水：《汉书·律历志》："天以一生水，地以二生火。"⑤五服：古代王畿外围，以五百里为一区划，由近及远分为侯服、甸服、绥服、要服、荒服，合称五服。随后译文中的"边荒"，即指荒服，意谓荒远、荒凉地区。

【译文】宋子说：天有五行之气，据此产生五味。水性湿润而下流，就具有咸味。周武王当年访问箕子以后，才第一次听说五行之道。在吃的各种食物味道中，辣、酸、甜、苦，纵然长年缺少任何一种都无所谓。唯独食盐，禁食十日，便缚鸡乏力、精神不振。这不正好说明大自然产生水，而水中含有的食盐正是人类活力的源泉吗？四海之内、边荒以外，都有不生长谷蔬之地，但食盐却巧妙出产，无处不在，以待人取用。谁知道它为何如此呢？

盐产

凡盐产最不一，海、池、井、土、崖、砂石，略分六种，而东夷树叶[①]，西戎光明[②]不与焉。赤县之内，海卤居十之八，而其二为井、池、土碱。或假人力，或由天造。总之，一经舟车穷窘，则造物应付出焉。

【注释】①东夷树叶：东夷，古代对我国中原以东各族的统称。泌盐植物（如吉林的西河柳）的树叶干燥时，叶上会出现一层盐霜，可刮取食用，谓之木盐，也叫树叶盐。②西戎光明：就是光明盐，产于西北，为无色透明晶体。《本草纲目》称其多产于山石之上，有“开盲明目”之功。

【译文】产盐的来源不一，海盐、池盐、井盐、土盐、崖盐和砂石盐都有，略分为这六种，而东北少数民族地区的树叶盐和西北少数民族地区的光明盐还不包括在内。中国境内海盐的产量占十分之八，十分之二则为井盐、池盐、土碱。这些盐或借人力制取，或天然而生。总之，即便是舟车不至之处的天涯海角，大自然也会照样产盐。

海水盐

凡海水自具咸质，海滨地高者名潮墩，下者名草荡，地皆产盐。同一海卤传神[①]，而取法则异。一法：高堰地，潮波不没者，地可种盐。种户各有区画经界，不相侵越。度诘朝无雨，则今日广布稻麦稿[②]灰及芦茅灰[③]寸许于地上，压使平匀。明晨露气冲腾，则其下盐茅勃发，日中晴霁，灰、盐一并扫起淋煎。

布灰种盐

【注释】①海卤传神：以盘为煎，以锅为煮，史称“煮海为盐”。所谓“海卤传神”，便指海水制盐。②稿：谷类植物的茎秆。③芦茅灰：布灰取盐方法是将草木灰撒在海滩上，水将盐分溶解，被草木灰吸收而变浓，经日晒后食盐在灰层中析出。

【译文】海水本身具有咸质，海滨地区地势高的地方叫“潮墩”，低的地方叫“草荡”，这两地都产盐。同样地在海中取盐，而取法各异。一种方法是，在潮水淹没不了的高地种盐，种户各划界限，互不侵犯。估计次日无雨，就要在当天广泛在地上撒下稻麦稿灰以及芦茅灰，大约一寸厚，然后压平。次日清晨露气冲腾，则灰下的盐像茅草一样在灰下长出来，等到太阳高照，将灰、盐一并扫起进行淋洗、煎炼。

一法：潮波浅被地，不用灰压，候潮一过，明日天晴，半日晒出盐霜，疾趋扫起煎炼。一法：逼海潮深地，先堀深坑，横架竹木，上铺席苇，又铺沙于苇席之上。俟潮灭顶冲过，卤气由沙渗下坑中，撤去沙、苇，以灯烛之，卤气[1]冲灯即灭，取卤水[2]煎炼。总之功在晴霁，若淫雨连旬，则谓之盐荒。又淮场地面有日晒自然生霜如马牙者，谓之大晒盐。不由煎炼，扫起即食。海水顺风飘来断草，勾取煎炼名蓬盐。

【注释】①卤气：指海水蒸发后产生的不助燃气体。②卤水：含盐分的水。主要成分是食盐（氯化钠），也有少量硫酸钙、氯化镁等杂质，味苦。

【译文】另一个方法是，在潮水能淹没的浅地制盐，不用灰压。等到潮水一过，次日天晴，半日即可晒出盐霜，需要快速扫起煎炼。还有一个方法，是将海水引入深坑，首先要挖坑，在坑中横架竹木，上铺苇席，再铺沙子于苇席之上。等到潮水灭顶冲过，盐质从沙渗入坑中，撤去沙子、苇席，然后点灯，卤气将灯火冲灭，这时就可以取卤水进行煎炼。总之，炼盐要靠晴天，如果阴雨连绵数十日，就称之为“盐荒”。还有，在淮扬盐场，经过日晒之后，自然生霜，洁白似马牙硝，谓之大晒盐，不须煎炼，扫起即可食用。如果是海水顺风飘来的断草，通过勾取煎炼，就叫作“蓬盐”。

凡淋煎法，堀坑二个，一浅一深。浅者尺许，以竹木架芦席于上，将扫来盐料（不论有灰无灰，淋法皆同）铺于席上。四围隆起作一堤垱[①]形，中以海水灌淋，渗下浅坑中。深者深七八尺，受浅坑所淋之汁，然后入锅煎炼。

【注释】①垱（dàng）：横筑在河中或低洼田地中，用以挡水的小堤。

【译文】淋洗、煎炼盐的方法是，挖一浅一深两个坑。浅者约一尺深，用竹、木将芦席架在坑上。将扫来的盐料（不论有灰无灰，淋法相同）铺在席上。席的四边隆起做成堤坝的形状，然后用海水往里进行灌淋，渗入浅坑中。深坑有七八尺深，接受浅坑所淋的卤水，然后入锅煎炼。

淋水先入浅坑

凡煎盐锅，古谓之牢盆[①]，亦有两种制度。其盆周阔数丈，径亦丈许。用铁者，以铁打成叶片，铁钉拴合，其底平如盂[②]，其四周高尺二寸，其合缝处一经卤汁结塞，永无隙漏。其下列灶燃薪，多者十二三眼，少者七八眼，共煎此盘。南海有编竹为者，将竹编成阔丈深尺，糊以蜃灰[③]，附于釜背。火燃釜底，滚沸延及成盐。亦名盐盆，然不若铁叶镶成之便也。凡煎卤未即凝结，将皂角椎碎，和粟米糠二味，卤沸之时，投入其中搅和，盐即顷刻结成。盖皂角结盐，犹石膏之结腐也。

【注释】①牢盆：《本草纲目》卷十一食盐条："其煮盐之器，汉谓之牢盆。今或鼓铁为之，南海人编竹为之。"②盂（yú）：本义是盛饮食或其他液体的圆口器皿。③蜃灰：蜃灰一般指蛎灰。俗名白玉，是我国沿海地区一种重要的传统建筑材料。大至建城墙、筑桥梁，小至盖房屋、修沟渠，都会使用到这种材料。

海卤煎炼

【译文】煎盐的锅，古时称为"牢盆"，也有两种制作方法。牢盆周长数丈，直径也约有一丈。一种是铁盆，用铁打成叶片，再用铁钉拴合，其底像盂盆一样平坦，其四周高一尺二寸，接缝处一旦经过卤汁结晶堵塞，就永不渗漏。在锅下面设灶点火，多的有十二三眼灶火，少的也有七八眼，共同点燃进行煎炼。在南海一带，有的编竹制作，将竹子编成长一丈、深一尺，糊上蛤蜊灰，衔接在铁锅边上。火在锅底燃烧，滚沸熬制成盐。也叫作牢盆，但是不如铁叶镶成的牢盆便利。用卤水熬盐若不凝结，把皂角捣碎以后，加上粟米糠，在卤水烧沸时投入其中搅拌，顷刻之间盐已结成。因为皂角结盐就像石膏点豆腐一样。

凡盐淮扬[1]场者，质重而黑。其他质轻而白。以量较之，淮场者一升重十两，则广、浙、长芦者只重六七两。凡蓬草盐，不可常期，或数年一至，或一月数至。凡盐见水即化，见风即卤[2]，见火愈坚。凡收藏不必用仓廪，盐性畏风不畏湿，地下叠稿三寸，任从卑湿无伤。周遭以土砖泥隙，上盖茅草尺许，百年如故也。

【注释】①淮扬：地名，广义的淮扬地区包括淮河与扬子江的下游地区，包括淮安、泰州、镇江、盐城、高邮、扬州市区等地。②卤（lǔ）：制盐时剩下的黑色汁液，味苦。此处指卤化。

量较收藏

【译文】淮扬一带盐场的盐，质重色黑。其他地区质轻色白。拿重量相比，淮扬盐一升重十两，而广东、浙江、长芦盐一升只重六七两。蓬草盐不常有，或数年收一次，或者一月数次。所有的盐遇水则化，风吹即卤，见火则愈发坚固。收藏盐不需要用仓库，盐性怕风不怕湿，地下铺上三寸厚的稻草即可堆放，无论多么潮湿丝毫无损。四周砌上土砖，用泥堵住缝隙，上盖茅草一尺，置放百年，保存依然完好。

池盐

凡池盐，宇内有二：一出宁夏，供食边镇；一出山西解池，供晋、豫诸郡县。解池界安邑、猗氏[①]、临晋之间，其池外有城堞[②]，周遭禁御。池水深聚处，其色绿沉。土人种盐者，池傍耕地为畦陇，引清水入所耕畦中，忌浊水，参入即淤淀盐脉。

【注释】①猗（yī）氏：在今山西临猗县南铁匠营村，有盐池。②堞（dié）：城上如齿状的矮墙。

池 盐

【译文】池盐在国内有二个场地：一种出自宁夏，供边镇食用；一种出自山西解池，供应山西、河南各个郡县。解池在安邑、猗氏、临晋之间，池外有城墙，四周有禁卫，池内深水处，颜色暗绿。当地种盐的人挨着水池耕地，制作畦陇，引清水进入畦中。需要注意的是忌讳浊水，因为一旦浊水混入就会淤堵盐脉。

凡引水种盐，春间即为之，久则水成赤色。待夏秋之交，南风大起，则一宵结成，名曰颗盐，即古志所谓大盐也。以海水煎者细碎，而此成粒颗，故得大名。其盐凝结之后，扫起即成食味。种盐之人。积扫一石交官，得钱数十文而已。其海丰①、深州②引海水入池晒成者，凝结之时扫食不加人力，与解盐同。但成盐时日，与不藉南风，则大异也。

【注释】①海丰：今河北盐山县。②深州：与“海丰”都是长芦盐区的盐场名。深州在今河北沧州一带。

【译文】引池水种盐，春季就要进行，时间迟了，水就成了红色。夏秋交会之时，南风猛刮，一夜之间就能结成盐，叫作“颗盐”，就是古书上所说的“大盐”。因为从海水熬出的盐较为细碎，而池盐颗粒较大，所以叫作大盐。此盐凝结以后，扫起来就可食用。种盐的人将收获的一石盐上交官府，自己只得到几十个铜钱。海丰、深州等地引海水入池晒成的盐，不用煎炼，凝结时扫取就能食用，与解盐一样。但成盐时日和不依靠南风这两点，与解盐又大不相同。

井 盐

凡滇、蜀两省，远离海滨，舟车艰通，形势高上，其咸脉即韫藏地中。凡蜀中石山去河不远者，多可造井取盐。盐井周圆不过数寸，其上口一小盂覆之有余，深必十丈以外乃得卤性，故造井功费甚难。

其器冶铁锥，如碓嘴[①]形，其尖使极刚利，向石山舂凿成孔。其身破竹缠绳，夹悬此锥。每舂深入数尺，则又以竹接其身使引而长。初入丈许，或以足踏碓梢，如舂米形。太深则用手捧持顿下。所舂石成碎粉，随以长竹接引，悬铁盏挖之而上。大抵深者半载，浅者月余，乃得一井成就。

蜀省井盐

【注释】①碓（duì）嘴：碓，本义是木石做成的捣米器具。舂米的杵，末梢略尖如鸟嘴，故名。这里指打钻工具的钻头，相当于顿钻，即冲击式钻井工具。

【译文】云南、四川远离海滨，车船难以到达，地势较高，所以其地的盐脉蕴藏于地中。四川境内离河不远的石山，大多可以凿井取盐。盐井口径不过数寸，其上口盖一个小盆略有富余，但深度必在十丈以上，才能得到盐层，所以凿井特别费功。

凿井器具用碓嘴形的铁锥，要让锥尖极其刚利，足以将石层冲凿成孔。铁锥柄身用破开的竹板夹住，然后用绳缠紧。每钻进数尺，则用竹将其接长。最初凿入一丈深，可以用脚踏碓梢，就像舂米那样。钻入太深时则用手持铁锥向下冲凿。所舂的岩石碎粉后，随时接引长竹，悬铁勺将碎石挖取出来。一般深井需要半年，浅井需要一月才能凿成一口。

盖井中空阔，则卤气游散①，不克结盐故也。井及泉后，择美竹长丈者，凿净其中节，留底不去。其喉下安消息②，吸水入筒，用长絙③系竹沉下，其中水满。井上悬桔槔④、辘轳诸具，制盘驾牛。牛拽盘转，辘轳绞絙，汲⑤水而上。入于釜中煎炼（只用中釜，不用牢盆），顷刻结盐，色成至白。

【注释】①卤气游散：井口宽大，井下容易遇到淡水，卤水难以结盐。②消息：相当于阀门，俗称皮钱。竹筒送至井下，其下部阀门受卤水压力而张开，卤水进入筒内提升竹筒，筒中卤水又将阀门关闭，这是用水泵原理制成的提卤装置。③絙（gēng）：粗绳子。④桔槔（jié gāo）：汲水工具，在水边架一杠杆、一端系提水工具，一端坠重物，可一起一落地汲水。⑤汲（jí）：从井里打水。

【译文】如果井中空阔，卤气就会四处游散，难以结盐。盐井达到盐卤泉水的位置后，选择一丈长的好竹，凿净中间的竹节，留住底部不凿。在节端安置阀门，以便吸盐水入筒，用粗绳捆好竹筒沉入井内。水满以后，井上设置桔槔、辘轳等工具，驾牛转盘。牛拽着盘转，辘轳绞绳，汲水而上。卤水放入锅中煎炼（只用中号的锅，不用大号的牢盆），顷刻间就会结盐，色泽纯白。

西川有火井[①]，事奇甚。其井居然冷水，绝无火气，但以长竹剖开去节，合缝漆布，一头插入井底，其上曲接，以口紧对釜脐，注卤水釜中。只见火意烘烘，水即滚沸。启竹而视之，绝无半点焦炎意。未见火形而用火神，此世间大奇事也！凡川、滇盐井，逃课掩盖至易，不可穷诘。

【注释】①火井：指能喷出天然气的井，古代多用以煮盐。刘逵在注《文选》提到："蜀郡有火井，在临邛县西南。火井，盐井也。"

【译文】四川有火井，其事非常奇妙。井中居然是冷水，绝没有一点火气，但是用剖开的长竹，去掉竹节，用漆布堵住缝隙，一头插入井底，其上接上弯曲的接头，接头的口对好锅底中间，在锅中放满卤水。引燃后只见大火熊熊，水立即滚沸。打开竹子一看，绝无半点烧焦。火井中不见火形，但是燃力惊人，这也是世间一大奇事。四川、云南的盐井容易逃税，很难追责。

开井口

下石圈

制木竹

下木竹

汲卤

场灶煮盐

末盐、崖盐

凡地碱煎盐，除并州末盐[1]外，长芦分司[2]地土人，亦有刮削煎成者，带杂黑色，味不甚佳。

凡西省阶、凤等州邑，海、井交穷。其岩穴自生盐，色如红土，恣人刮取，不假煎炼。

【注释】①末盐：细末状的盐。《本草纲目·金石五·食盐》："散盐，即末盐，出于海及井，并煮鹻而成者，其盐皆散末也。"②长芦分司：明代时期，朝廷驻有北海长芦盐场盐运使，在沧州与青州设二分司，掌握盐业生产。

【译文】用地碱煎盐，除山西并州的末盐（土盐）以外，长芦盐场盐运使分司管辖的地区内，当地人也刮土熬盐，但是此盐色黑，还有杂质，口感较差。

在阶州（今甘肃武都）、凤州（今陕西凤县）一带，海盐、井盐一概没有。但当地岩穴中却自成“崖盐”，色如红土一般，随意刮取，即可食用，不须煎炼。

川滇载运

甘嗜[1]第六

宋子曰：气至于芳，色至于靘[2]，味至于甘，人之大欲存焉。芳而烈，靘而艳，甘而甜，则造物有尤异之思矣。世间作甘之味，十八产于草木，而飞虫竭力争衡，采取百花酿成佳味，使草木无全功。孰主张是，而颐养遍于天下哉？

【注释】①甘嗜（shì）：此词本出《尚书·夏书·五子之歌》："太康失邦……甘酒嗜音"，其中的"甘"和"嗜"都是爱好、嗜好的意思。"甘"的本义是甜，此篇以"甘嗜"命名，与出处无关，乃取"爱好甜味"之义。这一篇主要介绍的就是有关制糖的工艺技术。②靘（qìng）：青黑色，古代女子常用青黑色的颜料画眉，引申为艳丽的装饰。

【译文】宋子说：芳香的气味，艳丽的颜色，甘甜的味道，都是人们所普遍喜爱的。有的自然产物香气十分浓烈，有的颜色尤为绝艳，有的味道则特别香甜，这都是造物者卓越精思的安排。人世间生产甜味的东西，有十分之八是来自草木，但蜜蜂也竭力来争个高低，采集百花酿成香甜的佳物，使草木不能占了全部功劳。是什么力量主宰着它们生产香甜，而滋养了全天下的百姓呢？

蔗 种

凡甘蔗有二种，产繁闽广间，他方合并得其十一而已。似竹而大者为果蔗，截断生啖，取汁适口，不可以造糖。似荻而小者为糖蔗，口啖即棘伤唇舌，人不敢食，白霜、红砂皆从此出。凡蔗古来中国不知造糖，唐大历间西僧邹和尚[①]游蜀中遂宁，始传其法。今蜀中种盛，亦自西域渐来也。

【注释】①邹和尚：唐代僧人，生卒年不详，喜游历，爱科学。宋人王灼《糖霜谱》称，唐代宗大历年间，邹和尚云游至盛产甘蔗的四川遂宁，才把制糖霜（即冰糖）的技术传授给当地人。但邹和尚并非西域人，作者认为“古来中国不知造糖”，是邹和尚开始把造糖之法传到中国，这种说法也有误。据《糖霜谱》记载，晋人所著《广志》《南中八郡志》等古籍就有关于民间暴晒蔗汁制糖的记载了，唐以前中国已知制糖，只是技术尚未成熟。

【译文】甘蔗一般分为两种，盛产于福建、广东两地，其他地方生产的甘蔗产量加起来只占十分之一。像竹子但比竹子大的甘蔗就是果蔗，可以直接掰断生吃，榨取的汁液也非常可口，但不能用来制糖。像荻但比荻小的甘蔗就是糖蔗，用口咬会刺伤唇舌，人不敢直接食用，白砂糖、红砂糖都产于此物。中国自古以来都不知道用甘蔗来制糖，到了唐代大历年间，西域僧人邹和尚经过四川遂宁才开始传授这些方法。现在四川种植的很多甘蔗品种，也是从西域慢慢传过来的。

凡种荻蔗[①]，冬初霜将至，将蔗砍伐，去杪与根，埋藏土内（土忌洼聚水湿处）。雨水前五六日，天色晴明即开出，去外壳，砍断约五六寸长，以两个节为率。密布地上，微以土掩之，头尾相枕，若鱼鳞然。两芽[②]平放，不得一上一下，致芽向土难发。芽长一二寸，频以清粪水浇之。俟长六七寸，锄起分栽。

【注释】①荻蔗：像荻的甘蔗，即前文所谓“糖蔗”。②两芽：甘蔗的两个节上面有芽眼，种下后就会长出小芽。

【译文】种植糖蔗，一般都在初冬快要霜降的时候，把蔗砍下，去掉梢和根，埋在土内（切忌埋在低洼积水的土内）。到了雨水节气前五六日，天气晴朗的时候就可以把蔗取出，剥去外壳，砍成约五六寸长的小段，每段要有两个节。再把甘蔗一段一段密排在地上，用微量的土掩盖，使之头尾相叠，如鱼鳞一般。每段蔗的两个芽眼要水平摆放，不能一上一下，导致下位的芽眼难以萌发。芽长到一二寸时，就以清粪水频繁浇灌。等长到六七寸，就用锄头挖起分栽。

凡栽蔗必用夹沙土，河滨洲土为第一。试验土色，堀坑尺五许，将沙土入口尝味，味苦者不可栽蔗。凡洲土近深山上流河滨者，即土味甘亦不可种。盖山气凝寒，则他日糖味亦焦苦。去山四五十里，平阳洲土择佳而为之（黄泥脚地，毫不可为）。

【译文】栽种蔗苗一般都必须用夹沙土，江边、河边的洲土是最好的。试验土质的时候，挖一个大约一尺五寸深的坑，把里面的沙土放入口中品尝味道，味道苦的地方就不可以栽蔗。但靠近深山河流上游的洲土，即使土味甜也不可栽种。这是因为山地气候严寒，他日种植出来的甘蔗制成的糖味道也会焦苦。宜在离山四五十里的平坦洲土，选择好的地段去栽种（黄泥地尤其不适合栽种蔗苗）。

凡栽蔗治畦，行阔四尺，犁沟深四寸。蔗栽沟内，约七尺列三丛，掩土寸许，土太厚则芽发稀少也。芽发三四个或六七个时，渐渐下土，遇锄耨时加之。加土渐厚，则身长根深，蔗免欹倒之患。凡锄耨不厌勤过，浇粪多少视土地肥硗。长至一二尺，则将胡麻或芸薹枯［饼］浸和水灌，灌肥欲施行内。高二三尺，则用牛进行内耕之。半月一耕，用犁一次垦土断傍根，一次掩土培根。九月初培土护根，以防砍后霜雪。

【译文】栽种蔗苗一般要耕地分畦，每行宽四尺，犁出四寸深的沟。把蔗苗栽在沟内，大约七尺栽种三棵，再盖上一寸多的土，土盖得太厚芽发得就少。每棵长出三四个或六七个芽时，再慢慢培土，之后每逢锄土除草都要加土。加的土越厚，蔗杆就长得高，蔗根也扎得深，不用担心会歪倒。但凡锄土除草都要不厌辛勤，浇多少粪水则根据土地的肥瘠而定。等长到一两尺高，就将芝麻枯饼或油菜籽枯饼泡水作肥灌溉，肥料要浇灌在行内。甘蔗高到两三尺，就把牛放到蔗田行内耕作。半个月就犁一次，翻一次土就犁断一次旁根，并培一次土。九月初就要培土保护根部，以防止砍后蔗根受霜雪侵害。

蔗 品

凡荻蔗造糖，有凝冰、白霜、红砂三品。糖品之分，分于蔗浆之老嫩。凡蔗性至秋渐转红黑色，冬至以后由红转褐，以成至白。五岭[①]以南无霜国土，蓄蔗不伐，以取糖霜。若韶、雄以北，十月霜侵，蔗质遇霜即杀，其身不能久待以成白色，故速伐以取红糖也。凡取红糖，穷十日之力而为之。十日以前，其浆尚未满足；十日以后，恐霜气逼侵，前功尽弃。故种蔗十亩之家，即制车、釜一付，以供急用。若广南无霜，迟早惟人也。

【注释】①五岭：指越城岭、都庞岭、萌渚岭、骑田岭、大庾岭等山脉，横亘在湖南、两广、江西之间。五岭以南，大致相当于如今的广东、广西及其以南地区。

【译文】用荻蔗制成的糖，一般有凝冰糖、白霜糖、红砂糖三种。糖的种类，是按制糖的蔗浆老嫩区分的。糖蔗的外皮质性，一般到了秋天就会逐渐转为红黑色，冬至以后则由红色变为褐色，最后变成白色。五岭以南地区没有霜降，糖蔗可以放在田里不砍伐，用来制取白霜糖。但像广东韶关、南雄以北的地区，十月就有霜降侵害，蔗质遇到霜冻就会损坏，不能在田里久放以待变白，所以要快速砍下来制取红糖。制取红糖，一般要竭尽全力赶在霜降前十日内完成。十日之前，糖蔗的浆液还没生得充足；十日之后糖蔗遇到霜冻侵逼，就会前功尽弃。所以种植了十亩糖蔗的人家，应制造一副糖车、糖锅以备急用。至于广南没有霜降的地区，砍蔗早晚就随人而定。

造[红]糖（具图）

凡造糖车，制用横板二片，长五尺，厚五寸，阔二尺，两头凿眼安柱，上笋[①]出少许，下笋出板二三尺，埋筑土内，使安稳不摇。上板中凿二眼，并列巨轴两根（木用至坚重者），轴木大七尺围方妙。两轴一长三尺，一长四尺五寸，其长者出笋安犁担。担用屈木，长一丈五尺，以便驾牛团转走。轴上凿齿，分配雌雄，其合缝处须直而圆，圆而缝合。夹蔗于中，一轧而过，与棉花赶车同义。

【注释】①笋：即榫（sǔn），竹、木、石制器物或构件上利用凹凸方式相接处凸出的部分。

【译文】制造糖车，一般要用两片横板，五尺长，五寸厚，两尺宽，横板的两头凿孔安上柱子。柱子上部的榫露出上横板一点点，下部的榫则要露出下横板两三尺，以埋在地下，使糖车安稳不摇动。上横板中部凿两个孔，并列安上两根巨大的木轴（采用极坚硬而厚重的木料），木轴周长要七尺才合适。两根木轴一根长三尺，另一根长四尺五寸，长的那一根要在上横板露出榫以便安装犁担。犁担用一丈五尺长的曲木制成，以便驾牛绕圈走。两根木轴上面凿出凹凸相对的齿轮，两齿合缝处必须直而圆，圆而紧密啮合。把蔗夹在木轴的齿轮之间，一轧而过，这跟赶车轧棉花是一样的原理。

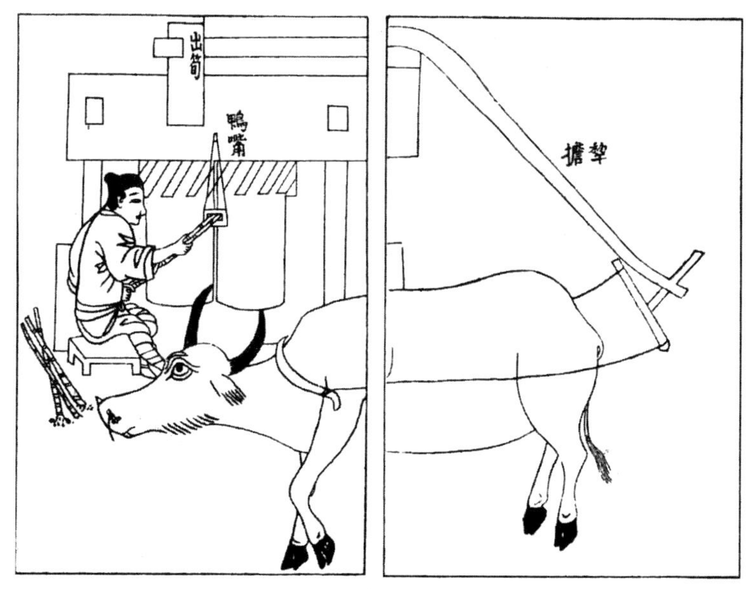

轧蔗取浆

蔗过浆流，再拾其滓，向轴上鸭嘴扱入，再轧，又三轧之，其汁尽矣，其滓为薪。其下板承轴，凿眼只深一寸五分，使轴脚不穿透，以便板上受汁也。其轴脚嵌安铁锭于中，以便捩转。凡汁浆流板有槽，枧[①]汁入于缸内。每汁一石下石灰[②]五合[③]于中。凡取汁煎糖，并列三锅如“品”字，先将稠汁聚入一锅，然后逐加稀汁两锅之内。若火力少束薪，其糖即成顽糖，起沫不中用。

【注释】①枧（jiǎn）：古代用来引水的竹、木管子，这里是引流的意思。②下石灰：石灰可以对蔗汁中的杂质起絮凝作用，加石灰便于过滤除去杂质，澄清蔗汁。③合（gě）：古代容量单位，一升的十分之一。五合即半升。

【译文】糖蔗轧过之后便流出浆液，再拾起轧过的渣滓，插入木轴上端的鸭嘴中，再三压榨，蔗汁便榨干净了，剩下的蔗渣可作柴火。糖车的下横板是支撑两根木轴的，下板支承轴脚的两个眼只有一寸五分深，使木轴轴脚不穿过下横板，以便在板上接收蔗汁。木轴下端要嵌装铁锭子，以便木轴转动。浆液一般要流过下横板的槽孔，再引入缸内。每一石蔗汁要加入半升石灰。取蔗汁熬糖时，将三口铁锅并排成“品”字形，先将熬得浓稠的蔗汁聚集在一个锅内，之后再逐步把稀汁加入另外两个锅内。如果火候不足，哪怕只少一把柴火，糖汁也会变成顽糖，只起泡沫而不能结晶。

造白糖

凡闽、广南方经冬老蔗，用车同前法。笮汁入缸，看水花为火色。其花煎至细嫩，如煮羹沸，以手捻试，粘手则信来矣[①]。此时尚黄黑色，将桶盛贮，凝成黑沙[②]。然后以瓦溜[③]（教陶家烧造）置缸上。其溜上宽下尖，底有一小孔，将草塞住，倾桶中黑沙于内，待黑沙结定，然后去孔中塞草，用黄泥水[4]淋下。其中黑滓[5]入缸内，溜内尽成白霜。最上一层厚五寸许，洁白异常，名曰洋糖（西洋糖绝白美，故名）。下者稍黄褐。

【注释】①粘手则信来矣：蔗糖水溶液一般要大于70%浓度时才可能结晶。用手捻试，粘手则表明浓度已够，可以停止蒸发了。②黑沙：糖膏。即内含结晶状砂糖的黑褐色浓糖浆。③瓦溜：制砂糖用的一种陶器，形似漏斗。可以利用糖膏自身重力来分离糖蜜，取得砂糖。④黄泥水：这里作吸附脱色剂。⑤黑滓：糖蜜，又叫漏水糖。即从糖膏中分离出砂糖后剩下的胶粘母液。

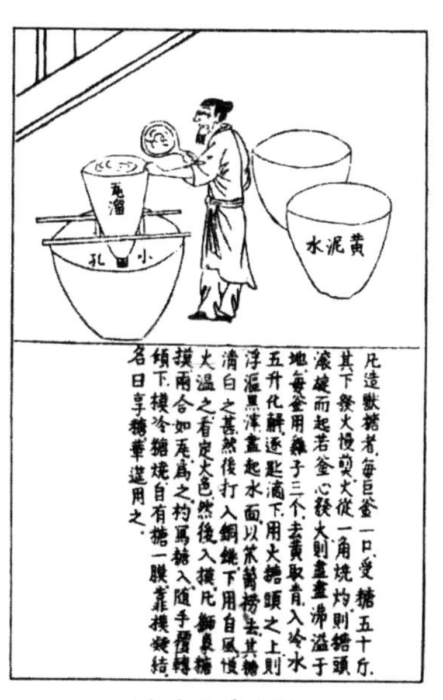

澄结糖霜瓦器

【译文】一般福建、广东南部经历过严冬的老蔗，用糖车压榨的方法与前面所述相同。榨出的汁液流入缸中，煎糖时可以通过观察糖膏沸腾的水花来控制火候。当水花煎成小泡，就像煮沸的肉羹一样时，用手捻试，糖膏粘手就说明火候差不多了。这个时候糖膏还是黄黑色的，用桶盛贮，就冷却成黑沙。然后把瓦溜（请陶工烧造）放置在缸上。瓦溜上边宽，下边尖，底部有一个小孔，用草堵住，把桶中的黑沙倒入瓦溜内，等黑沙凝固，然后再去掉孔内塞的草，用黄泥水淋下去。其中的黑滓淋入缸中，停在瓦溜内的就都变成白糖了。最上面一层有五寸多厚，极其洁白，称作洋糖（西洋糖非常洁白，所以这样称呼）。下面的就稍带点黄褐色。

造冰糖者，将洋糖煎化，蛋青澄，去浮滓[①]，候视火色。将新青竹破成篾片，寸斩撒入其中。经过一宵，即成天然冰块。造狮、象、人物等，质料精粗由人。凡白糖有五品："石山"为上，"团枝"次之，"瓮鉴"次之，"小颗"又次，"沙脚"为下。

【注释】①蛋青澄，去浮滓：蛋清，即蛋白。利用蛋白质受热凝固后吸附非糖分杂质这一特性，可以把白砂糖精炼成冰糖。

【译文】制造冰糖，将白糖煎熬熔化，加鸡蛋清澄清浮滓，观察火候是否合适。再将新青竹破成篾片，砍成一寸一寸撒入糖汁中。经过一夜，就制成像天然冰块一样的冰糖。可以做成狮子、大象和人物等形状，质料粗细由人决定。冰糖一般有五个品种，"石山"是最上等的，"团枝"次之，"瓮鉴"次之，"小颗"又次之，"沙脚"是最下等的。

附：造兽糖

凡造兽糖者，每巨釜一口受糖五十斤，其下发火慢煎。火从一角烧灼，则糖头滚旋而起。若釜心发火，则尽沸溢于地。每釜用鸡子三个，去黄取青，入冷水五升化解。逐匙滴下用火糖头之上，则浮沤、黑滓尽起水面，以笊篱[①]捞去，其糖清白之甚。然后打入铜铫[②]，下用自风慢火温之，看定火色然后入模。凡狮、象糖模，两合如瓦为之。杓写[3]糖入，随手覆转倾下。模冷糖烧，自有糖一膜靠模凝结，名曰享糖，华筵用之。

【注释】①笊（zhào）篱：用竹篾或铁丝、柳条编成的蛛网状的器具，具长柄，能漏水，可用来捞物沥水。②铜铫（diào）：铜制小锅，带柄，有嘴，可用于煮开水、熬东西。③杓：同“勺”。写（xiè）：同“泻”。

【译文】制作兽形糖时，一般在每口大锅放入五十斤糖，锅下点火慢慢熬煮。火要从锅的一角烧热，熔化的糖浆就能滚旋而起。如果在锅心点火，糖浆就会到处沸腾溅溢到地上。每锅用三个鸡蛋，去掉蛋黄，只取蛋清，加入五升冷水化开。将蛋清水一匙一匙地浇到糖浆沸腾之处，则泡沫、黑滓都会漂浮到水面，用笊篱捞起，糖汁就会特别清白。然后把糖液打入铜制小锅，下面用“自来风”末煤慢火保温，看准火候倒入模子中。一般狮子、大象形状的模子，都由两块像瓦片一样的模件构成。用勺子将糖液倒入模内，随手翻转模子便倒出兽糖。因为模子冷而糖液热，制成的兽糖外面自然就有一层靠近模子凝结而成的糖模，这种称作“享糖”，盛大的筵席会拿来享用。

蜂 蜜

凡酿蜜蜂普天皆有，唯蔗盛之乡则蜜蜂自然减少。蜂造之蜜，出山岩、土穴者十居其八，而人家招蜂造酿而割取者，十居其二也。凡蜜无定色，或青或白，或黄或褐，皆随方土、花性而变。如菜花蜜、禾花蜜之类，千百其名不止也。凡蜂不论于家于野，皆有蜂王。王之所居造一台如桃大。王之子世为王。王生而不采花，每日群蜂轮值分班采花供王。王每日出游两度（春夏造蜜时），游则八蜂轮值以待。蜂王自至孔隙口，四蜂以头顶［其］腹，四蜂傍翼，飞翔而去。游数刻而返，翼顶如前。

【译文】一般酿蜜的蜜蜂是处处都有的，唯独在盛产甘蔗的地方，蜜蜂数量自然就减少。蜜蜂酿的蜜，出自山崖、土穴野生蜜蜂的有十分之八，而由人工饲养蜜蜂割取来的蜂蜜，则占了十分之二。蜂蜜一般没有固定的颜色，有的黑有的白，有的黄有的褐，都随各地的水土、花性而变。如菜花蜜，禾花蜜之类的蜂蜜，其中的名目成千上百都不止。一般蜜蜂不管是家养的还是野生的，都会有蜂王。蜂王所在之处，就筑造一个像桃子一样大的王台。蜂王的后代世代为王。蜂王天生就不采花，每天都由群蜂轮班采花供养蜂王。蜂王每天出游两次（春夏造蜜时节），出游时有八只蜜蜂值班服侍。蜂王自行到达蜂巢的洞口，四只蜜蜂就用头顶着它的腹部，另外四只就傍着它的两翼飞翔而去。出游没多久就返回了，八只蜜蜂还是像之前那样顶着腹部护送蜂王。

畜家蜂者或悬桶檐端，或置箱牖下。皆锥圆孔眼数十，俟其进入。凡家人杀一蜂二蜂皆无恙，杀至三蜂则群起螫人，谓之蜂反。凡蝙蝠最喜食蜂，投隙入中，吞噬无限。杀一蝙蝠悬于蜂前，则不敢食，俗谓之“枭令”。凡家畜蜂，东邻分而之西舍[1]，必分王之子去而为君，去时如铺扇拥卫。乡人有撒酒糟香而招之者。

【注释】①东邻分而之西舍：指人工分蜂。即采用人工培育的蜂王或选留的自然王台，将一个蜂群分成若干个独立小蜂群进行饲养管理。这是养蜂人增加蜂群数量和扩大生产的重要手段。

【译文】畜养家蜂的人，有的把桶悬挂在屋檐一端，有的则在窗下放置蜂箱。桶或箱上面都要钻几十个圆孔，等待蜜蜂进入。一般养蜂人杀死一两只蜜蜂都没什么大碍，但要是杀死三只以上，蜜蜂就会群起而螫人，这就叫“蜂反”。蝙蝠一般最喜欢吃蜜蜂，如趁机钻入蜂房，就会吃掉无数只蜜蜂。只要把一只蝙蝠杀了悬挂在蜂房前，其他蝙蝠就不敢来觅食蜜蜂了，这个俗称“枭令”。但凡家养的蜜蜂，在分蜂的时候，必须把原来蜂群的蜂王后代分出去作为新蜂群的蜂王，新蜂王离开时由群蜂排成扇形拥护着飞走。乡人有的会撒酒糟，利用其散发的香气招引蜂群分房。

凡蜂酿蜜，造成蜜脾[1]，其形鬣鬣然。咀嚼花心汁吐积而成，润以人小遗[2]，则甘芳并至，所谓“臭腐[生]神奇”也。凡割脾取蜜，蜂子多死其中，其底则为黄蜡。凡深山崖石上有经数载未割者，其蜜已经时自熟，土人以长竿刺取，蜜即流下。或未经年而扳缘可取者，割炼与家蜜同也。土穴所酿多出北方，南方卑湿，有崖蜜而无穴蜜。凡蜜脾一斤炼取十二两[蜜]。西北半天下，盖与蔗浆分胜云。

【注释】①蜜脾：蜜蜂营造的酿蜜的房，其形如脾，故称。②小遗：即人的小便。蜜蜂有时会飞到有粪便的地方，采集水分和无机盐，但并不是用人尿来酿蜜。

【译文】一般蜜蜂酿蜜时，先筑造蜜脾，它的形状就像马的鬃毛一样整齐。蜂蜜是由蜜蜂咀嚼花蕊汁液，吐出来积淀而成的，再加以人尿滋润，蜂蜜就变得又甘甜又芳香，这就是所说的“臭腐生神奇”。一般用蜜脾刮取蜂蜜，里面的幼蜂大多都会死亡，它的底部则是黄色的蜂蜡。一般深山岩石上有经历数年而未割取的蜜脾，其中的蜂蜜早已成熟，当地人用长竹竿刺破，蜂蜜就会流下来。有的蜜脾还未到一年但人能爬上去摘取，取蜜的方法就和家养的一样。土穴野蜂酿的蜜多出自北方，南方地势低下又潮湿，只有山崖产的蜜而没有土穴产的蜜。一般一斤蜜脾可以提炼十二两蜂蜜。西北地区产蜜总量占了全国的一半，大概可与南方的蔗浆产量相匹敌。

饴 饧

凡饴饧[①]，稻、麦、黍、粟，皆可为之。《洪范》云：“稼穑作甘[②]。”及此乃穷其理。其法用稻、麦之类浸湿，生芽暴干，然后煎炼调化而成。色以白者为上。赤色者名曰胶饴，一时宫中尚之，含于口内即溶化，形如琥珀。南方造饼饵者谓饴饧为小糖，盖对蔗浆而得名也。饴饧，人巧千方以供甘旨，不可枚述。惟尚方用者名“一窝丝”，或流传后代，不可知也。

【注释】①饴饧（yí xíng）：用麦芽或谷芽熬成的饴糖。②稼穑作甘：出自《洪范》。《洪范》是《尚书》的篇名，旧传为箕子向周武王陈述的“天地之大法”，其中提出了金木水火土的“五行”观念，认为五行就对应五味，比如“土”可以用来种植庄稼，庄稼就产生甜味，故称“稼穑作甘”。

【译文】饴饧一般用稻、麦、黍、粟等都可以制作。《尚书·洪范》篇就说：“庄稼产生甜味。”从这里就可以推究出其中的道理。制作饴饧的方法是将稻谷、小麦之类浸湿，生芽后再晒干，然后煎熬调化制作而成。白色的饴饧是上等佳品。赤色的饴饧又叫胶饴，在宫廷内曾风靡一时，含在口里立刻就溶化，形状像琥珀一样。南方做糕饼的人家把饴饧叫作“小糖”，这是相对蔗糖而言的。人们运用千百种巧妙之法把饴饧制成的各种甜食，不胜枚举。唯独宫内食用的一种叫“一窝丝”的饴饧，是否有流传下来，就不可知晓了。

陶埏[1]第七

宋子曰：水火既济[2]而土合。万室之国，日勤千人而不足[3]，民用亦繁矣哉。上栋下室[4]以避风雨，而瓴[5]建焉。王公设险以守其国，而城垣[6]、雉堞[7]，寇来不可上矣。泥瓮坚而醴酒欲清，瓦登[8]洁而醯醢[9]以荐。商周之际，俎豆[10]以木为之，毋以质重之思耶。后世方土效灵，人工表异，陶成雅器，有素肌、玉骨之象焉。掩映几筵，文明可掬。岂终固哉！

【注释】①陶埏（shān）：指把陶土揉和后放入模型中制成陶器。②水火既济：阴阳和谐之象，上下相通之意。既，已经；济，成也。既济就是事情已经成功。此处为活用，意为经过水和火之间的交互作用，黏土便凝固而成陶器了。③日勤千人而不足：万户之国，就是每天有一千个人在忙碌着制陶，也仍然供不应求。④上栋下室：出自《易·系辞下》："上古穴居而野处，后世圣人易之以宫室，上栋下宇，以待风雨，盖取诸大壮。"后世用以指宫室的基本结构形式。⑤瓴：本指盛水瓦器，此处指瓦。⑥城垣（yuán）：城池的墙垣。

⑦雉堞（zhì dié）：古代城墙上掩护守城人用的矮墙，泛指城墙。⑧瓦登：盛食物的高足器皿，在祭祀神鬼时使用。⑨醯醢（xī hǎi）：醯，即醋；醢，肉、鱼所做的酱。泛指祭祀时所用的调料和食物。⑩俎（zǔ）豆：古代祭祀、宴会时盛食物用的两种器皿，亦泛指各种礼器。

【译文】宋子说：经过水和火之间的交互作用，黏土便可以凝固而制成陶器。拥有万户人家的地区，就是每天有一千个人在忙碌着制陶，也仍然供不应求，可见民间对陶瓷的需求量是很大的。房屋要用来避风雨，就要在屋顶盖瓦。王公设置险阻以防守邦国，就要用砖来建造城墙和护身矮墙，使敌寇攻不上来。坚固的泥瓮，能够使甜酒保持清洌；洁净的瓦器，能更好地用来盛装献祭的贡品。商周时期，礼器是用木料制成的，不是重视质朴的缘故。后来，各地的人献计献艺，大显身手，使技艺日新月异，制成了优美雅致的陶瓷器具。这些瓷器洁白如绢纸，光滑似玉石，摆设在茶几或宴席上，其美丽的花纹与夺目的色彩交相辉映，典雅美观之至。由此看出，难道事物终究就不再变化了吗？

瓦

凡埏泥造瓦，掘地二尺余，择取无沙粘土而为之。百里之内必产合用土色，供人居室之用。凡民居瓦形皆四合分片。先以圆桶为模骨，外画四条界。调践熟泥，叠成高长方条。然后用铁线弦弓，线上空三分，以尺限定，向泥不[①]平戛一片，似揭纸而起，周包圆桶之上。待其稍干，脱模而出，自然裂为四片。凡瓦大小苦无定式，大者纵横八九寸，小者缩十之三。室宇合沟中，则必需其最大者，名曰沟瓦，能承受淫雨不溢漏也。

【注释】①不（dǔn）：江西景德镇一带俗称瓷土原矿经粉碎淘洗后塑成的长方形泥墩为不子。

造瓦坯

【译文】凡是和泥以造瓦，需要掘地两尺多深，从中选择不含沙子的黏土用作原料。方圆百里之内，一定能找到合适的黏土，供人用于建造房屋。民房所用的瓦片，都是四片瓦坯合而成型，再分成单片。先以圆桶作为模型，桶外壁划四条等分的界线。调和泥土，踩成熟泥，将其堆成有一定厚度的长方形泥墩。然后用一个长为一尺的铁线制成的弦弓，向泥墩平拉，切割出一片三分厚的泥片，像揭纸张那样揭起来，将此片泥土包于圆桶的外壁上。等它稍干些后，将模具脱离，就会自然分裂成四片瓦片了。瓦片的大小没有固定的规格，大的长宽可达八九寸，小的则缩小十分之三。房顶上的排水槽，必须用称为“沟瓦”最大的瓦片才能承受住持续的大雨而不漏。

凡坯既成，干燥之后则堆积窑中，燃薪举火。或一昼夜或二昼夜，视窑中多少为熄火久暂。浇水转釉[1]（音右）与造砖同法。其垂于檐端者有“滴水”，下于脊沿者有“云瓦”，瓦掩覆脊者有“抱同”，镇脊两头者有鸟兽诸形象。皆人工逐一做成，载于窑内，受水火而成器则一也。

【注释】①浇水转釉：向窑内浇入大量水分，而使窑内烧制的器物呈现稳定的青灰色光泽的方法。

【译文】瓦坯制成，干燥之后就堆砌在窑内，点火烧柴。有的要烧一个昼夜，也有的要烧两个昼夜，要看瓦窑内的瓦坯数量多少来决定何时熄火。浇水转釉的方法与造砖相同。垂在屋檐边的瓦片叫作“滴水瓦”，用于屋脊两边的瓦片叫作“云瓦”，覆盖屋脊的瓦片叫作“抱同瓦”，用于装饰屋脊两头的瓦片做成鸟兽的形象。这些瓦片都是人工逐件做成泥坯后放入窑内烧制而成，它们所受到的水火作用都是一样的。

若皇家宫殿所用，大异于是。其制为琉璃瓦者，或为板片，或为宛筒，以圆竹与斫木[1]为模，逐片成造。其土必取于太平府[2]（舟运三千里方达京师。参沙之伪，雇役、掳船之扰，害不可极。即承天皇陵，亦取于此，无人议正）造成。先装入琉璃窑内，每柴五千斤烧瓦百片。取出成色，以无名异[3]、棕榈毛等煎汁涂染成绿黛，赭石、松香、蒲草等涂染成黄。再入别窑，减杀薪火，逼成琉璃宝色。外省亲王殿与仙佛宫观间亦为之，但色料各有配合，采取不必尽同。民居则有禁也。

【注释】①斫（zhuó）木：指被砍削的树。②太平府：今安徽当涂县。③无名异：一种矿土，用作釉料。

【译文】至于皇家宫殿所用的瓦片，与民用的瓦片大不相同。宫殿瓦的式样是琉璃瓦，有的是板片形的，也有的是圆筒形的，都是以圆竹筒和加工过的木块为模具，逐片制成。所用的黏土必须产自安徽太平府（用船运送三千里才到达京都，承运之人，有掺沙作假的，也有强雇民工、抢夺民船来运输的，祸害非常大。即便是修建承天皇陵，也要用这种土，没有人敢议论纠正）。瓦坯制成后，装入琉璃窑内，每用五千斤柴，烧成一百片琉璃瓦。烧成后取出来上色，用无名异、棕榈毛等熬煮出的汁液染成蓝黑色，或用赭石、松香、蒲草等染成黄色。再放入另一窑内，减少柴火，用较低窑温缓慢烧成带有琉璃光泽的美丽色彩。京都之外的亲王宫殿、佛寺、道观，也有用琉璃瓦的，但有各自的釉料配方，制法也不完全相同。普通民房则禁止使用琉璃瓦。

砖

凡埏泥造砖，亦掘地验辨土色，或蓝或白，或红或黄（闽广多红泥，蓝者名“善泥”，江浙居多），皆以粘而不散、粉而不沙者为上。汲水滋土，人逐数牛错趾[1]，踏成稠泥。然后填满木匡之中，铁线弓戛平其面，而成坯形。

【注释】①错趾：足迹相错。

【译文】凡是和泥造砖，也需要挖掘地下的黏土，对土色加以鉴别，黏土有蓝、白、红、黄几种颜色（福建和广东多产红泥，蓝色的叫“善泥”，浙江一代为多），均以黏而不散，粉质细腻不含沙粒的为上品。先浇水将泥土浸润，再赶几头牛去踩踏，踩成稠泥。然后将稠泥填满木框模具内，用铁线弓刮平表面，脱模后就是砖坯了。

泥造砖坯

凡郡邑城雉、民居垣墙所用者，有眠砖、侧砖两色。眠砖方长条，砌城郭与民人饶富家，不惜工费，直垒而上。民居算计者，则一眠之上施侧砖一路，填土砾其中以实之，盖省啬之义也。凡墙砖而外，甃地①者名曰方墁砖；榱桷②上用以承瓦者曰楻板砖；圆鞠小桥梁与圭门③与窀穸④墓穴者曰刀砖，又曰鞠砖。凡刀砖削狭一偏面，相靠挤紧，上砌成圆。车马践压不能损陷。造方墁砖，泥入方匡中，平板盖面，两人足立其上，研转而坚固之，烧成效用。石工磨斫⑤四沿，然后甃地。刀砖之直视墙砖稍溢一分，楻板砖则积十以当墙砖之一，方墁砖则一以敌墙砖之十也。

【注释】①甃（zhòu）地：指以砖、石等砌地。②榱桷（cuī jué）：屋椽和屋桷。桷，方形的椽子。③圭（guī）门：圆拱门。④窀穸（zhūn xī）：墓穴。⑤斫（zhuó）：用刀斧砍。

【译文】建造各郡县的城墙和民房围墙用的砖，有眠砖和侧砖两种。眠砖是长方形的，用于砌城墙和富人家的墙壁，不吝啬工钱，全部用眠砖堆砌而上。精打细算的人家，就在一层眠砖上面堆砌两行侧砖，侧砖中间用土块碎石填满压实，这是为了节俭。除了墙砖之外，铺设地面的砖叫方墁砖；屋椽上用来承瓦的砖叫楻板砖；砌圆拱形小桥、圆拱门和墓穴的砖叫刀砖，又称鞠砖。使用刀砖时，削窄其中一面，相互之间紧密排列，砌成一个圆拱形，即使车马踩踏也不会损坏坍塌。制造方墁砖，将泥放入木方框内，上面盖一块平板，两人站在上面，踏转将泥土夯实，烧制后使用。石匠削磨四周，然后用来铺设地面。刀砖比墙砖稍贵些，楻板砖只需要墙砖十分之一的价格，而方墁砖则比墙砖贵十倍。

凡砖成坯之后，装入窑中。所装百钧[①]则火力一昼夜，二百钧则倍时而足。凡烧砖有柴薪窑，有煤炭窑。用薪者出火成青黑色，用煤者出火成白色。凡柴薪窑，巅上偏侧凿三孔以出烟，火足止薪之候，泥固塞其孔，然后使水转釉。凡火候少一两，则釉色不光。少三两则名嫩火砖，本色杂现，他日经霜冒雪则立成解散，仍还土质。火候多一两则砖面有裂纹。多三两则砖形缩小坼裂，屈曲不伸，击之如碎铁然，不适于用。巧用者以之埋藏土内为墙脚，则亦有砖之用也。凡观火候，从窑门透视内壁，土受火精，形神摇荡，若金银熔化之极然，陶长[②]辨之。

【注释】①百钧：三千斤。钧，古重量单位，三十斤为钧。②陶长：陶工中年长而经验丰富者。

【译文】砖坯制成后，将其装入窑中。每装三千斤砖要烧制一昼夜，六千斤砖则要两倍时间才够。烧砖有的用柴薪窑，有的用煤炭窑。用木柴烧成的砖呈青黑色，用煤炭烧成的砖呈浅白色。柴薪窑的窑顶偏侧凿有三个孔用来出烟，当火候已足，停止加柴之时，就用泥封住出烟孔，然后在窑顶浇水转釉使砖变成青灰色。如果火候少一成，则砖釉没有光泽。火候少三成，就叫作嫩火砖，显现土坯本来的颜色，日后经历风霜雨雪的侵蚀就会很快松散，重新变回泥土。如果火候多一成，砖面就有裂纹。火候多三成，砖块就会缩小、破裂，弯曲不直，敲之如烂铁，不再适用。有灵巧妙用的人将它埋在土里用作墙脚，也算起到了砖的作用。观察火候时从窑门向内查看，砖坯受到火的作用，看起来有些晃荡，就像金银熔化的样子，这就要靠经验丰富的陶工师傅来辨别。

砖瓦济水

凡转釉之法，窑巅作一平田样，四围稍弦起，灌水其上。砖瓦百钧用水四十石[①]。水神透入土膜之下，与火意相感而成。水火既济，其质千秋矣。若煤炭窑视柴窑深欲倍之，其上圆鞠渐小，并不封顶。其内以煤造成尺五径阔饼，每煤一层，隔砖一层，苇薪垫地发火。若皇居所用砖，其大者厂在临清[②]，工部分司主之。初名色有副砖、券砖、平身砖、望板砖、斧刃砖、方砖之类，后革去半。运至京师，每漕舫[③]搭四十块，民舟半之。又细料方砖以甃正殿者，则由苏州造解[④]。其琉璃砖，色料已载《瓦》款。取薪台基厂，烧由黑窑云[⑤]。

【注释】①石：容量单位，10斗等于1石。明朝“一石”等于150斤左右。②临清：今山东省临清市。③漕舫：运粮的漕船。④解（jiè）：押送，运送。⑤台基厂、黑窑：均设在北京，作者书写此书时首都为北京。

【译文】浇水转釉的方法，是在窑顶砌一个平台，四周稍微高出一点，在上面灌水。每烧制三千斤砖瓦需要灌水四十石。水从砖窑的土层渗透进窑内，与窑内的火相互作用。借助水火的相互作用，制成坚固的砖。煤炭窑比柴薪窑高出一倍，其上的圆拱逐渐缩小而不

煤炭烧砖窑

封顶。窑内放置直径约一尺五寸的煤饼，每放一层煤炭，就添一层砖，最下面垫一层芦苇或柴草助燃。皇宫所用的砖块，生产大砖的厂设在山东临清，由工部分设机构掌管。最初的砖名有副砖、券砖、平身砖、望板砖、斧刃砖、方砖等，后来裁减了一半左右。这些砖块运到京都，每艘运粮船搭载四十块，民船搭载二十块。铺设皇宫正殿地面的细料方砖，是在苏州制造再运到京都的。至于琉璃砖，釉料在《瓦》那章节中记述了，是由取自台基厂的薪草，在黑窑中烧制而成。

罂 瓮[①]

凡陶家为缶[②]属，其类百千。大者缸瓮，中者钵盂，小者瓶罐，款制各从方土，悉数之不能。造此者必为圆而不方之器。试土寻泥之后，仍制陶车旋盘。工夫精熟者视器大小掐泥，不甚增多少。两手扶泥旋转，一捏而就。其朝廷所用龙凤缸（窑在真定曲阳[③]与扬州仪真[④]）与南直[⑤]花缸，则厚积其泥，以俟雕镂，作法全不相同。故其直或百倍，或五十倍也。

【注释】①罂：小口大肚的瓶子。瓮（wèng）：一种盛东西的陶器，腹部较大。②缶（fǒu）：古代一种大肚子小口儿的瓦器。③真定曲阳：今河北省正定和曲阳县。④扬州仪真：今江苏省仪征市。⑤南直：南直隶，今江苏、安徽两省。

【译文】陶工所制造的称为缶的器皿，种类很多。较大的有缸、瓮，中等的有钵、盂，小的有瓶、罐。各地的款式不同，难以一一列举。所造的这类陶器，都是圆形的，而不是方形的。调查土质，选定合适的泥土之后，要使用陶车和旋盘。技术娴熟的人根据要制作的器物大小取泥，数量正好，不需要增添多少。两手扶泥，旋转陶车，用手一捏即成。朝廷所用的龙凤缸（窑设在真定、曲阳与扬州府仪真）和南直隶的花缸，泥坯需厚些，以便在上面雕刻花纹，这种制法与普通缸的制法完全不同，因此价格也要高出五十倍至一百倍。

造 瓶

凡罂缶有耳、嘴者，皆另为合上，以釉水涂粘。陶器皆有底，无底者则陕以西炊甑用瓦不用木也。凡诸陶器，精者中外皆过釉，粗者或釉其半体。惟沙盆、齿钵之类，其中不釉，存其粗涩以受研擂之功。沙锅、沙罐不釉，利于透火性以熟烹也。凡釉质料随地而生。江浙[①]、闽、广用者蕨蓝草一味。其草乃居民供灶之薪，长不过三尺，枝叶似杉木，勒而不棘人（其名数十，各地不同）。陶家取来燃灰，布袋灌水澄滤，去其粗者，取其绝细。每灰二碗参以红土泥水一碗，搅令极匀，蘸涂坯上，烧出自成光色。北方未详用何物。苏州黄罐釉亦别有料。惟上用龙凤器则仍用松香与无名异也。

【注释】①江浙：这里理解为浙江，“江苏”名称自清朝始，江苏在清朝时有两个府，分别是江宁府和苏州府。取两个府名字的第一个字，所以叫江苏。今江苏省在明朝属于南直隶。

【译文】大肚小口的瓦器有嘴和耳的，都是另外用釉水粘住的。陶器都有底，没有底的是陕西以西地区用来蒸饭的甑子，以陶土烧制而成而非以木料制成。各类陶器中，精制的内外都要上釉，粗制的只在下半部分上釉。只有沙盆和齿钵这类，里面不上釉，使内壁保持粗涩，便于研磨。砂锅、瓦罐也不上釉，利于导热以烹煮食物。用作釉料的原料各地都有，浙江、福建、广东地区用的是一种蕨蓝草，本是居民用以烧饭的柴草，长不过三尺，枝叶像杉树，用手捆绑它也不觉得扎手（它的名字有数十种，各地叫法不同）。陶工把它烧成灰，装进布袋里，灌水过滤，去掉粗的颗粒，取其极细的灰末。每两碗灰末，混合一碗红土泥水，搅拌得非常均匀，蘸取后涂在坯料上，烧成自然显现出釉的光泽。北方地区不知以何物为釉料。苏州的黄罐所用釉料也是其他的原料。但上供朝廷的龙凤器，仍以松香和无名异做釉料。

凡瓶窑烧小器，缸窑烧大器。山西、浙江各分缸窑、瓶窑，余省则合一处为之。凡造敞口缸，旋成两截，接合处以木椎内外打紧。匝口坛、瓮亦两截，接合不便用椎，预于别窑烧成瓦圈，如金刚圈形，托印其内，外以木椎打紧，土性自合。

造缸

【译文】瓶窑用来烧制小件的器皿，缸窑用来烧制大件的器皿。山西、浙江两省缸窑和瓶窑是分开设立的，而其他省份则合而为一。制造敞口的缸，需要用陶车先将泥坯旋成上下两部分，再接合起来，接合部位用木槌内外捶紧。制作窄口的坛、瓮，也须先分别制作上下两截，但接合内部时不再捶打，在别的窑内预先烧制一个似金刚圈的瓦圈，承托内部，外面用木槌捶紧，泥坯就自然黏合在一起。

凡缸、瓶窑不于平地，必于斜阜山冈之上。延长者或二三十丈，短者亦十余丈，连接为数十窑，皆一窑高一级。盖依傍山势，所以驱流水湿滋之患，而火气又循级透上。其数十方成陶者，其中苦无重值物，合并众力众资而为之也。其窑鞠成之后，上铺覆以绝细土，厚三寸许。窑隔五尺许，则透烟窗，窑门两边相向而开。装物以至小器装载头一低窑，绝大缸瓮装在最末尾高窑。发火先从头一低窑起，两人对面交看火色。大抵陶器一百三十斤，费薪百斤。火候足时，掩闭其门，然后次发第二火，以次结竟至尾云。

【译文】缸窑和瓶窑均不是建在平地上，而是必须建于山冈的斜坡上。长的窑有二三十丈，短的也有十几丈，连接几十个窑，一个窑高过一个窑。因为依傍着山坡的地势，可以避免流水所致潮湿的隐患，又可以使火力逐层向上渗透。几十个窑烧成的陶器，其中虽然没有什么值钱的东西，但也是合并了大量的人力、物力制成的。窑的圆顶建成以后，上面铺一层大约三寸厚的极细土。每隔五尺，在窑上开一个透烟窗，窑门在两侧相对而开。最小的器皿装入最低处的窑，最大的缸、瓮装入最高处的窑。烧窑先从最低处的窑开始，两个人相对观察火候。大概烧制一百三十斤陶器需要用柴一百斤。当该窑的火候够了，就关闭窑门，依次在第二个窑点火，这样逐级烧到最后一窑。

瓶窑连接缸窑

白瓷 附：青瓷

凡白土曰垩土，为陶家精美器用。中国出惟五六处，北则真定定州、平凉华亭、太原平定、开封禹州，南则泉郡德化（土出永定，窑在德化）、徽郡婺源、祁门[1]（他处白土陶范不粘，或以扫壁为墁[2]）。德化窑惟以烧造瓷仙、精巧人物、玩器，不适实用。真、开等郡[3]瓷窑所出，色或黄滞无宝光。合并数郡，不敌江西饶郡[4]产。浙省处州丽水、龙泉两邑烧造过釉杯碗，青黑如漆，名曰处窑。宋、元时龙泉琉华山下有章氏造窑，出款贵重，古董行所谓哥窑器者即此。

【注释】①真定定州、平凉华亭、太原平定、开封禹州、泉郡德化、徽郡婺源、祁门：现今分别为河北省定县、甘肃省华亭县、山西省平定县、河南省禹县、福建省德化县、江西省婺源县、安徽省祁门县。②墁（màn）：涂抹，粉饰。③真、开等郡：真定府，今河北正定县；开封府，今河南省禹州市。④江西饶郡：江西省景德镇。

【译文】白色的陶土叫作垩土，是陶工用来烧制精美瓷器的原材料。中国只有五六处地方有产出：北方有河北省定县、甘肃省华亭县、山西省平定县及河南省禹县；南方有福建省德化县（陶土出自永定县，窑设在德化县）、江西省婺源县和安徽省祁门县（其他地方出产的白色土制作的陶坯不够黏，但可用于粉饰墙壁）。德化窑专门烧制瓷仙、精巧人物和玩具的，不实用。真定府和开封府的瓷窑出产的瓷器，颜色发黄，没有光泽。上述所有地方出产的瓷器，都没有江西景德镇所产的好。浙江省丽水和龙泉两县烧制的上釉杯碗，墨蓝的色泽如同青漆，叫作处窑瓷器。宋、元时期，龙泉琉华山下有一章氏窑，出品名贵，古董行所说的哥窑瓷器，就是指此。

若夫中华四裔驰名猎取者，皆饶郡浮梁景德镇之产也。此镇从古及今为烧器地，然不产白土。土出婺源、祁门两山。一名高梁山，出粳米土，其性坚硬。一名开化山，出糯米土，其性粢软。两土和合，瓷器方成。其土作成方块，小舟运至镇。造器者将两土等分入臼舂一日，然后入缸水澄。其上浮者为细料，倾跌过一缸。其下沉底者为粗料。细料缸中再取上浮者，倾过为最细料，沉底者为中料。既澄之后，以砖砌方长塘，逼靠火窑，以借火力。倾所澄之泥于中吸干，然后重用清水调和造坯。

【译文】我国远近闻名、人们争先购买的瓷器，则是江西饶郡浮梁县景德镇的产品。该镇从古至今都是烧制瓷器的地方，但本地却不产白土。白土来自婺源县和祁门县的两座山上。一座叫作高梁山，出产粳米土，土质坚硬；另一座叫作开化山，出产糯米土，土质黏软。只有将这两种土混合，才能制成瓷器。将这两种土做成方块状，用小船运送到景德镇。制作瓷器的人将这两种土各取等量放入臼中捣一天，再倒入缸中以水沉淀澄清。浮在上面的是细料，倒在另一口缸中。沉在水底的是粗料。在细料缸中浮在上面的，为最细料，沉在水底的是中料。澄清好后，将泥料倒入用砖堆砌的长方形塘内，塘紧靠火窑，借助窑内的火力，将澄清过的泥料吸干水分，然后用清水重新调和制坯。

凡造瓷坯有两种。一曰印器，如方圆不等瓶、瓮、炉、合之类，御器则有瓷屏风、烛台之类。先以黄泥塑成模印，或两破或两截，亦或囫囵，然后埏白泥印成，以釉水涂合其缝，烧出时自圆成无隙。一曰圆器，凡大小亿万杯盘之类，乃生人日用必需。造者居十九，而印器则十一。造此器坯先制陶车。车竖直木一根，埋三尺入土内，使之安稳。上高二尺许，上下列圆盘，盘沿以短竹棍拨运旋转，盘顶正中用檀木刻成盔头，冒其上。

【译文】瓷坯有两种。一种叫作印器，如方形圆形的瓶、瓮、炉、盒这一类，皇家御用的则有瓷屏风、烛台等。先用黄泥制成模具，或左右两半，或上下两截，亦或一个完整的。再和瓷土放入模具中印成瓷坯，用釉水将接缝处粘合，烧成之后自然就会完好无缝。另一种叫作圆器，包括大小不等，数不胜数的杯盘这一类，是人们日常生活的必需品。制作的圆器占十分之九，而印器只占十分之一。制作圆器的瓷坯需要先制作陶车。做

过利

陶车，竖一根直木，三尺埋入地下，使它稳固。露出地面的部分高二尺左右，在上面安装上下两个圆盘，用短竹棍拨动盘沿，使其旋转，用檀木刻成一个盔头戴在上盘的正中。

凡造杯盘，无有定形模式，以两手捧泥盔冒之上，旋盘使转，拇指剪去甲，按定泥底，就大指薄旋而上，即成一杯碗之形。（初学者任从作废，破坏取泥再造。）功多业熟，即千万如出一范。凡盔冒上造小坯者，不必加泥；造中盘、大碗则增泥大其冒，使干燥而后受功。凡手指旋成坯后，覆转用盔冒一印，微晒留滋润，又一印，晒成极白干。入水一汶，漉上盔冒，过利刀二次（过刀时手脉微振，烧出即成雀口），然后补整碎缺，就车上旋转打圈。圈后，或画或书字，画后喷水数口，然后过釉。

汶 水

【译文】制作杯、盘没有固定的样式，用双手捧泥放在陶车的盔帽上，旋转圆盘使之转动。用剪去指甲的拇指按住泥的底部，使泥坯沿着拇指旋转向上而变薄，即可形成一个杯、碗的雏形。（初学者任凭做废，泥坯可以重复使用。）功夫深厚、技艺娴熟的工匠，即使制作成千上万个杯、碗，也好像是出自同一个模型。在陶车的盔帽上制作小件泥坯时，不需要加泥；制作中等盘和大碗时，则需要增加泥土使盔帽扩大，干燥后再加工。用手指旋成泥坯后，翻转过来用盔帽压印一下，稍微晾晒使其保持湿润，再压印一次，晒成极干的白色坯。蘸水后稍干一下，放到盔帽上，用利刀刮两次（手在用刀削刮时须非常稳定，如果稍有抖动，烧成后会形成缺口），然后修补残缺的地方，在陶车上旋转画圈。接着绘画或写字，喷几口水，然后上釉。

凡为碎器[①]与千钟粟[②]与褐色杯等，不用青料。欲为碎器，利刀过后，日晒极热，入清水一蘸而起，烧出自成裂纹。千钟粟则釉浆捷点，褐色［杯］则老茶叶煎水一抹也。（古碎器，日本国极珍重，真者不惜千金。古香炉碎器不知何代造，底有铁钉[③]，其钉掩光色不釉。）

【注释】①碎器：一种釉层有裂纹花样的瓷器。始于宋代。有开片、冰裂、百圾碎等名目。裂纹釉器一般是利用釉层和坯体的热膨胀系数不同而造成的。作者漏记，在“入清水一蘸而起”和“烧出自成裂文”之间，还有一道最关键的工序——涂蘸裂纹釉。②千钟粟：表面带有米粒状花纹的瓷器。③底有铁钉：这里指烧成的瓷器底部留有护胎足或垫饼的痕迹，一般呈红褐色。

【译文】制作“碎器”“千钟粟”与“褐色杯”等瓷器，不需要上青釉料。制作“碎器”，用利刀修整泥坯后，放置太阳下使其晒得很热，在清水中蘸一下就拿出来，烧成后自然形成裂纹。“千钟粟”是用釉水快速点染，“褐色杯”则是用老茶叶煎的水涂抹而成。(我国古代制作的“碎器”，在日本极其受到重视，日本人不惜花费重金购买真品。古代的香炉碎器，不知道是哪个朝代所造，底部有“铁钉”，没有釉光。)

凡饶镇白瓷釉，用小港嘴①泥浆和桃竹②叶灰调成，似清泔汁③（泉郡瓷仙用松毛水调泥浆，处郡青瓷釉未详所出），盛于缸内。凡诸器过釉，先荡其内，外边用指一蘸涂弦，自然流遍。凡画碗青料总一味无名异（漆匠煎油，亦用以收火色）。此物不生深土，浮生地面，深者堀下三尺即止，各省直皆有之。亦辨认上料、中料、下料，用时先将炭火丛红煅过。上者出火成翠毛色，中者微青，下者近土褐。上者每斤煅出只得七两，中、下者以次缩减。如上品细料器及御器龙凤等，皆以上料画成。故其价每石值银二十四两，中者半之，下者则十之三而已。

【注释】①小港嘴：景德镇附近一地名。②桃竹：竹的一种。③泔汁：淘米水。

【译文】景德镇的白瓷使用的釉，是用小港嘴的泥浆和桃竹叶的灰调和而成，像澄清的淘米水（福建泉州府德化窑产的瓷仙用釉是用松毛灰水调和瓷泥而成，浙江处州府龙泉窑产的青瓷用釉，不知其原料），盛放在缸内。各瓷坯上釉，先将釉浆浇入坯体内，用手缓慢摇荡，使内壁挂釉，再张开手指撑住坯往釉水里蘸一下，使坯体口沿与缸内釉面齐平，这样釉料就自然布满坯体了。画碗的青釉料只有一味无名异（漆匠炼桐油，也用它作催干剂）。无名异不生于深土里，而是浮生在地面，最多挖土三尺深即可找到，各省都有。也要辨别上料、中料、下料，使用时先将无名异用炭火煅烧，上料煅后呈青绿色，中料呈微青色，下料接近土褐色。每煅烧一斤无名异，只能得到七两上料，中料、下料依次减少。如上等的精细瓷器和御用的龙凤器，都是用上料绘制而成，所以每石上料无名异值白银二十四两，中料则为上料的一半，下料只值上料的十分之三。

过锈

打圈

凡饶镇所用，以衢、信两郡[①]山中者为上料，名曰浙料，上高诸邑者为中，丰城诸处者为下也[②]。凡使料煅过之后，以乳钵极研（其钵底留粗，不转釉），然后调画水。调研时色如皂[③]，入火则成青碧色。凡将碎器为紫霞色杯者，用胭脂打湿，将铁线纽一兜络，盛碎器其中，炭火炙热，然后以湿胭脂一抹即成。凡宣红器，乃烧成之后出火，另施工巧微炙而成者，非世上朱砂能留红质于火内也。（宣红元末已失传。正德[④]中历试复造出。）

【注释】①衢、信两郡：浙江省衢州市，江西省广信县。②上高、丰城：均位于江西省。③色如皂：指黑色，皂即皂荚。④正德：正德是明朝第十位皇帝明武宗朱厚照（公元1506—1521年在位）的年号，明朝使用正德这个年号一共16年。

【译文】江西景德镇所用的釉料，以浙江衢州和江西广信两地的山中出产的为上料，称为浙料，江西上高各县出产的为中料，江西丰城等地出产的为下料。将釉料煅烧过后，用研钵磨得极细（钵内底部粗涩，不上釉），然后加水调和，这时呈现黑色，煅烧过后则呈现蓝色。制作紫霞色的碎器杯，先将胭脂粉打湿，将碎器放在一个用铁线制成的网兜中，用炭火煅烧，再用湿胭脂粉一抹而成。“宣红”瓷器是烧成之后，施加另外的巧妙技艺以微火烧成，这世上的朱砂没有经过火煅还能保留红色的。（“宣红”瓷器在元朝末年就已经失传了，在明朝正德年间，经过反复的试验，重新制造出来了。）

凡瓷器经画过釉之后，装入匣钵[①]（装时手拿微重，后日烧出即成坳口，不复周正）。钵以粗泥造，其中一泥饼托一器，底空处以沙实之。大器一匣装一个，小器十余共一匣钵。钵佳者装烧十余度，劣者一二次即坏。凡匣钵装器入窑，然后举火。其窑上空十二圆眼，名曰天窗。火以十二时辰为足。先发门火十个时，火力从下攻上，然后天窗掷柴烧两时，火力从上透下。

器在火中，其软如棉絮。以铁叉取一，以验火候之足。辨认真足，然后绝薪止火，共计一杯工力，过手七十二，方克成器，其中微细节目尚不能尽也。

【注释】①匣钵：将陶瓷器的坯体放置在耐火材料制成的容器中焙烧，这种容器即称匣钵，亦称匣子。

【译文】瓷坯经过画彩和上釉后，装入匣钵中（装时手拿瓷坯稍微用力，烧成之后就会形成凹陷的缺口，不能复原）。匣钵用粗泥制成，其中每一个泥饼托住一个瓷坯，底部空处用沙子填实。一个匣钵只能装一个大的瓷坯，小的瓷坯可以十几个装在同一个匣钵里。好的匣钵可以装烧十几次，劣质的匣钵烧一两次就坏了。装好瓷坯的匣钵放入窑后，点火烧窑，窑顶留的十二个圆孔，叫作天窗。要烧二十四个小时，火候才够。先从窑门点火，烧二十个小时，火力从底部攻向上部，然后从天窗投进柴草继续烧四个小时，火力从上部透向下部。瓷坯在烈火中像棉絮一样柔软，用铁叉取一个检验火候是否充足。火候足够了，就不再添柴，停止煅烧，合计制作一个杯花费的工夫，要经过七十二道工序才完成，其中很多微小的细节还没计算在内。

瓷器窑

附: 窑变①、回青②

正德中，内使监造御器。时宣红失传不成，身家俱丧。一人跃入自焚，托梦他人造出，竞传窑变，好异者遂妄传烧出鹿、象诸异物也。又回青乃西域大青，美者亦名佛头青。上料无名异出火似之，非大青能入洪炉存本色也。

【注释】①窑变：主要是指瓷器在烧制过程中，由于窑内温度发生变化导致其表面釉色发生的不确定性自然变化。古人对窑变的定义，相对来说，更加宽泛，甚至将瓷器器型的变化也包括在内。②回青：颜料名。石青中之最珍贵者。产于云南，可作烧制瓷器原料。

【译文】明朝正德年间，内监监督制造御用的瓷器。当时“宣红”瓷器的制法已经失传，造不出来了，工匠害怕身家性命难以保全，其中有一个人跳入窑内自焚，死后托梦给别人造出了“宣红”瓷器，于是民间竞相传言有“窑变”。好奇的人更谣传烧出了鹿、大象等奇异之物。另外，回青是西域地区出产的大青，优质的也叫佛头青。上等无名异当作釉料烧出的颜色，与大青的颜色相似，可是大青入窑后却失去了它原来的蓝色。

冶铸第八

宋子曰：首山[①]之采，肇自轩辕，源流远矣哉。九牧[②]贡金，用襄禹鼎。从此火金功用日异而月新矣。夫金之生也，以土为母，及其成形而效用于世也，母模子肖，亦犹是焉。精粗巨细之间，但见钝者司舂，利者司垦；薄其身以媒合水火而百姓繁，虚其腹以振荡空灵而八音[③]起；愿者肖仙梵之身，而尘凡有至象；巧者夺上清之魄，而海寓遍流泉。即屈指唱筹，岂能悉数？要之，人力不至于此。

【注释】①首山：在河南许昌市襄城县境内，为800里伏牛之首而得名。②九牧：指九州牧。九州一般为《禹贡》中冀州、兖州、青州、徐州、扬州、荆州、豫州、幽州、雍州。一般地说，"九州"泛指中国。州牧是古代官名，相当于刺史，是主管一个州的行政长官。③八音：这里泛指音乐。

【译文】宋子说：首山开采黄铜的历史，始于黄帝时期，可以说是源远流长了。夏禹时期，九州的州牧向朝廷进贡铜，用来帮助大禹铸造大鼎。从此以后，用火冶炼金属的技术就日新月异地成熟起来。金属的产生来源于土，可以说金属以土为母亲。当金属被做成各种形状的器具而被世人使用，做的过程中会用到土制的模具，做出的器具外观和土模相像，也可以说是以土为母亲。做出的器具有精致、粗糙以及大小之分。我们常见的是粗钝的器具可以用来舂米，锋利的器具可以用来耕地；可以做成薄壁容器（如锅、釜等），作为用火烧水的媒介而被百姓普遍使用，可以做成中空的乐器，通过空气的振荡而奏响空灵美妙的音乐；有信仰的人仿照仙人或佛的形象，铸造出凡尘俗世中最庄严的圣像，心灵手巧的人采用天上月亮的圆形造出了天下流通的钱币。金属器具在日常生活中的应用，就算是掰着手指头一一历数，又怎么数得完？总之，这些东西光靠人力是做不出来的。

鼎

凡铸鼎，唐虞以前不可考。唯禹铸九鼎，则因九州贡赋[①]壤则已成，入贡方物岁例已定，疏浚河道已通，《禹贡》业已成书，恐后世人君增赋重敛，后代侯国冒贡奇淫[②]，后日治水之人不由其道，故铸之于鼎。不如书籍之易去，使有所遵守，不可移易，此九鼎所为铸也。

【注释】①贡赋：中国古代的税收方式，是土贡与军赋的合称，逐渐演变成为税收的别称。②奇淫：也称奇技淫巧、奇巧淫技，在古代指能工巧匠新奇的技艺、发明和作品。如古代的七巧桌、医药箱、木牛流马、地动仪、象牙鬼工球等。

【译文】关于铸造鼎的事，唐尧与虞舜时代以前的历史已无从考证。唯独夏禹铸造九鼎，则因为九州的土地赋税制度已经有了明文规定，每年向朝廷进贡的当地特产的相关规则已经确定，河道已经疏通拓宽完毕，《禹贡》已经写成，夏禹担心后世的帝王增加赋税、横征暴敛，后世的诸侯国进贡冒充的奇技淫巧之物，将来治水的人不按夏禹的方法去做，所以将这些内容全部铸在鼎上。不像记载在书籍中容易被毁坏而失传，使后世的人有遵循的原则，不可以轻易改变，这就是当时铸造九鼎的原因。

年代久远，末学寡闻，如玭珠、暨鱼、狐狸、织皮之类，皆其刻画于鼎上者，或漫灭改形亦未可知，陋者遂以为怪物。故《春秋传》有使知神奸、不逢魑魅之说也。此鼎入秦始亡，而春秋时郜大鼎[①]、莒二方鼎[②]，皆其列国自造，即有刻画，必失《禹贡》初旨。此但存名为古物，后世图籍繁多，百倍上古，亦不复铸鼎，特并志之。

【注释】①郜大鼎：指春秋时期郜国（在今山东省成武县）铸造的宗庙祭器，是郜国的国宝。②莒二方鼎：指春秋时期莒国（今山东莒县）铸造的两个大方鼎，赠送给了郑国的大夫公孙侨。

【译文】因为经过的年代太久远，学问浅薄、见闻不广的人，见到诸如蚌珠、暨鱼、狐狸、用兽毛织成的呢毡之类的东西，全都刻画在鼎上，或许已经被磨灭而不是原来的样子也不可知，浅陋的人就以为是怪物。所以《春秋左氏传》中有禹鼎可以让百姓识别鬼神怪异之物，避免鬼怪妖精伤害的说法。这些鼎在进入秦朝（前221—前207）后就开始逐渐流失，不复存在了。而春秋时期（前770—前476）的郜大鼎、莒二方鼎，都是当时的诸侯国自己铸造的，即使鼎上也有一些刻画，也必定失去了《禹贡》的本意。这些只是说起来有古物之名，后世相关的图片和书籍有很多，是古时候的上百倍，就不必再铸鼎了，今特意一同加以记录。

钟

凡钟为金乐之首，其声一宣，大者闻十里，小者亦及里之余。故君视朝、官出署必用以集众；而乡饮酒礼[①]必用以和歌；梵宫仙殿必用以明挕[②]谒者之诚，幽起鬼神之敬。凡铸钟高者铜质，下者铁质。今北极朝钟则纯用响铜[③]，每口共费铜四万七千斤、锡四千斤、金五十两、银一百二十两于内。成器亦重二万斤，身高一丈一尺五寸，双龙蒲牢[④]高二尺七寸，口径八尺，则今朝钟之制也。

【注释】①乡饮酒礼：周朝时儒生在地方学校学习三年，学成后，经考核选拔德行和学问优异的人，举荐给地方长官。被举荐的人临行前，乡里的士大夫设酒宴以上宾之礼相待，称之为“乡饮酒礼”，历朝沿用。也指地方官按时在儒学举行的一种敬老仪式。②挕（dié）：打。③响铜：一种合金。由铜、铅、锡按一定比例混合炼成，可以制造乐器。④蒲牢：古代传说中的一种生活在海边的兽。据说它吼叫的声音非常洪亮，所以古人常在钟上铸上蒲牢的形象。《文选·东都赋（班固）》："于是发鲸鱼，铿华钟"。李善注引三国吴薛综曰："海中有大鱼曰鲸，海边又有兽名蒲牢。蒲牢素畏鲸，鲸鱼击蒲牢，辄大鸣。凡钟欲令声大者，故作蒲牢于上。所以撞之者为鲸鱼。"后来因此以"蒲牢"为钟的别名。

【译文】钟在金属乐器之中居首位，钟声一响起来，声音大的可以在十里之内听到，声音小的也能响到一里以外。所以皇上临朝听政、官员升堂办案必定用敲钟的方式来通知众人集合；而乡饮酒礼的宴会上也必定要用编钟来为歌曲伴奏；佛寺供奉佛菩萨的大殿必定要用钟声来打动朝拜者的诚心，自然而然就会生起对神灵的恭敬。凡是铸钟，上等的钟用铜材，下等的用铁材。现今宫廷北极阁内的朝钟用的全都是响铜，每口钟共需要铜四万七千斤、锡四千斤、黄金五十两、白银一百二十两才可以铸成。铸成的成品的重量也达到两万斤，钟身高一丈一尺五寸，钟上的双龙、蒲牢高二尺七寸，钟的直径八尺，这是现今朝钟的规格。

凡造万钧[①]钟，与铸鼎法同。堀坑深丈几尺，燥筑其中如房舍。埏泥作模骨，其模骨用石灰三和土筑，不使有丝毫隙坼。干燥之后以牛油、黄蜡附其上数寸。油蜡分两，油居十八，蜡居十二。其上高蔽抵晴雨（夏月不可为，油不冻结）。油蜡墁定，然后雕镂书文、物象，丝发成就。然后舂筛绝细土与炭末为泥，涂墁以渐而加厚至数寸。使其内外透体干坚，外施火力炙化其中油蜡，从口上孔隙熔流净尽，则其中空处即钟鼎托体之区也。

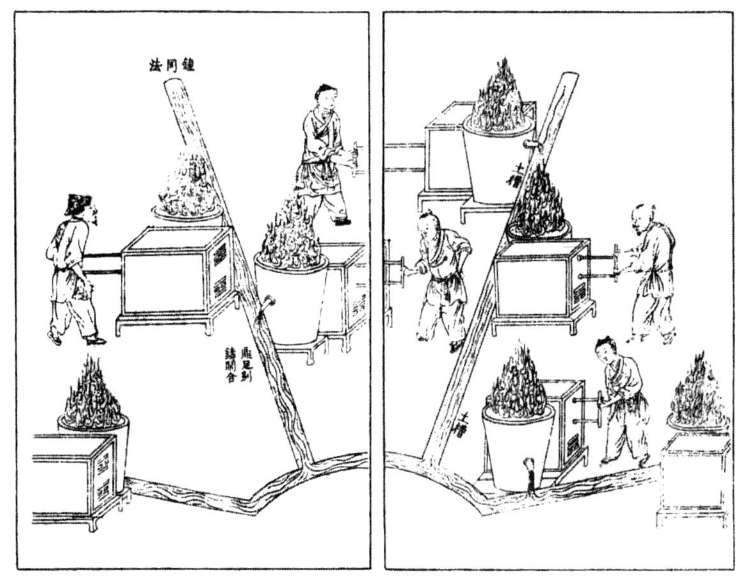

铸鼎

【注释】①万钧：古代重量单位之一，三十斤为一钧。万钧钟指非常重的大钟。

【译文】凡是铸造万钧的大钟，与铸造大鼎的方法相同。先挖掘一个深一丈零几尺的坑，保持坑内干燥，并把它筑成房舍一样，和泥做成铸件的内模骨架，铸造大钟的内模骨架用石灰、细砂和粘土调成的三合土筑成，不允许有丝毫的缝隙裂纹。干燥之后用牛油、黄蜡涂附在上面几寸厚。牛油和黄蜡的占比，牛油占十分之八，黄蜡占十分之二。上面高处要有顶棚来遮挡日晒和雨雪（夏天不可以施工，因为牛油不能凝结）。油蜡层用墁刀批荡平整，然后在上面精雕细刻相关的文字、图形，要在精细方面下功夫。然后把捣碎并筛过的最细的土粉末与木炭粉末和成泥，逐层涂抹在油蜡上，加到几寸厚。使模具从里到外彻底干燥坚实后，从外面用火加热，熔化其中的油蜡，让熔化的油蜡通过模具接口的孔隙全部流出，那么模具的中空部分就是钟鼎得以成型的地方了。

凡油蜡一斤虚位，填铜十斤。塑油时尽油十斤，则备铜百斤以俟之。中既空净，则议熔铜。凡火铜至万钧，非手足所能驱使。四面筑炉，四面泥作槽道，其道上口承接炉中，下口斜低以就钟鼎入铜孔，槽傍一齐红炭炽围。洪炉熔化时，决开槽梗（先泥土为梗塞住），一齐如水横流，从槽道中枧注而下，钟、鼎成矣。凡万钧铁钟与炉、釜，其法皆同，而塑法则由人省啬也。

铸千斤钟与仙佛像

【译文】模具上流出一斤油蜡的空位，需要浇筑十斤铜液。如果塑封时用完十斤油蜡，那么就要准备一百斤铜备用。模具中的油蜡排空流净以后，就要准备熔化铜了。一般用火熔化上万钧的铜，就不是单靠手脚就能完成的了。需要在模具的四周筑造熔炉，并在四周用泥做成槽道，槽道的上口连接着熔炉的出口，下口倾斜向下以便连接钟鼎浇筑铜液的孔眼，槽道的旁边全都用烧红的木炭围起来炽烧。大炉子中的铜被熔化后，打开铜液出口的塞子（事先用泥土做塞子塞住出口），铜液奔涌而出，像水一样四散流淌，顺着槽道倾注而下，于是钟鼎就铸成了。重达万钧的铁钟与炉、锅的铸造方法都一样，但是塑造模具的方法就要由铸造人根据实际情况，适当地精简一些步骤。

若千斤以内者，则不须如此劳费，但多捏十数锅炉。炉形如箕，铁条作骨，附泥做就。其下先以铁片圈筒直透作两孔，以受杠穿。其炉垫于土墩之上，各炉一齐鼓鞴熔化，化后以两杠穿炉下，轻者两人，重者数人抬起，倾注模底孔中。甲炉既倾，乙炉疾继之，丙炉又疾继之，其中自然粘合。若相承迂缓，则先入之质欲冻，后者不粘，衅所由生也。

【译文】如果是一千斤以下的铸件就不需要如此劳神费力了，只需要用泥多捏十几个小锅炉就行了。小炉子的形状像簸箕，用铁条作骨架，在骨架上糊泥做成。小炉子的下部先用以铁片卷成的筒穿透成两个孔，以便抬起炉子时杠子可以穿过去。把这些炉子放在土墩上，所有炉子一起用鼓风吹火器把火吹旺，使铜熔化，铜熔化后，用两根杠子穿过炉子下部，炉子轻的两个人抬，重的就多几个人抬起，将铜液倾注到模具的底孔中。甲炉倾注完以后，乙炉快速跟上，接着丙炉又快速跟上，模具内的铜液就会自然黏合。如果相互衔接太慢，那么先倾注进去的铜液都快要凝结了，就不容易与后续倾注的铜液黏合，因此就会产生缝隙。

凡铁钟模不重费油蜡者，先埏土作外模，剖破两边形或为两截，以子口串合，翻刻书文于其上。内模缩小分寸，空其中体，精筭而就。外模刻文后，以牛油滑之，使他日器无粘糍。然后盖上，泥合其缝而受铸焉。巨磬①、云板②，法皆仿此。

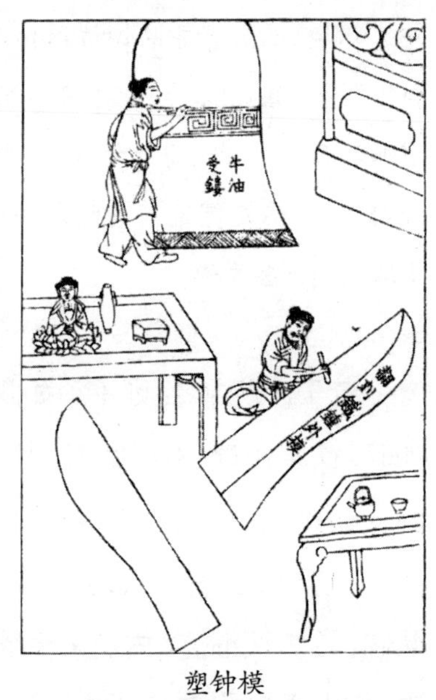

塑钟模

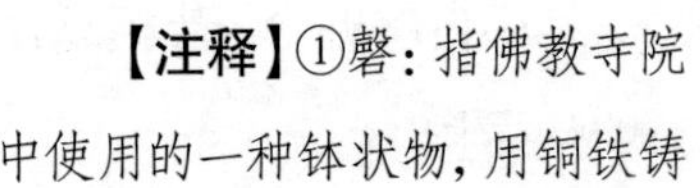
【注释】①磬：指佛教寺院中使用的一种钵状物，用铜铁铸成，既可作念经时的打击乐器，也可敲响来集合寺众。②云板：指佛教的法器名，是用铁铸成云彩状的板，通过敲击来报时。

【译文】铸造铁钟的模具不需要耗费太多的牛油和黄蜡，先用土和泥做成外模，从中间剖开，分成左右两部分或者上下两段，用子母口的方式承接咬合起来，文字、图案反刻在内壁上。内模的尺寸要做得比外模稍微小一些，以使内模和外模之间留有一些空间，这个空间的大小是通过精确的计算得出来的。外模的内壁上雕刻文字、图案等的反体后，抹上牛油，使之光滑，以免浇铸时粘模。然后将外模扣在内模上，用泥将内外模接合处的缝隙封堵严密，就可以注入铁汁进行浇铸了。铸造大型的磬、云板的方法也都与此类似。

釜

凡釜，储水受火，日用司命系焉。铸用生铁或废铸铁器为质，大小无定式，常用者径口二尺为率，厚约二分。小者径口半之，厚薄不减。其模内外为两层，先塑其内，俟久日干燥，合釜形分寸于上，然后塑外层盖模。此塑匠最精，差之毫厘则无用。

【译文】往锅里倒一些水，用火来烧水烧饭，与我们的日常生活息息相关。铸造铁锅时选用生铁或者废旧铸铁器具为原料，锅的大小没有固定模式，常用的锅口径大概二尺为准，厚度大约二分。小锅的口径大概要小一半，厚度不减。锅的模具分为内外两层，首先塑造内模，待到过一些时日干燥后，在此基础上根据锅的形状和尺寸计算出外模的形状和尺寸，然后塑造外层的盖模。这是塑造模具的工匠所做的最精细的工作，稍微差出一毫一厘，模具就报废了。

模既成就干燥，然后泥捏冶炉，其中如釜，受生铁于中。

其炉背透管通风，炉面捏嘴出铁。一炉所化约十釜、二十釜之料。铁化如水，以泥固纯铁柄杓从嘴受注。一杓约一釜之料，倾注模底孔内，不俟冷定，即揭开盖模，看视罅绽未周之处。此时釜身尚通红未黑，有不到处即浇少许于上补完，打湿草片按平，若无痕迹。

铸 釜

【译文】模具做成并干燥后，然后用泥捏冶炼的熔炉，熔炉的中空部分像锅一样，把生铁放在里面。熔炉的后面接通风管通风，熔炉的正面捏出一个嘴来用来出铁水。一个熔炉所化的铁水大概可以作为铸造十口至二十口锅的原料。生铁熔化成水样后，用涂上泥的带柄铁勺从炉嘴接铁水。一勺铁水大概就是铸造一口锅的原料，倾注到模具底部的孔眼中，不需要等到冷却就打开外层的盖模，察看有没有缝隙、缺损或不周全的地方。此时锅身还通红没有变黑，有铸得不到位的地方就再往上面浇少量铁水填补完整，用打湿的草片按压平整，使其看不出修补的痕迹。

凡生铁初铸釜，补绽者甚多，唯废破釜铁熔铸，则无复隙漏。（朝鲜国俗：破釜必弃之山中，不以还炉。）凡釜既成后，试法以轻杖敲之。响声如木者佳，声有差响，则铁质未熟之故，他日易为损坏。海内丛林大处，铸有千僧锅者，煮糜受米二石，此直痴物云。

【译文】用生铁初次铸锅，需要修补有缺损的部位会很多，只有用废掉的破铁锅来熔化铸造，才不会再有缝隙纰漏。（朝鲜国的风俗，破锅一定要丢弃到山里，不再回炉重铸。）锅铸好以后，检验的方法是用轻质的木棍轻轻敲击。响声如同木质的最好，如果响声混杂，就说明铁的质地还没有冶炼纯熟，日后使用时就容易损坏。国内的大型寺院中，铸有千僧锅，一次可以把二石米煮成粥，这简直是非常笨重的器具了。

像、炮、镜

像：凡铸仙佛铜像，塑法与朝钟同。但钟鼎不可接，而像则数接为之，故写时为力甚易。但接模之法，分寸最精云。

【译文】铸造圣像：一般铸造道教和佛教的铜像，塑造铸模的方法与朝钟相同。但是钟和鼎不可以拼接，但是铸造圣像则可以由几部分拼接而成，所以浇铸铜液的操作会很容易。但是拼接模具的方法是需要掌握最精准的分寸。

炮：凡铸炮，西洋[①]、红夷[②]、佛郎机[③]等用熟铜[④]造，信炮[⑤]、短提铳[⑥]等用生、熟铜兼半造，襄阳、盏口、大将军、二将军⑦等用铁造。

【注释】①西洋：西洋炮，熟铜铸，圆形，如铜鼓。②红夷：旧称荷兰，明代称西洋制造的大炮为“红夷炮”。身长一丈，守城用。③佛郎机：法兰西的另一译名，明代泛指葡萄牙和西班牙，所以称其所制火炮为“佛郎机炮”，水战舟头用。④熟铜：生铜较脆，只宜铸造。而熟铜是经过精炼可供锤锻的铜。⑤信炮：也叫信号炮。一指军事行动中，按事先约定鸣放的信号炮；二指按时所放的炮。旧时官署按时放炮，使远近皆知，以便计时。如报晓炮、午时炮等。参阅《清通志·职官五》。⑥短提铳：明代一种手持的枪，长一尺多。⑦襄阳、盏口、大将军、二将军：指明朝前期，军器局和兵仗局铸造的四种火炮。襄阳炮又名西域炮、巨石炮，是元朝攻打襄阳时所用的炮，因襄阳一战而成名，故称“襄阳炮”；盏口炮是元代和明初的一种轻型火炮；大将军炮是古代一种大型机械抛射类兵器，生铁铸造，威力较大；二将军炮属于“竹节炮”中的一种，因炮身多箍，像竹节而得名。

【译文】铸造火炮：说到铸造火炮，西洋炮、红夷炮、佛郎机炮等用熟铜为原料铸造；信号炮、短提铳等用生铜和熟铜各一半的配比来铸造；襄阳炮、盏口炮、大将军炮、二将军炮等用铁铸造。

镜：凡铸镜模用灰沙，铜用锡和（不用倭铅①）。《考工记》亦云：“金锡相半，谓之鉴、燧之剂。”开面成光，则水银附体而成，非铜有光明如许也。唐开元宫中镜，尽以白银与铜等分铸成，每口值银数两者以此故。朱砂斑点乃金银精华发现（古炉有入金于内者）。我朝宣炉亦缘某库偶灾，金银杂铜锡化作一团，命以铸炉（真者错现金色）。唐镜、宣炉皆朝廷盛世物也。

【注释】①倭铅：古代对金属锌的称呼。

【译文】铸造铜镜：一般铸造铜镜的模具用草木灰和细沙土混合做成，铜镜用铜和锡合成（不用锌）。《考工记》中也说："铜和锡各占一半的配比，是制作显像的镜子（平面镜）和取火的镜子（凹面反射镜）的原料。"镜面能够反光，是因为镜子上附着了一层水银的缘故，并非铜材自身就有如此的光泽。唐朝开元年间（713—741），皇宫中的镜子全都是用白银与铜各占一半的配比铸成的，因此每面镜子价值好几两白银。镜面上有类似朱砂色的斑点，这是含有金银成分的表现（古代铸香炉时，有时会往原料中加入黄金）。我朝（明朝）的宣德炉也是源于某仓库偶然遭遇火灾，导致库中的金、银、铜、锡混杂熔化成一团，后来得到授命，用这个混合的原料铸造了宣德炉（真品的宣德炉隐隐闪现金色）。唐代的铜镜、明代的宣德炉都是朝廷鼎盛时期的产物。

钱 附：铁钱

凡铸铜为钱以利民用。一面刊国号通宝四字，工部[①]分司主之。凡钱通利者，以十文抵银一分值。其大钱当五、当十，其弊便于私铸，反以害民，故中外行而辄不行也。凡铸钱每十斤，红铜居六七，倭铅（京中名水锡）居四三，此等分大略。倭铅每见烈火必耗四分之一。我朝行用钱高色者，唯北京宝源局黄钱与广东高州[②]炉青钱（高州钱行盛漳、泉路），其价一文敌南直[③]、江浙等二文。黄钱又分二等，四火铜所铸曰金背钱，二火铜所铸曰火漆钱[④]。

【注释】①工部：古代官署名。汉代有民曹，魏晋有左民、起部，隋唐因北周工部旧名总设工部，为六部之一，掌管各项工程、工匠、屯田、水利、交通等政令，长官为工部尚书。历代相沿不改。清末改为农工商部。②高州：指广东省高州市，属县级市，由茂名市代管。③南直：南直隶的简称，与今江苏省、安徽省以及上海市，此二省一市相当。④“黄钱又分二等”三句：纯铜与炉甘石合炼得出的锌合金称为黄铜，用炉甘石点化纯铜为黄铜的工艺就称之为一火，二火就是点化两次，四火就是点化四次。点化的次数越多里面含锌的比例也就越大。金背钱是用四火铜铸造的，在钱币的背面刷了一层如同黄金一样的铜粉或者铜液；火漆钱没有比较准确的史料记载，通过文字描述很有可能就是用一种药料进行火熏使之变成黑色。加这些特殊工艺一是为了防止造假，二是兑换白银的比例也不同。

【译文】把铜铸成钱币，以便于百姓流通使用。钱币的一面印有“国号通宝（例如永乐通宝）”四个字，工部有专门的分管部门主管此事。一般流通的钱币，以十文铜钱抵一分白银的价值。那些可以相当于五分、十分白银的大额钱币，弊端在于容易伪造，这反而危害百姓，所以中央和地方发行后，又不再流通了。一般每铸造十斤钱币，红铜（纯铜）占六斤或七斤，锌（京城中又叫水锡）占四斤或三斤，这是大致的配比。锌每次在用烈火熔化时必定损耗四分之一。我朝（明朝）发行流通的钱币成色比较高的，只有北京宝源局的黄钱和广东高州炉铸的青钱（高州的铜钱在福建漳州、泉州地区流通），其面值一文抵南京操江局和浙江铸造局铸的二文。黄钱又分为两个等级，用四火铜所铸的铜钱叫金背钱，用二火铜所铸的铜钱叫火漆钱。

凡铸钱熔铜之罐，以绝细土末（打碎干土砖妙）和炭末为之。（京炉用牛蹄甲，未详何作用。）罐料十两，土居七而炭居三，以炭灰性暖，佐土使易化物也。罐长八寸，口径二寸五分。一罐约载铜、铅十斤，铜先入化，然后投［倭］铅，洪炉扇合，倾入模内。

【译文】铸造钱币时，熔化铜的坩埚，是用捣碎并筛过的最细的土粉末（用敲碎的干土砖做最好）和木炭粉末混合做成的。（京城的坩埚还加有牛蹄甲，不清楚起什么作用。）如果坩埚的原料需要十两，土粉末占七两，木炭粉末占三两，因为木炭灰是暖性的，与土混合可以使铜更容易熔化。坩埚高八寸，口径二寸五分。一锅大概可以放入铜、锌十斤。先将铜放进去熔化，然后再投入锌，给大炉子鼓风加大火力，将熔化的铜锌混合液体倾注到钱币的模具中。

凡铸钱模以木四条为空匡（木长一尺二寸，阔一寸二分）。土炭末筛令极细填实匡中。微洒杉木炭灰或柳木炭灰于其面上，或熏模则用松香与清油。然后以母钱百文（用锡雕成），或字或背布置其上。又用一匡如前法填实合盖之。既合之后，已成面、背两匡，随手覆转，则母钱尽落后匡之上。又用一匡填实，合上后匡，如是转覆，只合十余匡，然后以绳捆定。其木匡上弦原留入铜眼孔，铸工用鹰嘴钳，洪炉提出熔罐。一人以别钳扶抬罐底相助，逐一倾入孔中。冷定解绳开匡，则磊落百文如花果附枝。模中原印空梗，走铜如树枝样，挟出逐一摘断，以待磨锉成钱。凡钱先错边沿，以竹木条直贯数百文受锉，后锉平面，则逐一为之。

铸钱

【译文】做铸钱币的模具，先用四根木条做一个空框（木条长一尺二寸，宽一寸二分）。把细土粉末和木炭粉末用极细的筛子筛出后，和成泥填实在框中。上面稍洒一些杉木炭灰或柳木炭灰，或者如果要熏模具，就用燃烧松香和植物油产生的烟来熏。然后用锡雕刻成一百个母钱（钱模），把有字的正面或无字的背面排列摆放在框架中。再用一个木框按上述方法用细土粉末和木炭粉末混合填实，对准之前的木框扣盖在上面。扣盖上之后，就形成了正面、背面的两个框模，顺手翻转一下，母钱（钱模）就全都落在了后面这个框架上。再用一个木框按上述方法填实，对准第二个框架，扣盖上去，这样重复用填实的木框对准扣盖，只需要做十几个框模就可以了，然后用绳把框模捆绑固定。制作木框时上边提前预留出注入铜液的孔眼，铸工用鹰嘴钳把熔化铜液的坩埚从大炉子中取出来，另一个人用另外一个铁钳扶托着坩埚底部相助，逐一将铜液倾注到模具的孔眼中。等到冷却后解开绳子，打开框模，就会看到排列整齐的一百文铜钱如同花果附着在树枝上。模具中铜液顺着流走的通路，冷却后如同树枝一般，将其夹出来，将钱逐一摘下，以待后续磨锉成钱币。一般磨锉钱币时，先锉侧面的边沿，用竹条或木条把几百个铜钱一起串起来磨锉，然后磨锉平面时就需要逐个磨锉修整了。

锉 钱

凡钱高低以［倭］铅多寡分，其厚重与薄削则昭然易见。

［倭］铅贱铜贵，私铸者至对半为之。以之掷阶石上，声如木石者，此低钱也。若高钱铜九铅一，则掷地作金声矣。凡将成器废铜铸钱者，每火十耗其一。盖铅质先走，其铜色渐高，胜于新铜初化者。若琉球诸国银钱，其模即凿锲铁钳头上。银化之时入锅夹取，淬于冷水之中，即落一钱其内，图并具右。

【译文】铜钱的成色的高低等级按含锌量的多少来区分。钱币是厚重还是薄轻就很容易分辨出来。因为锌便宜铜贵，私铸钱币的人甚至会将铜和锌按各一半的配比来铸造。将钱币投掷到石阶上，如果响声像木头或石头投掷到地上的声音，说明这就是成色低的钱币。如果是铜占九成、铅占一成的成色高的钱币，投掷到地上就会发出金属掷地的声响。如果用废旧的铜器铸造钱币，每熔化一次就会损耗十分之一。因为锌的成分会先流失，铜的成色就会逐渐升高，所以胜过用新铜和锌初次熔化铸造的钱币。至于琉球各国的银质钱币，钱模就凿刻在铁钳头上。把白银熔化后，把铁钳头放入坩埚中夹取银水，然后放到冷水中淬火，就会有一枚银币落入水中，见图示。

倭国造银钱

铁钱：铁质贱甚，从古无铸钱。起于唐藩镇[1]魏博诸地。铜货不通，始冶为之，盖斯须之计也。皇家盛时，则冶银为豆；杂伯衰时，则铸铁为钱。并志博物者感慨。

【注释】①藩镇：唐代中期在边境和重要地区设节度使，掌管当地军政，后来权力逐渐扩大，兼管民政、财政，形成军人割据，常与朝廷对抗，历史上叫作藩镇。

【译文】铸造铁钱：铁原料非常便宜，自古以来一般不用来铸造钱币。铁质钱币起源于唐朝的藩镇魏博（治所在今河北大名县东北）等地。因为当时那里买不到铜原料，就开始用铁冶炼铸造钱币，大概也是暂时替代一下吧。王朝兴盛的时候，皇宫中就把白银冶炼成银豆，撒在地上，让宫女、宦官去抢，以此取乐；王道掺杂着霸道而衰落时，却用铁来铸造钱币。在此同时将此史料记录下来，让见多识广的人有所感慨吧。

舟车第九

宋子曰：人群分而物异产，来往贸迁以成宇宙。若各居而老死，何藉有群类哉？人有贵而必出，行畏周行[①]；物有贱而必须，坐穷负贩。四海之内，南资舟而北资车。梯航[②]万国，能使帝京元气充然。何其始造舟车者不食尸祝之报也。浮海长年，视万顷波如平地，此与列子所谓御泠风[③]者无异。传所称奚仲[④]之流，倘所谓神人者，非耶！

【注释】①行畏周行：周行，四处旅行，周游天下。古时出行不便，困于路途之险远，故曰畏。②梯航：梯指登行山梯，航指航于海上。梯航泛指旅途艰难。③泠（líng）风：泠，清凉。典出《庄子·逍遥游》："列子御风而行，泠然善也。"御泠风，即驾风而行。④奚仲：夏朝时发明家，号为"车神"，发明了马车，为初始造车者。典出《淮南子·修务训》记载。

【译文】宋子说：人居各地，物产四方，相互来往、通商贸易，构成了熙熙攘攘的社会。如果老死不相往来，凭借什么构成人类的文明呢？人有高贵者，但必须外出，不过担心出行不便；物有廉价者，却是生活所必需，由于缺乏而需要贩运。四海之内，都要借助于交通工具。在中国，南方依靠船只，北方凭借车辆，翻山越海、贸易往来，因此京都兴旺昌盛，欣欣向荣。为何最初造车船的人，却得不到后人的祭祀呢？船员长年渡海，视万顷波涛如平地，这与列子乘风而行毫无差别。经传上记载的创始车辆的奚仲之流，如果将其尊为圣人，也恰如其分，未尝不可。

舟

舟：凡舟古名百千，今名亦百千，或以形名（如海鳅、江鳊、山梭之类），或以量名（载物之数），或以质名（各色木料），不可殚述。游海滨者得见洋船，居江湄者得见漕舫[1]。若局趣山国之中，老死平原之地，所见者一叶扁舟、截流乱筏而已。粗载数舟制度，其余可例推云。

【注释】①漕舫：供漕运用的大型船只。明代，称把南方大米通过运河运到北京的运粮船为“漕舫”。

【译文】舟船的名称，古今都有百千种。或按外形命名（比如海鳅船、江鳊船、山梭船之类），或以载重量命名（载物数量），或以造船材料命名（各种木料），不可尽述。沿海地区的居民可以看到洋船，住在江边的人可看到漕舫（漕船）。假设局限于山野之中，老死在平原之地，所见的不过一叶扁舟、截流竹筏而已。以下略载几种船的形式，其余可以此类推。

漕舫

凡京师为军民集区，万国水运以供储，漕舫所由兴也。元朝混一，以燕京为大都。南方运道由苏州刘家港、海门黄连沙开洋，直抵天津，制度用遮洋船。永乐间因之。以风涛多险，后改漕运。平江伯陈某，始造平底浅船，则今粮船之制也。

【译文】在京都，军民聚集，人口众多，各地通过水运将物资运来供应首都需要，漕舫因此兴起。元朝统一全国后，以北京为京都，由南向北的航道，是从苏州刘家港或海门的黄连沙出发，沿海路直抵天津，使用的是遮洋船。明朝的永乐年间（1403—1424）因循沿用，因海上风涛浪大常有险情，而后来改为漕运。明成祖时期的陈瑄，被封为“平江伯”，开始制造平底浅船，这就是现在粮船的形式。

凡船制，底为地，枋为宫墙，阴阳竹①为覆瓦；伏狮②，前为阀阅③，后为寝堂；桅为弓弩弦，篷为翼；橹为车马；篙纤④为履鞋；绛索⑤为鹰雕筋骨；招为先锋，舵为指挥主帅；锚为扎军营寨。

【注释】①阴阳竹：船室上面的顶棚。所谓阴阳，是将竹一破为二，以代屋瓦。凹部向上者称阴，凹部向下者称阳，凸凹搭接，合称“阴阳竹”。②伏狮：指船头或船尾顶部的大横木。③阀阅：即伐阅。世宦门前旌表功绩的柱子。④簟纤（tán qiàn）：簟缱。即拉船索。⑤绛（yù）索：系锚缆绳。绛：长。

【译文】漕船的构造，船底相当于房屋地面，船枋相当于四壁，船的阴阳竹类似屋瓦；船头伏狮类似房的前门，船尾的伏狮类似寝室；如果说船桅像弓弩的弦，那么船帆便像弓弩的翼；船桨类似拉车的马，拉船索好比鞋子；系锚粗缆类似鹰雕的筋骨；船头的大桨类似开路的先锋，尾舵类似指挥的主帅；锚是安营扎寨时用的。

漕舫

粮船初制，底长五丈二尺，其板厚二寸。采巨木，楠木为上，栗次之。头长九尺五寸，梢[1]长九尺五寸；底阔九尺五寸，底头阔六尺，底梢阔五尺；头伏狮阔八尺，梢伏狮阔七尺。梁头[②]一十四座。龙口梁阔一丈，深四尺；使风梁阔一丈四尺，深三尺八寸；后断水梁阔九尺，深四尺五寸；两厩共阔七尺六寸。此其初制，载米可近两千石（交兑每只止足五百石）。后运军造者，私增身长二丈，首尾阔二尺余，其量可受三千石。而运河闸口原阔一丈二尺，差可度过。凡今官坐船，其制尽同，第窗户之间，宽其出径，加以精工彩饰而已。

【注释】①梢：通“艄”，指船尾。②梁头：或叫横木、大梁，其横贯船身，起到架设两侧船壁的作用。

【译文】粮船初制时，船底长五丈二尺，底板厚二寸。以粗大的楠木为上料，其次是栗木。船头船尾皆长九尺五寸。船底的宽也是九尺五寸，船底头部宽六尺，船尾宽五尺；船头伏狮宽八尺，船尾的伏狮宽七尺。船上有大梁有十四根。船头附近的龙口梁长一丈，高四尺；树中桅的使风梁长一丈四尺，高三尺八寸；船尾部的后断水梁长九尺，高四尺五寸；船楼两旁的通道共阔七尺六寸。此即最初的制船标准，每船运粮可达两千石（交兑时每只船五百石即可）。后来，漕运军造的船私自把船身增长二丈，首尾增宽二尺多，容量增加到可载粮三千石。而运河闸口原宽一丈二尺，此船勉强才能通过。现在官吏用船，形式与此一样，唯有门窗有些加大，并加以精工彩饰，显出了舒适豪华。

凡造船先从底起，底面傍靠墙，上承栈，下亲地面。隔位列置者曰梁。两傍峻立者曰墙。盖樯巨木曰正枋，枋上曰弦。梁前竖桅位曰锚坛，坛底横木夹桅本者曰地龙，前后维曰伏狮，其下曰拏狮，伏狮下封头木曰连三枋。船头面中缺一方曰水井（其下藏缆索等物）。头面眉际树两木以系缆者曰将车柱。船尾下斜上者曰草鞋底，后封头下曰短枋，枋下曰挽脚梁，船梢掌舵所居，其上者野鸡篷。（使风时，一人坐篷巅，收守篷索。）

【译文】造船先造船底，船底两侧紧挨着拖泥板，拖泥板上面承接中栈板，下面贴近船底。相隔一定距离横贯船身的木头叫梁。梁两头是出水栈板。盖在出水栈上面的大方柱木叫正枋，正枋上面的栈板叫弦。使风梁前竖立桅杆的部位叫锚坛，锚坛底下的横木用以夹住桅杆的叫地龙。船前后都有连接船壁的横木叫伏狮，伏狮下面两侧之木叫拏狮。伏狮下由三根木串连成的搪浪板叫连三枋。船头甲板中部空开一个方形舱口叫作“水井”（下面装缆绳等杂物）。船头甲板两边树起系缆绳用的两木桩叫将军柱，船尾部由下向上倾斜的船壁叫草鞋底，船尾封尾木下面是短枋，枋下是挽脚梁，船尾掌舵者所在地称为野鸡篷。（使风扬帆时，一个坐在篷顶，对帆索进行收放。）

凡舟身将十丈者，立桅必两，树中桅之位，折中过前二位，头桅又前丈余。粮船中桅长者以八丈为率，短者缩十之一二。其本入舱内亦丈余，悬篷之位约五六丈。头桅尺寸则不及中桅之半，篷纵横亦不敌三分之一。苏、湖六郡运米，其船多过石瓮桥下，且无江汉之险，故桅与篷尺寸全杀。若湖广、江西省舟，则过湖冲江无端风浪，故锚、缆、篷、桅必极尽制度而后无患。凡风篷尺寸，其则一视全舟横身，过则有患，不及则力软。

【译文】船身将近十丈，就要立两根桅杆。树立中桅的部位，是在船中央再朝前两个梁位处，头桅又比中桅朝前一丈多。粮船的中桅桅杆长的八丈，短的缩小十分之一二。桅身入舱部分长一丈有余，挂帆的部位约占去五六丈。船头桅杆的尺寸不及中桅之半，头桅帆的幅度也不到中桅帆的三分之一。苏州、湖州（今吴兴）六郡运来的米，粮船多数要经过石拱桥下，且无长江、汉水之险，所以桅、帆的尺寸都可缩减。如果驶船经过湖北、湖南、江西等省，则过江河时会突起风浪，所以船锚、缆绳、帆、桅等都要严格按照尺寸要求才无后患。风帆尺寸要根据船的宽度，尺寸大则有危险，尺寸不足则风力弱。

凡船篷，其质乃析篾成片织就，夹维竹条，逐块折叠，以俟悬挂。粮船中桅篷，合并十人力方克凑顶，头篷则两人带之有余。凡度篷索，先系空中寸圆木关捩[①]于桅巅之上，然后带索腰间缘木而上，三股交错而度之。凡风篷之力，其末一叶，敌其本三叶。调匀和畅。顺风则绝顶张篷，行疾奔马；若风力洊[②]至，则以次减下。（遇风鼓急不下，以钩搭扯。）狂甚，则只带一两叶而已。

【注释】①捩（liè）：扭转，转动。②洊（jiàn）：古同“荐”，再，屡次，接连。

【译文】船帆的材料由篾片编织而成，用绳穿起竹片，逐块折叠，然后悬挂。粮船的中桅帆，合并十人之力才能升至桅顶，船头帆只需两人便可。挂帆绳时，先将一寸粗圆木，使之中空做成滑轮，然后系在桅杆顶，再将绳索带在腰间缘木而上，把三股绳交错穿过滑轮。风帆最上面一叶所受的风力相当于下面的三叶。将风帆调整好，顺风时，把帆全部扬起来，则船速快如奔马；若风力接连增大，则依次减少张开的帆叶。（遇到大风，帆叶鼓得厉害，降不下时，可用搭钩扯下帆叶）。风猛时，只张一二叶帆就足够使用。

凡风从横来，名曰抢风。顺水行舟，则挂篷“之”“玄”游走。或一抢向东，止寸平过，甚至却退数十丈；未及岸时，捩舵转篷，一抢向西。借贷水力兼带风力轧下，则顷刻十余里。或湖水平而不流者亦可缓轧。若上水舟则一步不可行也。凡船性随水，若草从风，故制舵障水使不定向流，舵板一转，一泓从之。

【译文】横向吹来的风，也可行船，叫“抢风”。顺水行船，则升帆按“之”字或“玄”字形曲折航行。船抢风向东时，可能平过对岸，甚至后退数十丈；船还未到对岸，便立刻转舵调帆，把船抢向西驶。借着水力和风力的相抵，船斜向前进，很快航行十余里。如湖水不流，也可以缓慢地逆风行船。倘若逆水行船，又是逆风，就一步也不可行了。船顺水航行，如草随风动，因此要用舵来拦水，使其不定向流动，舵板一转，就会引起一股水流顺从其方向流动。

凡舵尺寸，与船腹切齐。若长一寸，则遇浅之时，船腹已过，其梢尾舵使胶住，设风狂力劲，则寸木为难不可言；舵短一寸，则转运力怯，回头不捷。凡舵力所障水，相应及船头而止，其腹底之下，俨若一派急顺流，故船头不约而正。其机妙不可言。舵上所操柄，名曰关门棒，欲船北则南向捩转，欲船南，则北向捩转[①]。船身太长而风力横劲，舵力不甚应手，则急下一偏披水板[②]以抵其势。凡舵用直木一根（粮船用者围三尺，长丈余）为身，上截衡受棒，下截界开衔口，纳板其中，如斧形，铁钉固拴，以障水。梢后隆起处，亦名舵楼。

【注释】①“凡舵力所障水”一段：舵是船只驾驶时用来掌握前进方向的装置，多为圆轮状位于船尾。船头若要向左转，尾舵则先要向左转，水流冲激舵面而产生舵压。舵压本身不大，但它距船的转动中心较远，所以形成的转动力矩较大，能使船头转向。②披水板：又称腰舵，装在船舷两侧。其功用是增加水的阻力，使船不发生偏航。逆风行船时，轮流将下风一侧的披水板放入水中，以减少船舶偏航。由于装备了披水板，帆、舵和披水板的巧妙配合，使船舶有全风向航行的能力。

【译文】舵的尺寸与船底平齐。舵长出一寸，如当遇到水浅处，船底已过，而船尾的舵却容易被卡住，若风狂力大，则一寸之木造成的困难就难以描述了；但舵若比船底短一寸，则转动力小，船掉头迟钝。舵板所挡的水，相应地流到船头为止，船底下的水俨然是急顺流，所以船头就能跟着舵自然而然地转到需要的方向。其中的玄机妙不可言。舵上的操纵杆名叫关门棒，想要船头向北，则将其南向而转；想船头向南，则将其北向而转。如船身太长，而横风又太猛，舵力不尽如人意，就要急放一块披水板，以抵消风势。船舵用直木作舵身（粮船用的直木围三尺、长一丈多），舵上部凿横孔插进关门棒，下部锯开接口，以装上斧形的舵板，再用铁钉钉牢，便可挡水了。船尾高隆之地，也叫舵楼。

凡铁锚所以沉水系舟。一粮船计用五六锚，最雄者曰看家锚，重五百斤内外，其余头用二枝，梢用二枝。凡中流遇逆风不可去又不可泊（或业已近岸，其下有石非沙，亦不可泊，惟打锚深处），则下锚沉水底，其所系绊缠绕将军柱上，锚爪一遇泥沙扣底抓住，十分危急则下看家锚。系此锚者名曰本身，盖重言之也。或同行前舟阻滞，恐我舟顺势急去有撞伤之祸，则急下梢锚提住，使不迅速流行。风息开舟，则以云车绞缆提锚使上。

【译文】铁锚的作用，是沉水系舟。一艘粮船，有五六个铁锚，最大的叫“看家锚”，重五百斤左右，其余船头用两个锚，船尾也用两个锚。船在中流遇上逆风，不可进、又不能靠岸停泊时（或已靠岸，但水底有石头而不是沙土，也不能泊船，只有抛锚深处），就要把锚沉于水底。系锚的长绳缠在将军柱上，锚爪一遇泥沙就会扎底抓牢。情况十分危急时，必须下看家锚，系住这个锚的缆索称为“本身”（喻为我的身家性命），说明其重要性。有时同一航向的船挡路，恐我船顺势急去，发生撞伤之祸，就须急下船尾锚拖住（类似机动车踩刹车），使之不得快速行驶。风息浪静，打算开船，则要用云车绞缆绳将锚提上来。

凡船板合隙缝，以白麻斫絮为筋，钝凿扱[①]入，然后筛过细石灰，和桐油舂杵成团调艌[②]。温、台、闽、广即用砺灰。凡舟中带篷索，以火麻秸（一名大麻）绹绞。粗成径寸以外者，即系万钧不绝。若系锚缆，则破析青篾为之。其篾线入釜煮熟，然后纠绞。拽缱簟[③]，亦煮熟篾线绞成，十丈以往，中作圈为接驱[④]，遇阻碍可以掐断。凡竹性直，篾一线千钧。三峡入川上水舟，不用纠绞簟缱，即破竹阔寸许者，整条以次接长，名曰火杖。盖沿崖石棱如刃，惧破篾易损也。

【注释】①扱（chā）：古同“插”，把尖物挤入他物中，此处有塞进去、挤进去之意。②艌（niàn）：桐油和石灰搅拌均匀后，用以填补船缝。③簟（tán）：拉船的纤索。④驱（kōu）：环。

【译文】至于弥合船板的缝隙，则剁碎白麻絮做成麻筋，用钝凿将麻筋塞进隙缝，然后把细石灰筛过，与桐油捣成团，再补船缝。浙江温州、台州（今临海）与福建、广东一带，都用牡蛎壳灰代替石灰。船上系船帆的绳索用火麻（也叫大麻）茎缠绞而成，一寸粗的绳索，即使系住万斤也能承受。系锚的缆绳，用竹篾煮过后再进行缠绞而成。拉船的纤绳也是将篾条煮熟后缠绞成的，每十丈长就要做圈当作接环，遇阻碍时可以掐断。竹的特性是纵向拉力强，一条篾绳可承受很大拉力。过三峡进入四川的行船，不用缠绞的纤绳，直接破竹，使之成为一寸多宽的竹条，递次连接，叫作火杖。因为沿岸山上的石棱有如利刃，担心篾绳易于损坏。

凡木色，桅用端直杉木，长不足则接，其表铁箍逐寸包围。船窗前道，皆当中空阙，以便树桅。凡树中桅，合并数巨舟承载，其末长缆系表而起。梁与枋墙用楠木、槠木、樟木、榆木、槐木（樟木春夏伐者，久则粉蛀）。栈板不拘何木。舵杆用榆木、榔木、槠木。关门棒用椆木、榔木。橹用杉木、桧木、楸木。此其大端云。

【译文】造船采用的木料，桅杆用端直的杉木，不够长度则进行连接，外表再用铁箍逐寸包紧。船楼前要有足够的空地，以便架立桅杆。树立中桅时，要合并几条大船来承载，桅杆末端系以长绳并吊起。船梁、枋墙用楠木、槠木、樟木、榆木、槐木（在春夏砍伐的樟木，放久会虫蛀）皆可，栈板则不限于任何木料。但舵杆则必用榆木、榔木、槠木。关门棒则用椆木、榔木。船桨用杉木、桧木、楸木。用木料的情形，大致如此。

海 舟

凡海舟，元朝与国初运米者曰遮洋浅船，次者曰钻风船（即海鳅）。所经道里，止万里长滩[①]、黑水洋、沙门岛等处，苦无大险。与出使琉球、日本暨商贾爪哇、笃泥等舶制度，工费不及十分之一。凡遮洋运船制，视漕船长一丈六尺，阔二尺五寸，器具皆同，唯舵杆必用铁力木，艌灰用鱼油和桐油，不知何义。凡外国海舶制度大同小异，闽、广（闽由海澄开洋，广由香山岙）洋船，截竹两破排栅，树于两傍以抵浪。登、莱制度又不然。倭国海舶两傍列橹手栏板抵水，人在其中运力。朝鲜制度又不然。

【注释】①万里长滩：系元代海运地名。元、明时称从长江口至苏北盐城一带的浅水海域。具体位置在今江苏大丰县至如东县东黄海中。现在大丰县水面已成陆地。

【译文】凡是海船，元朝、明初运粮的叫遮洋浅船，较小的叫钻风船（即海鳅船）。所经过的航道只限于万里长滩、黑水洋及沙门岛等处，都没有大的风险。这类船与出使琉球、日本及去爪哇、笃泥等经商所用的船相比，所需工费不到十分之一。遮洋船比漕船长出一丈六尺、宽出二尺五寸，其他器具相同，只是舵杆须用铁力木，填充船缝要用鱼油拌和桐油，原因不详。外国海船与此大同小异。福建、广东（福建是从海澄开航，广东从香山岙）的洋船把竹破成两半编成排栅，放在船的两旁抵挡海浪。山东登州（今蓬莱）、莱州（今莱州市）的海船形式，又不一样。日本海船两旁排列的桨，起挡水的栏板作用，人在船的两侧用力划桨。朝鲜海船形制也有不同之处。

至其首尾各安罗经盘以定方向，中腰大横梁出头数尺，贯插腰舵，则皆同也。腰舵非与梢舵形同，乃阔板斫成刀形，插入水中，亦不捩转，盖夹卫扶倾之义。其上仍横柄拴于梁上，而遇浅则提起，有似乎舵，故名腰舵也。凡海舟以竹筒贮淡水数石，度供舟内人两日之需，遇岛又汲。其何国何岛合用何向，针指示昭然，恐非人力所祖。舵工一群主佐，直是识力造到死生浑忘地，非鼓勇之谓也。

【译文】海船的首尾各安装罗经盘以确定航向，船中腰的大横梁伸出船外数尺，供穿插腰舵之用。海船制造大致相同。腰舵不和船尾舵形状一样，是阔板斫成刀形插入水中，并不转动，作用是防止船身倾斜。其上有横柄拴于梁上，遇浅水就将其提起，似乎有点像舵，故名腰舵。海船上有竹筒贮存淡水数石，约供船上两日之需，遇到岛屿就补充。船行至何国何岛该用什么航向，罗经盘有指针，都昭然指示出来，恐非人力所能效法。舵手们相互配合操纵海船，其见识与魄力高超，能置生死于度外，并非凭一时鼓足勇气所能做到的。

杂 舟

江、汉课船①。身甚狭小而长，上列十余仓，每仓容止一人卧息。首尾共桨六把，小桅篷一座。风涛之中恃有多桨挟持。不遇逆风，一昼夜顺水行四百余里，逆水亦行百余里。国朝盐课淮扬数颇多，故设此运银，名曰课船。行人欲速者亦买之。其船南自章、贡，西自荆、襄，达于瓜、仪而止。

【注释】①课船：官府装运税银用的船只，文中尤其指应用于明代在长江和汉水上运送税银的内河船只。

【译文】长江、汉水一带的课船。船身狭小修长，上有十多个船舱，每舱只容一人休息。船首及尾部设有六个船桨，还有小桅帆一座。船在风浪中靠这些桨推动划行。如果不遇逆风，一昼夜可顺水航行四百余里，逆水也可行百里。明朝盐税因淮阳盐场的税银很多，所以设此船运输税银，称为课船。旅客要想抢速度，也乘坐此船。船行路线是：南自江西的章水、贡水，西自湖北的荆州（今江陵市）、襄阳（今襄樊市），到达江苏的瓜埠（今南京东北）、仪真（今仪征）为止。

六桨课船

三吴浪船。凡浙西、平江纵横七百里内尽是深沟小水湾环，浪船（最小者名曰塘船）以万亿计。其舟行人贵贱来往，以代马车。扉履舟[1]，即小者必造窗牖堂房，质料多用杉木。人物载其中，不可偏重一石，偏即欹侧，故俗名天平船。此舟来往七百里内，或好逸便者径买，北达通、津，只有镇江一横渡，俟风静涉过，又渡清江浦，溯黄河浅水二百里，则入闸河安稳路矣。至长江上流风浪，则没世避而不经也。浪船行力在梢后，巨橹一枝，两三人推轧前走；或恃缱簟；至于风篷，则小席如掌，所不恃也。

【注释】①屝（fèi）履舟：草鞋船。

【译文】三吴浪船。浙江西部到平江府（今苏州）之间，纵横七百里内，尽是深沟小水湾，浪船在上面行驶往来（最小的叫塘船），数量多得成千上万。乘船的人，地位高低都有，来往于各地，以代替车马或步行。这种“草鞋”船，即使是小船，也都要建造窗户和卧位，材料多用杉木。人与货物载入其中，船两侧的偏重不可超过一石，否则产生倾斜，所以俗称“天平船”。此船往来于七百里之间，有些图安逸省事的人，租浪船向北直达通州和天津。沿途只有到镇江时要横渡一次长江，等到江面风止时过江口，又渡过清江浦，沿黄河的浅水逆行二百里，进入大运河的闸口，此后的航行一路安稳。长江上游因风浪大，浪船永远不能去的。浪船的推进力在船尾，巨桨一支，由二三人共同摇动，使船前行；或靠纤绳牵拉而走；至于风帆，大小如掌，船的行进难以依靠它。

东浙西安船：浙东自常山至钱塘八百里，水径入海，不通他道，故此舟自常山、开化、遂安等小河起，钱塘而止，更无他涉。舟制：箬篷如卷瓮为上盖，缝布为帆，高可二丈许，绵索张带。初为布帆者，原因钱塘有潮涌，急时易于收下。此亦未然，其费似侈于篾席，总不可晓。

【译文】东浙西安船：浙江东部自常山到杭州的钱塘，流经八百里径直入海，不通别的航道。所以这种西安船从常山、开化、遂安等处的小河起航，到钱塘终止，无须改航。此船用箬竹编成的拱形棚作顶盖，缝布做帆，高二丈左右，以棉绳张帆。当初用布帆的船家，是因为钱塘有海潮涌来，紧急时易于收取。但也未必尽然，因其费用似乎比竹席高，里面总有难理解的道理。

福建清流、梢篷船①。其船自光泽、崇安两小河起，达于福州洪塘而止，其下水道皆海矣。清流船以载货物、客商。梢篷制大，差可坐卧，官贵家属用之。其船皆以杉木为地。滩石甚险，破损者其常，遇损则急舣向岸，搬物掩塞。船梢径不用舵，船首列一巨招，捩头使转。每帮五只方行，经一险滩，则四舟之人皆从尾后曳缆，以缓其趋势。长年即寒冬不裹足，以便频濡。风篷竟悬不用云。

【注释】①清流船：一种客货两用船，以闽西清流县地名命名。梢篷船：一种客货两用船，客舱建在船尾，船工在船首摇桨航行。

【译文】福建清流船、梢篷船。其船从光泽、崇安两县的小河开始，到达福州洪塘而止，其后的水道就是海路。清流船客货两用。梢篷船形状大，正好可供人坐卧，价格较高，都是富贵人家用的。这类船都以杉木做船底。沿途浅滩岩石甚为危险，船常破损，遇到船破便紧急靠岸，搬出货物并修补漏洞。船尾不用舵，而是在船首装一把叫“招”的巨桨，使船调转。此船要有五只结队航行，过险滩时，后面四只船的人都要上岸用缆索拉前面那只船，以减慢速度。船工一年到头赤足，以便涉水，寒冬也是如此。其风帆竟然悬挂而不用。

四川八橹等船。凡川水源通江、汉，然川船达荆州而止，此下则更舟矣。逆行而上，自夷陵入峡，挽缱者以巨竹破为四片或六片，麻绳约接，名曰火杖。舟中鸣鼓若竞渡，挽人从山石中闻鼓声而咸力。中夏至中秋川水封峡，则断绝行舟数月，过此消退，方通往来。其新滩等数极险处，人与货尽盘岸行半里许，只余空舟上下。其舟制腹圆而首尾尖狭，所以辟滩浪云。

【译文】四川八桨船等。四川的水源本来就和长江、汉水相通，但是四川的船，行至荆州（今湖北江陵）便停止，之后就要换船。要从反方向逆水去四川，从夷陵（今湖北宜昌市）进入三峡，须靠人工拉纤，拉纤者将巨竹破成四片或六片，用麻绳连接，称为火杖。船中敲鼓类似赛船，拉纤者在岸边听到鼓声一齐用力。中夏至中秋，川水上涨封峡，则会数月停船，此后江水消退，再通往来。在新滩（今湖北秭归）江面上，有几地极为危险，此时，人和货物都要在岸上移动半里左右，只剩空船在江中行驶。八桨船的形式是中间圆而首尾尖细狭小，以便在险滩劈波斩浪。

黄河满篷梢。其船自河入淮，自淮溯汴用之。质用楠木，工价颇优。大小不等，巨者载三千石，小者五百石。下水则首颈之际，横压一梁，巨橹两枝，两傍推轧而下。锚、缆、篷、帆，制与江、汉相仿云。

【译文】黄河满篷船。从黄河进入淮河，再从淮河逆行至河南汴水时用此船。用楠木造船，费用甚为昂贵。其船大小不等，大船载三千石，小者载五百石。顺水航行时，船头船身间横架一梁，梁上安两个巨桨，人在船两侧摇动此桨使船前进。其船锚、缆绳、纤绳及帆等形式，与长江、汉水上运行的船毫无二致。

广东黑楼船、盐船。北自南雄，南达会省，下此惠、潮。通漳、泉则由海汊乘海舟矣。黑楼船为官贵所乘，盐船以载货物。舟制：两傍可行走。风帆编蒲为之，不挂独竿桅，双柱悬帆，不若中原随转。逆流冯藉缱力，则与各省直同功云。

【译文】广东的黑楼船、盐船。北从广东南雄开始航行，南达广州，再到惠州、潮州（今潮安），都行这种船。由广东通往福建漳州、泉州时，就要在海道出海口改乘海船。乘黑楼船者皆是达官贵人，盐船则是运载货物。船两侧有通道，可以行人。风帆用蒲编织而成，此船不立独桅杆，而是用两根立柱悬帆，不像中原的船帆可以随意转动。假设逆流航行，须借纤绳之力，此与其余各省一模一样。

黄河秦船(俗名摆子船)。造作多出韩城。巨者载石数万钧,顺流而下,供用淮、徐地面。舟制:首尾方阔均等,仓梁平下,不甚隆起。急流顺下,巨橹两傍夹推,来往不冯风力。归舟挽缰多至二十余人,甚有弃舟空返者。

【译文】黄河的秦船(俗称摆子船)。多由陕西韩城制造。大船载石数万斤,顺流而下,供淮阴、徐州一带使用。此船首尾同宽,船舱和梁都很平,并不隆起。船顺黄河急流而下,用两旁巨桨摇动推进,来往不靠风力。逆水返航时,拉纤者多至二十余人才可以(费用太高),以至有的人弃船不要,空手返回。

车

凡车利行平地。古者秦、晋、燕、齐之交,列国战争必用车,故千乘、万乘之号起自战国。楚、汉血争而后日辟。南方则水战用舟,陆战用步马;北膺胡虏,交使铁骑,战车遂无所用之。但今服马驾车,以运重载,则今日骡车,即同彼时战车之义也。

【译文】车,利于平地而行。在战国时代,秦、晋、燕、齐各诸侯国交战,必用战车进行,因此“千乘”“万乘”之国的说法起于战国。秦末在项羽、刘邦激战以后,战车的使用日渐减少。南方水战用船,陆战则用步兵或者骑兵;北方与游牧民族作战使用骑兵,战车遭到淘汰。如今只是驭马驾车运货,那么,今日骡马车与昔日的战车，其制造原理，应为一致。

凡骡车之制，有四轮者，有双轮者，其上承载支架，皆从轴上穿斗而起。四轮者前后各横轴一根，轴上短柱起架直梁，梁上载箱。马止脱驾之时，其上平整，如居屋安稳之象。若两轮者，驾马行时，马曳其前，则箱地平正；脱马之时，则以短木从地支撑而住，不然则欹卸也。

【译文】制造骡马车，有四轮的，有双轮的，车上承载支架，都从轴上穿过接起。四轮骡马车前后各有横轴一根，轴上有短柱，用以架设纵梁，梁上装车厢。当骡马停止行走时，车身平整，如房屋一样安稳。如果是双轮车，驾马行驶时，有马在前面拉车，车厢也很平稳；卸马时则以短木支撑在车前，否则，便将车身前倾。

凡车轮一曰辕（俗名车陀）。其大车中毂[①]（俗名车脑）长一尺五寸（见《小戎》朱注），所谓外受辐[②]、中贯轴者。辐计三十片，其内插毂，其外接辅[③]。车轮之中，内集辐外接辋[④]，圆转一圈者，是曰辅也。辋际尽头，则曰轮辕也。凡大车，脱时则诸物星散收藏；驾则先上两轴，然后以次间架。凡轼、衡、轸、轭[⑤]，皆从轴上受基也。

【注释】①毂（gǔ）：车轮中心装轴的圆木。②辐：连接轮辋与轮毂的部分，相当于现在的辐条。③辅：本指车轮外旁增缚夹毂的两条揉成弧形的直木，这里指内面接辐而外面顶住轮圈的内缘。

④辋（wǎng）：车轮接地的边圈，又叫牙。⑤轼：车厢前横木，供人凭倚用。衡：轼下的一条横木，用以缚轭驾车。轸（zhěn）：车后横木。轭（è）：驾车时套在牲口颈上的曲木。

【译文】车轮也叫辕（俗名车陀）。大车车轮中心的毂（俗称车脑）周长一尺五寸（见《诗经·小戎》中的朱熹先生的注解）。所谓毂，是外边承受辐、当中插入车轴的部件。每轮有辐条三十片，辐内端插入毂中，外端与辅相连。圆转一圈者叫作辅，轮圈最外边称为轮辕。大车不用时，将大件拆散收藏；驾车时先装车轴，然后依次安装车架、车厢。轼、衡、轸、轭等零部件都从轴上开始安装连接。

凡四轮大车，量可载五十石，骡马多者或十二挂或十挂，少亦八挂。执鞭掌御者居箱之中，立足高处。前马分为两班（战车四马一班，分骖、服）。纠黄麻为长索，分系马项，后套总结收入衡内两傍。掌御者手执长鞭，鞭以麻为绳，长七尺许，竿身亦相等。察视不力者，鞭及其身。箱内用二人踹绳，须识马性与索性者为之。马行太紧，则急起踹绳，否则翻车之祸从此起也。凡车行时，遇前途行人应避者，则掌御者急以声呼，则群马皆止。凡马索总系透衡入箱处，皆以牛皮束缚，《诗经》所谓“胁驱①”是也。

【注释】①胁驱：一种驾马用的器具。典出《诗·秦风·小戎》：游环胁驱，阴靷鋈续。即在马的胁部加带，连在靷上。

【译文】四轮大车可承载五十石的重量，骡马多的有十二匹或十匹，少的也有八匹。御马者在车厢里，居高执鞭。车前的马分为前后两排（战车以四匹马为一排，外边两匹马叫骖，里面两匹马叫服）。将黄色的大麻缠绞成长绳，系住马颈，收拢成两束，并穿过车前中部横木进入箱内左右两边。赶车者执长鞭驱车，鞭用麻做成，长七尺左右，鞭竿也大约七尺长。察看有的马偷懒，便对其进行鞭打。车厢内有熟习马性和控制绳索的二人踩绳。如果马跑得太快，要赶紧踩绳，否则发生翻车之祸。行车时遇有行人应该躲避，赶车者急速吆喝，则群马一齐停蹄止步。马的缰绳要收拢，穿过车辕横木入车厢之处，用牛皮束缚牢固。此即《诗经》中提到的“胁驱”。

凡大车饲马，不入肆舍，车上载有柳盘，解索而野食之。乘车人上下皆缘小梯。凡遇桥梁中高边下者，则十马之中择一最强力者系于车后。当其下坂，则九马从前缓曳，一马从后竭力抓住，以杀其驰趋之势，不然则险道也。凡大车行程，遇河亦止，遇山亦止，遇曲径小道亦止。徐、兖、汴梁之交，或达三百里者，无水之国，所以济舟楫之穷也。

【译文】中途喂马，不必将马赶进马棚，车上随带的柳条筐，内装有饲料，解开缰绳后就地喂饮。乘车人上下借助小梯。经坡度较大的桥而要下桥时，要选择最有力的马系在车后。当车下坡时，九匹马在前面缓慢拉车，有力的马在后边竭力把车稳住，以减缓车速进行稳固，不然就会发生危险。大车行进时，遇到河要停，遇到山也要停，遇到弯曲小径也要停。江苏徐州、山东兖州、河南汴梁（今开封）一带，方圆三百里，河流和湖泊很少，马车可弥补水运的匮乏。

合挂大车

凡车质，惟先择长者为轴，短者为毂，其木以槐、枣、檀、榆（用榔榆）为上。檀质太久劳则发烧，有慎用者，合抱枣、槐，其至美也。其余轸、衡、箱、轭，则诸木可为耳。此外，牛车以载刍粮，最盛晋地。路逢隘道则牛颈系巨铃，名曰报君知，犹之骡车群马尽系铃声也。

【译文】做车选用木材，首先选择长木作轴，短的作毂，以槐木、枣木、檀木、榆木（用榔榆）为上料。檀木的缺点是，使用时间长以后，会摩擦发热。聪明的制作者用合抱的枣木、槐木，这是做轴的上等木料。其余像轸、衡、箱、轭等部件，什么木料都可。此外，用牛车运粮盛行于山西，半路遇到窄路，则在牛颈系上巨铃，叫作“报君知”，就像骡车的马也都系上铃一样。

又北方独辕车，人推其后，驴曳其前，行人不耐骑坐者，则雇觅之。鞠席其上以蔽风日。人必两傍对坐，否则欹倒。此车北上长安、济宁径达帝京。不载人者，载货约重四五石而止。其驾牛为轿车者，独盛中州。两旁双轮，中穿一轴，其分寸平如水。横架短衡列轿其上，人可安坐，脱驾不欹。其南方独轮推车，则一人之力是视。容载二石，遇坎即止，最远者止达百里而已。其余难以枚述。但生于南方者不见大车，老于北方者不见巨舰，故粗载之。

南方独推车

【译文】北方还有一种独轮车，人在后面推，驴在前面拉，不能长期骑马者，常租此车。车上设有席棚，以防风吹日晒。人一定要在两侧对坐，否则会偏重倾倒。此车北上至长安和济宁，还可直达北京。不载人的独轮车可载货四五石。一种牛拉的轿车，唯独盛行于河南。此车两旁有双轮，中间穿一个车轴，必须保持水平而安稳。在车辕上横架短木，把轿子装在其上，人可安坐轿内。卸牛以后，车不倾斜。南方的独轮手推车，一人之力即可推行。可载重二石，遇到坎坷难行之路便不能走，最远时只达百里而已。其余各车，数量颇多，难以枚举。生于南方者未曾目睹大车，而终老于北方者又没亲眼见过巨船，为补缺憾，故略作介绍。

双缱独辕车

锤锻第十

宋子曰：金木受攻而物象曲成。世无利器，即般、倕[①]安所施其巧哉？五兵[②]之内，六乐[③]之中，微钳锤之奏功也，生杀之机泯然矣。同出洪炉烈火，小大殊形：重千钧者系巨舰于狂渊；轻一羽者透绣纹于章服。使冶钟铸鼎之巧，束手而让神功焉。莫邪、干将，双龙飞跃，毋其说亦有征焉者乎？

【注释】①般、倕：般即鲁班，与倕皆古时有名的巧匠，此处泛指巧匠。②五兵：为矢、殳、矛、戈、戟，此处泛指兵器。③六乐：六种金属乐器，即钟、镈、镯、铙、铎、錞，此处泛指金属所造的乐器。

【译文】宋子说：金属、木料经过加工而被造为器具。如果世上没有快利的工具，即使是鲁班和倕那样的巧匠，又怎么能施展出他们的巧妙的技术呢？在五兵和六乐的制造过程中，假如没有钳、锤起作用，便很难制造成功。同样在熔炉内经过烈火的炼造，大小形状却有不同：千钧重的铁锚可在狂澜中系留巨舰；如羽毛轻的小针可在礼服上绣出图案。与这种神奇的锻造工艺相比，冶炼铸造钟鼎的技巧也要将神功的名号让出来。莫邪、干将这两把古剑，挥舞起来如同双龙飞跃，这些传说也是有根据的吧！

治铁

凡治铁成器，取已炒熟铁①为之。先铸铁成砧，以为受锤之地。谚云万器以钳②为祖，非无稽之说也。凡出炉熟铁，名曰毛铁。受锻之时，十耗其三为铁华、铁落。若已成废器未锈烂者，名曰劳铁，改造他器与本器，再经锤锻，十止耗去其一也。凡炉中炽铁用炭，煤炭居十七，木炭居十三。凡山林无煤之处，锻工先择坚硬条木烧成火墨（俗名火矢，扬烧不闭穴火），其炎更烈于煤。即用煤炭，亦别有铁炭一种，取其火性内攻，焰不虚腾者，与炊炭同形而分类也。

【注释】①已炒熟铁：所谓"炒"，就是把生铁水引入方糖中，洒上干污潮泥粉，用柳棍迅速搅拌，使生铁水中的炭被空气氧化而降低含碳量。详见《五金·铁》。生铁含碳量为2%~6.7%，硬而脆，一般只可铸而不可锻；熟铁含碳量小于0.05%，软而韧，可以锻造。②钳：通"堆"，指坩埚，可作为熔铁炉，加热炉。

【译文】大凡将铁制成器具，应该取炒过的熟铁作原料。先把铁铸成砧，用来作为承受锤子击打的地方。谚语说"万器以钳为祖"，并非是无稽之说。凡是刚出炉的熟铁叫作毛铁。在锻打的时候有十分之三的铁会变为铁花、铁落而损耗。有未锈烂的废弃铁器叫作劳铁，可以再制造成其他或原样的器件，再次经过锤锻只会损耗十分之一。在炉中炼铁一般用炭，煤炭占十分之七，木炭占十分之三。凡是在没有煤炭的山林，锻工会先择取坚硬木头烧成硬木炭（俗名火矢，燃烧时不会变成碎末而闭塞通风口），这种炭的火焰比煤更烈。如果使用煤炭，也别有一种铁炭，这种炭的特点是火热易内透，火焰不虚高，与烧饭的炭形同但类不同。

凡铁性逐节粘合，涂上黄泥于接口之上[①]，入火挥槌，泥滓成枵而去，取其神气为媒合。胶结之后，非灼红斧斩，永不可断也。凡熟铁、钢铁已经炉锤，水火未济，其质未坚。乘其出火之时，入清水淬之，名曰健钢、健铁。言乎未健之时，为钢为铁，弱性犹存也。凡焊铁之法，西洋诸国别有奇药。中华小焊用白铜末，大焊则竭力挥锤而强合之，历岁之久，终不可坚。故大炮西番有锻成者，中国惟事冶铸也。

【注释】①涂上黄泥于接口之上：黄泥主要起保护作用，防止铁水从接口尖薄处流失，也防止铁水的表面氧化。

【译文】铁适合逐节连接，在接口处涂上黄泥，放入火中烧红锤合，泥渣被打散而除去，这是用它的气作为媒介。连接之后，如果不是烧红后再用斧头砍，永远也不会断。凡是熟铁、钢铁已经过锤锻，水火还未互相作用，这时铁的质地还不坚硬。乘铁出火时将其放入清水淬火，就可叫作健钢、健铁。被称作钢、铁的时候没有在前面加上“健”，是因为软弱的性质还存在。在焊铁方面，西洋的一些国家别有奇药。我国在进行小的焊接时会使用白铜末，大焊则竭力锤打，强行接合，时间长了最终也会变得不坚固。因此西方有锻成的大炮，中国只有冶铸的大炮。

斤 斧

凡铁兵，薄者为刀剑，背厚而面薄者为斧斤。刀剑绝美者以百炼钢包裹其外，其中仍用无钢铁为骨。若非钢表铁里，则劲力所施即成折断。其次寻常刀斧，止嵌钢于其面。即重价宝刀，可斩钉截凡铁者，经数千遭磨砺，则钢尽而铁现也。倭国刀背阔不及二分许，架于手指之上不复欹倒，不知用何锤法，中国未得其传。

【译文】薄的铁制兵器为刀剑，背厚而刃薄的是斧斤。绝佳的刀剑，表面包裹着百炼钢，里面仍用熟铁做骨架。如果不是钢表铁里的话，只要一施加强力就会被折断。其次是寻常刀斧，只在刃面嵌钢。即使是斩钉截铁的贵重宝刀，经过数千次打磨后，也会把钢磨尽而露出铁来。日本刀的刀背宽还不到二分，架在手指上也不会倾倒，不知道用的是哪种锻造方法，这种方法还未传到中国。

凡健刀斧，皆嵌钢、包钢，整齐而后入水淬之。其快利则又在砺石成功也。凡匠斧与椎[①]，其中空管受柄处，皆先打冷铁为骨，名曰羊头，然后热铁包裹，冷者不沾，自成空隙。凡攻石椎，日久四面皆空，熔铁补满平填，再用无弊。

【注释】①椎：通“锤”，指锤子。

【译文】凡是健刀、健斧都需要嵌钢、包钢，打理整齐后放入水中淬火。刀斧的锋利程度则又取决于磨石的打磨。凡是打造斧子和锤子，需留出装木柄的空腔，这就要先打冷铁作骨，叫作羊头，然后用熟铁包裹，冷铁模不沾熟铁，拿出冷铁后自然会形成空腔。凡是用来打石的锤子，时间久了四面都会凹陷下去，用熔铁将其补满填平，再次使用便无缺陷。

锄 镈[①]

凡治地生物，用锄、镈之属，熟铁锻成，熔化生铁淋口[②]，入水淬健，即成刚劲。每锹、锄重一斤者，淋生铁三钱为率，少则不坚，多则过刚而折。

【注释】①镈（bó）：锄草的阔口锄。②熔化生铁淋口：熟铁、钢和生铁都是铁碳合金，以碳的含量多少来区别。一般含碳量小于2%的叫熟铁或纯铁，含量在0.2−1.7%的叫钢，含量在1.7%以上的叫生铁。生铁的熔点为1150~1300℃，比熟铁低，熔化生铁淋在熟铁锄坯的刃部，生铁中的碳为熟铁所吸收，再经过锤锻和淬火后，就变成马氏体和渗碳体混合物，即变成含碳较熟铁高的优质钢。

【译文】凡是开垦土地、种植农作物都需要用锄、镈这类工具，这些工具用熟铁锻造而成，熔化生铁淋在锄口上，入水淬火变健，即已制成刚劲的工具。淋生铁的比例是每一斤锹、锄，淋三钱生铁，少了则不坚硬，多了则过刚而容易被折断。

鎈[①]

凡铁鎈，纯钢为之。未健之时，钢性亦软。以已健钢錾[②]划成纵斜文理，划时斜向入，则文方成焰。划后烧红，退微冷，入水健。久用乖平，入火退去健性，再用錾划。凡鎈，开锯齿用茅叶鎈，后用快弦鎈；治铜钱用方长牵鎈；锁钥之类用方条鎈；治骨角用剑面鎈（朱注所谓鑢铴[③]）；治木末则锥成圆眼，不用纵斜文者，名曰香鎈[④]。（划鎈纹时，用羊角末和盐醋先涂[⑤]。）

【注释】①鎈（chā）：锉（cuò），一种使工件平滑的工具。②錾（zàn）：小凿，为雕凿金石的工具。③鑢铴（lǜ tāng）：鑢为磋磨骨角铜铁的工具，铴为磨木使平的石制器具。④香鎈：木工锉。⑤用羊角末和盐醋先涂：是标记，在烧红时起渗碳作用。

【译文】铁锉需要使用纯钢制作。在未淬火变健之前，钢质还是柔软的。用健钢錾子在锉坯表面划出纵斜纹理，划的时候斜向开凿，纹沟才有火焰般的锋芒。划好纹理后再烧红，取出稍稍冷却，入水淬火。铁锉使用时间长了会被磨平，要先入火使钢质变软，用錾子划出新纹沟。在锉类工具中，开锯齿可以先用茅叶锉，后用快弦锉；修整铜钱可以用方长牵锉；加工锁、钥匙之类可以用方条锉；加工骨角可以用剑面锉（朱子注解《大学》里所说的“鑢铴”）；加工木料则使用锉面锥成许多圆眼的香锉，而不是有纵斜纹的锉。（划锉纹的时候，须先涂抹羊角粉和盐、醋的混合物。）

锥

凡锥，熟铁锤成，不入钢和。治书编之类用圆钻。攻皮革用扁钻。梓人转索通眼、引钉合木者，用蛇头钻。其制颖上二分许，一面圆，二面剜入，傍起两棱，以便转索。治铜叶用鸡心钻。其通身三棱者名旋钻，通身四方而末锐者名打钻。

【译文】锥子一般用熟铁锤成，不掺和钢。装订书籍之类的可以用圆钻。穿缝皮革可用扁钻。木匠引绳打孔以便打钉拼合木板的，可用蛇头钻。蛇头钻的形状是钻头长二分许，一面为圆弧形，两面挖有空位，旁边起两个棱角，使转动时易于钻入。钻铜片可用鸡心钻。钻身为三棱形状的叫旋钻，钻身为四方形而末端尖锐的叫打钻。

锯

凡锯，熟铁锻成薄条，不钢，亦不淬健。出火退烧后，频加冷锤坚性，用鎈开齿。两头衔木为梁，纠篾张开，促紧使直。长者刮木，短者截木，齿最细者截竹。齿钝之时，频加鎈锐，而后使之。

【译文】锯子是用熟铁锻成薄条，不掺钢，也不淬火。取出火退烧后，用冷锤多次击打使其更坚韧，用锉加工出锯齿。锯的中间有一条横梁，横梁两头衔接木头作锯把，一头绞紧竹篾使锯片张开，使其拉紧绷直。长锯可以用来剖开木头，短锯可用来截断木头，齿最细密的锯子可以用来割断竹子。锯齿变钝的时候，用锉多次打磨，磨锐利之后再使用。

刨

凡刨，磨砺嵌钢寸铁，露刃秒忽，斜出木口之面，所以平木，古名曰准。巨者卧准露刃，持木抽削，名曰推刨，圆桶家使之。寻常用者横木为两翅，手执前推。梓人为细功者，有起线刨，刃阔二分许。又刮木使极光者，名蜈蚣刨，一木之上，衔十余小刀，如蜈蚣之足。

【译文】刨子的制作是将一寸宽的嵌钢铁片磨锋利，斜着插入木刨口，稍稍露出刃口，用来修平木材，古时名为“准”。巨刨仰卧露出刃口，手持木材抽削，这叫作推刨，制作圆桶的匠人会使用它。寻常使用的刨会贯穿一条横木，作为两端把手，手执横木前推。做细致活的木匠，还有起线刨，刃口宽二分许。还有蜈蚣刨，刮过的木料极光滑，一个木刨木上，安装十多个小刀，就像蜈蚣的脚。

凿

凡凿，熟铁锻成，嵌钢于口，其本空圆，以受木柄（先打铁骨为模，名曰羊头，杓柄同用）。斧从柄催，入木透眼，其末粗者阔寸许，细者三分而止。需圆眼者，则制成剜凿为之。

【译文】凿子一般由熟铁锻成，在刃口嵌钢，凿子的一端留有圆锥形空腔，用来安装木柄（先用铁打出骨架作为模子，叫作羊头，做铁勺柄也用它）。斧头敲击木柄，凿子就可入木凿孔，凿刃宽的一寸许，窄的只有三分。如果需要凿出圆孔，则须制作弧形刃的剜凿来完成。

锚

凡舟行遇风难泊，则全身系命于锚。战船、海船有重千钧者。锤法：先成四爪，以次逐节接身。其三百斤以内者，用径尺阔砧，安顿炉傍，当其两端皆红，掀去炉炭，铁包木棍夹持上砧。若千斤内外者则架木为棚，多人立其上，共持铁链，两接锚身，其末皆带巨铁圈链套，提起捩转，咸力锤合。合药不用黄泥，先取陈久壁土筛细，一人频撒接口之中，浑合方无微罅①。盖炉锤之中，此物其最巨者。

【注释】①罅（xià）：指缝隙，裂缝。

【译文】凡是行舟遇到风浪难以停泊，整个船只都系命于锚。战船、海船的锚可有千钧重。制造方法是先锤制四个铁爪，再依次接在锚上。三百斤以内的锚，须将直径一尺的砧安放在火炉旁，当锻件的接口两端都烧红之后，便去掉炉炭，用包裹铁的木棍将其夹到砧上锤接。如果是一千斤左右的锚，则须用木头架棚，很多人一起拿着铁链站在棚子上，铁链连接着锚身两端所套的巨大铁圈，并将锚提起来转动，合力将锚身和铁爪锤合。锤合使用的药物不是黄泥，而是陈旧墙壁土，先将其筛细，由一人多次将该土撒在接口上，锤合后才没有细微裂隙。在炉锤工作中，大概锚是最巨大的。

锤锚

针

凡针，先锤铁为细条，用铁尺一根，锥成线眼，抽过条铁成线，逐寸剪断为针。先鎈其末成颖，用小槌敲扁其本，钢锥穿鼻，复鎈其外。然后入釜，慢火炒熬。炒后，以土末入松木火矢、豆豉三物罨盖，下用火蒸。留针二三口插于其外，以试火候。其外针入手捻成粉碎，则其下针火候皆足。然后开封，入水健之。凡引线成衣与刺绣者，其质皆刚；惟马尾刺工为冠者，则用柳条软针。分别之妙，在于水火健法云。

抽线琢针一　　抽线琢针二

【译文】针是先将铁锤成细条状，在一根铁尺上钻出线眼，将条铁从线眼中抽过而拉成铁线，逐寸剪断，即为针坯。先将其末端锉尖，用小槌将另一端敲扁，钢锥凿出针眼，再打磨外表。然后放入锅里，慢火炒熬。炒之后用泥粉、松木炭和豆豉混合物掩盖，下面用火蒸。留两三根针插在混合物外面，用来观察火候。如果外面的针在手上能被捻粉碎，则下面针的火候就都够了。然后开封，放入水中淬火。凡是能引线缝衣服和刺绣的针，质地都很刚硬；只有马尾镇刺工缝帽子用柳条软针。软硬差别的诀窍在于淬火的方法不同。

治铜

凡红铜升黄①而后熔化造器。用砒升者为白铜器，工费倍难，侈者事之。凡黄铜，原从炉甘石升者，不退火性受锤；从倭铅②升者，出炉退火性，以受冷锤。凡响铜入锡参和（法具《五金》卷）成乐器者，必圆成无焊。其余方圆用器，走焊、炙火粘合。用锡末者为小焊，用响铜末者为大焊（碎铜为末，用饭粘和打，入水洗去饭。铜末具存，不然则撒散）。若焊银器，则用红铜末。

【注释】①升黄：指加工为黄铜。"黄"指黄铜。②倭铅：锌的古称。

【译文】红铜先要加工为黄铜，再熔化才能制造器具，用砒霜冶炼可以制造白铜器具，但加工困难，工费也会翻倍，只有奢侈之人使用。加入炉甘石炼制的黄铜，不冷却，趁热锤打；加锌炼制黄铜，出炉冷却到一定程度后再锤打。制作乐器的响铜是由铜掺和锡而成（制作方法记载《五金》卷里），必须是整体加工而没有焊接。其他方形和圆形的器具，可经焊法或者炙火加热的方法粘合。小焊用锡粉做焊接材料，大焊用响铜末粉（把碎铜加工成粉末，要加饭一起锤打，然后用水洗去饭，留下铜末，不然锤打时粉末会飞散）。

如果焊接银器，则用红铜末。

锤钲与镯

凡锤乐器：锤钲（俗名锣）不事先铸，熔团即锤；锤镯（俗名铜鼓）与丁宁[①]，则先铸成圆片，然后受锤。凡锤钲、镯皆铺团于地面。巨者众共挥力。由小阔开，就身起弦，声俱从冷锤点发。其铜鼓中间突起隆泡，而后冷锤开声。声分雌与雄[②]，则在分厘起伏之妙。重数锤者，其声为雄。凡铜经锤之后，色成哑白，受鑢复现黄光。经锤折耗，铁损其十者，铜只去其一。气腥而色美，故锤工亦贵重铁工一等云。

【注释】①镯（zhuó）：一种形如小钟的古军乐器。似不宜叫铜鼓。丁宁：形似钟而狭长，有长柄，用时口朝上，以槌敲击。②声分雌与雄：雌为高音，雄为低音。

【译文】乐器的锻造：钲（俗名锣）不必先铸出模型，金属熔成一团后即可锤打；镯（俗名铜鼓）与丁宁，则需要先铸成圆片，然后再锤打。钲、镯都须要铺在地面锤打。大件还须众人合力锤打。由小块逐渐展开，并使四周起弦边，声音都是从受到冷锤的地方发出的。在铜鼓中间打出隆起的圆泡，然后用冷锤调声音。音调高低的差别，妙在圆泡的厚薄和起伏程度。用力多次锤打的，其声为雄。铜经过锤打之后，会变得白而无光，锉过之后再次产生黄光。锤打过程中的损耗，是铁损耗的十分之一。铜有腥味且颜色美，因此铜匠比铁匠贵重一等。

燔石第十一

宋子曰：五行之内，土为万物之母。子之贵者，岂惟五金哉！金与水相守而流，功用谓莫尚焉矣。石得燔而成功，盖愈出而愈奇焉。水浸淫而败物，有隙必攻，所谓不遗丝发者。调和一物以为外拒，漂海则冲洋澜，粘甃[①]则固城雉。不烦历候远涉，而至宝得焉。燔石之功，殆莫之与京矣。至于矾现五色之形，硫为群石之将，皆变化于烈火。巧极丹铅炉火，方士纵焦劳唇舌，何尝肖像天工之万一哉！

【注释】①甃（zhòu）：砌，垒。

【译文】宋子说：五行之内，土地生长万物。土内产出的贵重物品中，岂止是金属一类呢？金属在火的作用下熔化、流动，功用可谓举世无双。矿石经焚烧后而具有卓异的功能，可以说是愈出而愈奇。水渗透物体后有破坏、腐蚀作用，而且水见漏洞必钻，即使是丝发之隙也不放过。但用石灰调和后就能防止大船渗水，即可安然水上，漂洋过海；以石灰砌砖，就可让城池坚固，炮火难攻。

要想取得石灰，无须长途跋涉，不用遥遥无期，垂手可得至宝。因此，烧石的功用，独步天下。至于矾能呈现五色的形态，硫黄成为群石的主将，这些都在烈火中变化而来。经过炉火加工，人类炼丹制铅，这是天工的至巧、自然的恩赐，炼丹的方士纵然舌敝唇焦，漫天吹夸，又怎能比得上自然力的万分之一呢?

石灰、蛎灰

煤饼烧石成灰

石灰：凡石灰，经火焚炼为用。成质之后，入水永劫不坏。亿万舟楫，亿万垣墙，窒隙防淫，是必由之。百里内外，土中必生可燔石，石以青色为上，黄白次之。石必掩土内二三尺，堀取受燔，土面见风者不用。燔灰火料，煤炭居什九，薪炭居什一。先取煤炭泥和做成饼，每煤饼一层，叠石一层，铺薪其底，灼火燔之。最佳者曰矿灰，最恶者曰窑滓灰。火力到后，烧酥石性，置于风中久自吹化成粉。急用者以水沃之，亦自解散。

【译文】石灰：石灰是石灰石经火烧炼而制成，石灰一旦凝固，即便进入水中，也永远不坏。不计其数的船只，数以万计的墙壁，填缝防水，缺之不可。百里内外的土中，一定会有石灰石，此石以青色为上料，黄、白色次之。石灰石埋于地下二三尺处，掘取出来进行烧炼，但表面已经风化的不可采用。烧石灰的燃料，十分之九是煤炭，十分之一是薪炭。先将煤炭和泥成饼，一层煤饼上堆一层石，在下面铺上薪柴燃料，点火焚烧。质量最佳的叫矿灰，最不好的叫窑滓灰。火力到后，便将石头烧酥，放在风中，时间一久即成粉。急用时可洒水，也会自成粉末。

凡灰用以固舟缝，则桐油、鱼油调厚绢、细罗，和油，杵千下，塞舱。用以砌墙石，则筛去石块，水调粘合。甃墁则仍用油灰。用以垩墙壁，则澄过入纸筋涂墁。用以襄墓及贮水池，则灰一分，入河沙、黄土二分，用糯米粳、羊桃藤汁和匀，轻筑坚固，永不隳坏，名曰三和土。其余造淀造纸，功用难以枚述。凡温、台、闽、广海滨石不堪灰者，则天生蛎蚝以代之。

【译文】用石灰弥补船缝时，需要桐油或鱼油调配，放在厚绢或细罗上用油拌和，再频繁进行舂杵以后塞缝。用石灰砌墙，要筛去石块，用水调至黏稠。用来砌砖铺地面，则仍用油灰。粉刷墙壁，则将石灰用水过滤澄清，加入纸筋以后进行涂抹。如果修坟墓或蓄水池，则用石灰一份，加河沙、黄土各两份，再用粳糯米饭和猕猴桃汁拌匀，轻轻夯打便可坚固，永不毁坏，称为“三和土”。其他造蓝淀、造纸都离不开石灰，其用途难以一一列举。浙江温州、台州及福建、广东沿海地区的石头如有不能烧成石灰的，则有天生的牡蛎壳可作替代品。

蛎灰：凡海滨石山傍水处，咸浪积压，生出蛎房，闽中曰蚝房。经年久者，长成数丈，阔则数亩，崎岖如石假山形象。蛤之类压入岩中，久则消化作肉团，名曰蛎黄，味极珍美。凡燔蛎灰者，执椎与凿，濡足取来（药铺所货牡蛎，即此碎块），叠煤架火燔成，与前石灰共法。粘砌城墙、桥梁，调和桐油造舟，功皆相同。有误以蚬灰（即蛤粉）为蛎灰者，不格物之故也。

凿取蛎房

【译文】蛎灰：在海滨之处，靠水的石山因为海浪的长期冲压，生出蛎房，福建称为蚝房。长年累月蛎房就长到数丈之长，宽阔可达数亩，崎岖不平，形状类似假石山。蛤蜊之类被冲到石岩中，久之消化成肉团，成为蛎黄，其味极美。烧蛎灰的人手执椎、凿，涉水将蛎房收取（药铺的牡蛎，就是蛎房碎块），堆煤架火焚烧，如同前述烧石灰的方法。用蛎灰砌墙、桥梁，或调和桐油造船，功用同石灰无异。有人误以为蚬灰（即蛤粉）就是牡蛎灰，是没有考察客观实际事物所造成的。

煤 炭

凡煤炭，普天皆生，以供锻炼金石之用。南方秃山无草木者，下即有煤，北方勿论。煤有三种，有明煤、碎煤、末煤。明煤大块如斗许，燕、齐、秦、晋生之。不用风箱鼓扇，以木炭少许引燃，熯[①]炽达昼夜。其傍夹带碎屑，则用洁净黄土调水作饼而烧之。碎煤有两种，多生吴、楚。炎高者曰饭炭，用以炊烹；炎平者曰铁炭，用以冶锻。入炉先用水沃湿，必用鼓鞴[②]后红，以次增添而用。末炭如面者，名曰自来风。泥水调成饼，入于炉内，既灼之后，与明煤相同，经昼夜不灭。半供炊爨[③]，半供熔铜、化石、升朱。至于燔石为灰与矾、硫，则三煤皆可用也。

【注释】①熯（hàn）：烧，烘烤。②鞴（bèi）：古代的鼓风吹灭器。③爨（cuàn）：烧火做饭。

【译文】煤炭，天下到处都是，为烧炼金、石提供能源。南方秃山没有草木，下面就有煤，北方未必如此。煤有明煤、碎煤、末煤三种。明煤块大如斗，河北、山东、陕西、山西都有出产。明煤无须风箱鼓风，以一点木炭引燃，即可昼夜燃烧。它的碎屑，可用干净黄土调水做成煤饼而燃烧。碎煤有两种，多产于吴（今江苏）、楚（今湖南、湖北）一带。其中火焰高的叫饭炭，用来烹调做饭；火焰低的称为铁炭，用以冶炼，这种煤入炉前要先以水洒湿，须鼓风才能烧红，以后逐次添煤保持火力。末煤是像面一样，名叫“自来风”，将其与泥、水调成饼状，放入炉内。燃烧以后与明煤一样，昼夜可燃。末煤有一半供烧饭，一半供炼铜、熔化矿石、炼取朱砂。至于烧制石灰、矾和硫，三种煤都可使用。

凡取煤经历久者，从土面能辨有无之色，然后掘挖，深至五丈许方始得煤。初见煤端时，毒气灼人。有将巨竹凿去中节，尖锐其末，插入炭中，其毒烟从竹中透上，人从其下施䦆拾取者。或一井而下，炭纵横广有，则随其左右阔取。其上支板，以防压崩耳。

挖 煤

【译文】有采煤经验者，能从土面就辨别出地下是否有煤，然后挖掘。大约挖五丈，就能得煤。初见煤层，地下冒出的毒气可以伤人。因此有人将巨竹筒凿去中间的竹节打通，将竹筒末端削尖，插入煤中，毒气便沿竹筒上排，人就可放心在下面用大锄挖煤。当井下有煤层纵横延伸时，可随煤层向左右挖取。巷道用木板支护，以防压塌。

凡煤炭取空而后，以土填实其井，以二三十年后，其下煤复生长，取之不尽。其底及四周石卵，土人名曰铜炭者，取出烧皂矾与硫黄（详后款）。凡石卵单取硫黄者，其气薰甚，名曰臭煤，燕京房山、固安、湖广荆州等处间有之。凡煤炭经焚而后，质随火神化去，总无灰滓。盖金与土石之间，造化别现此种云。凡煤炭不生茂草盛木之乡，以见天心之妙。其炊爨功用所不及者，唯结腐一种而已（结豆腐者用煤炉则焦苦）。

【译文】煤炭取空以后，用土填实煤井。二三十年后，井下煤又生出，取之不尽。其底及四周的石卵，当地人称为铜炭，可烧制皂矾和硫黄（详见下文）。只能烧制硫黄的石卵，臭气难闻，因此叫作臭煤。京师的房山、固安及湖广荆州（今湖北）等处，间或有这种煤。煤炭经过燃烧后，其质随火化去，并不留下灰渣。这是自然界中介于金属与土石之间的特殊品种。煤炭不产于茂草盛木之地，从这里可见大自然安排得很巧妙。在炊事方面，煤炭唯一不能很好发挥作用的，只有做豆腐而已（在煤火上点豆腐则其味焦苦）。

矾石 白矾

凡矾，燔石而成。白矾一种，亦所在有之。最盛者山西晋、南直无为等州，值价低贱，与寒水石相仿。然煎水极沸，投矾化之，以之染物，则固结肤膜之间，外水永不入，故制糖饯与染画纸、红纸者需之。其末干撒，又能治浸淫恶水，故湿创家亦急需之也。

【译文】矾是由矾石烧成的。一种白矾(明矾)随处皆是,产量最多的是山西晋州(今临汾市)、南直隶无为州(今安徽无为)等处。价格低廉,与寒水石(石膏)极其相似。然而当水煮沸时,将明矾投入其中溶化,用以染物,则矾固结在染物表面,水难以渗入。因此制蜜饯以及染绘画纸、红纸时往往需要明矾。干明矾末撒在外伤患处,又能治疗流出脓水的湿疹、疱疮,所以也是湿疮患者急需的药物。

凡白矾,掘土取磊块石,层叠煤炭饼锻炼,如烧石灰样。火候已足,冷定入水。煎水极沸时,盘中有溅溢如物飞出,俗名蝴蝶矾者,则矾成矣。煎浓之后,入水缸内澄,其上隆结曰吊矾,洁白异常;其沉下者曰缸矾;轻虚如棉絮者曰柳絮矾。烧汁至尽,白如雪者,谓之巴石。方药家锻过用者曰枯矾云。

【译文】制取白矾的方法是,掘土取出矾石块,逐层堆积煤饼进行烧炼,如同烧石灰。烧足火候,经过冷却放入水中溶解。将水煮沸,锅内飞溅出来的物体,俗名叫“蝴蝶矾”,明矾便算制成了。将其煎浓之后,放入水缸内澄清。上面凝结者称为吊矾,非常洁白;沉于缸底者称为缸矾;轻虚如棉絮者称为柳絮矾。锅内溶液烧尽,锅底剩下的东西洁白如雪,叫作巴石。经炼丹者、制药人烧炼过的,叫作枯矾。

青矾、红矾、黄矾、胆矾

凡皂、红、黄矾[①]，皆出一种而成，变化其质。取煤炭外矿石（俗名铜炭）子，每五百斤入炉，炉内用煤炭饼（自来风不用鼓鞴者）千余斤，周围包裹此石。炉外砌筑土墙圈围，炉巅空一圆孔，如茶碗口大，透炎直上，孔傍以矾滓厚罨。（此滓不知起自何世，欲作新炉者，非旧滓罨盖则不成。）然后从底发火，此火度经十日方熄。其孔眼时有金色光直上。（取硫，详后款。）

【注释】①皂矾：即青矾，蓝绿色，学名叫七水硫酸亚铁。红矾：即矾红，红色颜料，学名叫三氧化二铁。黄矾：黄色水溶性染料，学名叫九水硫酸铁。

【译文】皂矾：皂矾、红矾、黄矾，都源于同一种物质而成。挖取煤炭以外层的矿石（俗名铜炭），每次放入炉内五百斤，炉中用煤炭饼（自来风，也就是不须鼓风就能燃烧的那种煤粉）千余斤裹住这些矿石。炉外砌筑土墙进行圈围，炉顶留一个圆孔，茶碗口大，火焰直冲其上，圆孔旁用矾渣进行厚压。（此矾渣不知始于何时，但要起新炉，非用旧渣掩盖就烧不成。）然后从炉底燃火，烧十天才能熄火。燃火时，从孔眼中不时有金色光直冲其上。（烧取硫黄，详见后文。）

红矾：锻经十日后，冷定取出。半酥杂碎者另拣出，名曰时矾，为煎矾红用。其中精粹如矿灰形者，取入缸中浸三个时，漉入釜中煎炼。每水十石煎至一石，火候方足。煎干之后，上结者皆佳好皂矾，下者为矾滓（后炉用此盖）。此皂矾染家必需用。中国煎者亦惟五六所。原石五百斤成皂矾二百斤，其大端也。其拣出时矾（俗又名鸡屎矾）每斤入黄土四两，入罐熬炼，则成矾红。圬墁及油漆家用之。

【译文】红矾：煅烧十日后冷却，取出皂矾。其中半酥碎状态者再另外拣出，名叫“时矾”，作煎炼红矾之用。其纯粹的像矿灰形状的，放入缸中浸水六小时，再滤至锅中煎炼。将十石水煎到一石，火候才足。煎干之后，上面凝结的都是很好的皂矾，下面的是矾渣（下一炉用这种渣盖炉顶）。皂矾是染房必用之物，中国制皂矾的地方只有五六处。原石五百斤可烧制成二百斤皂矾，大致如此。拣出的时矾（俗称“鸡屎矾”），每斤掺四两黄土，在罐内熬炼，就制成红矾。粉刷工和油漆工常用红矾施工。

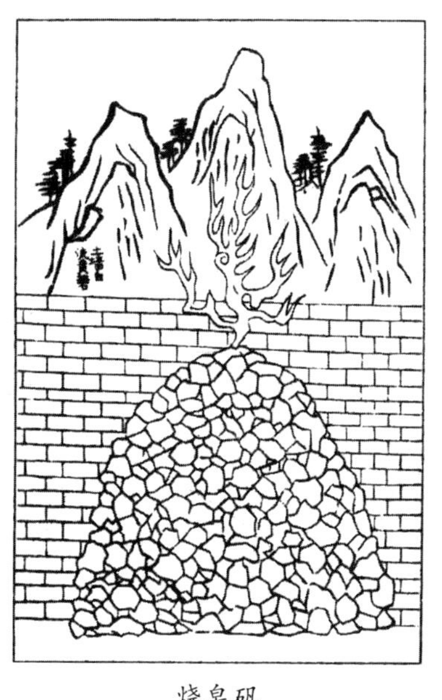

烧皂矾

黄矾：其黄矾所出又奇甚，乃即炼皂矾炉侧土墙，春夏经受火石精气，至霜降、立冬之交，冷静之时，其墙上自然爆出此种，如淮北砖墙生焰硝样。刮取下来，名曰黄矾，染家用之。金色淡者，涂炙，立成紫赤也。其黄矾自外国来，打破，中有金丝者，名曰波斯矾，别是一种。

【译文】黄矾：制造黄矾，尤为奇特，原料取自炼皂矾炉旁的墙土。春夏间烧炼皂矾时，炉旁土墙吸附矾的蒸气，到霜降、立冬之交，土墙干冷，矾便析出，如淮北砖墙上生出硝石一样。刮矾下来，名曰黄矾，染房常用。用黄矾涂在浅金黄色的器物上，经火一烤立刻成为紫红色。来自外国的黄矾，打破后内有金丝的，叫“波斯矾”，另是一个品种。

胆矾：又山、陕烧取硫黄山上，其滓弃地，二三年后雨水浸淋，精液流入沟麓之中，自然结成皂矾。取而货用，不假煎炼。其中色佳者，人取以混石胆云。石胆一名胆矾者，亦出晋、隰等州，乃山石穴中自结成者，故绿色带宝光。烧铁器淬于胆矾水中，即成铜色也。《本草》载矾虽五种，并未分别原委。其昆仑矾状如黑泥，铁矾状如赤石脂者，皆西域产也。

【译文】胆矾：山西、陕西烧取硫黄的山上，渣滓弃在地上，两三年后，受雨水浸淋，其中的精华成分流入山沟，自然结成皂矾。这种皂矾取来后出售或使用，不须煎炼。其中成色较好的，有人用以假冒石胆。石胆也叫胆矾，亦出于晋州（山西临汾）、隰州，在山石洞中自然结成，所以是绿色，还带有光泽。烧铁器后浸入胆矾水中，便成铜色。《本草纲目》虽记载了五种矾，但并未辨别原委。昆仑矾，形状像黑泥；铁矾，形状像赤石脂，都产自西北地区。

硫 黄

凡硫黄，乃烧石承液而结就。著书者误以焚石为矾石，遂有矾液之说。然烧取硫黄石，半出特生白石，半出煤矿烧矾石。此矾液之说所由混也。又言中国有温泉处必有硫黄，今东海、广南产硫黄处又无温泉，此因温泉水气似硫黄，故意度言之也。

【译文】硫黄是焚烧矿石时，产生的液体凝结而成，过去的著书者误以为都是烧矾石取得的，就把它称为矾液。然而烧取硫黄的矿石，一半来自当地特产白石，一半来自煤矿的烧制皂矾的石头。这就是造成硫是矾液之说的原因。又传言中国有温泉处必有硫黄，然而现在东海、广东南部等沿东海、南海一带产硫黄之处又无温泉。这是因为温泉水的气味类似硫黄，所以有此揣测之言。

凡烧硫黄石，与煤矿石同形。掘取其石，用煤炭饼包裹丛架，外筑土作炉。炭与石皆载千斤于内，炉上用烧硫旧滓罨盖，中顶隆起，透一圆孔。其中火力到时，孔内透出黄焰金光。先教陶家烧一钵盂，其盂当中隆起，边弦卷成鱼袋[①]样，覆于孔上。石精感受火神，化出黄光飞走，遇盂掩住，不能上飞，则化成汁液，靠著盂底，其液流入弦袋之中，其弦又透小眼，流入冷道灰槽小池，则凝结而成硫黄矣。

【注释】①鱼袋：唐代官吏所佩盛放鱼符的袋。五品以上官员发给鱼符，上刻官吏姓名，雕木或铸铜为鱼形，刻书其上，剖而分执之，以为凭信，用来明贵贱，应征召。因为装在袋内，故称“鱼袋”。宋朝以后，无鱼符，但仍佩鱼袋。

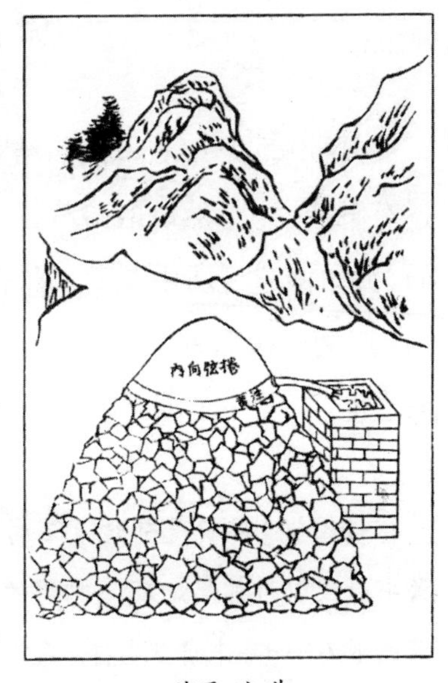

烧取硫磺

【译文】烧硫黄的矿石与煤矿石形状相同。挖掘其石，用煤炭饼包裹堆积垒起来，其外筑土作炉。煤炭饼、矿石各一千斤装进炉内。炉上用烧过硫黄的旧渣覆盖，中间有顶隆起，其中开一圆孔。火力到时，孔内透出黄焰金光。先让陶工烧制出一个钵盂，盂的中间隆起，钵盂边卷成鱼袋形状，盖在圆孔上。石内的成分受到火的焚烧，化出黄色气体飞走，遇到钵盂被挡住而不能上飞，冷却后化成汁液，在钵盂底部而流入其周边的弦袋中。钵盂底边又穿透小眼，液体通过小眼流入冷管，再流进灰槽小池中，凝结以后就成了硫黄。

其炭煤矿石烧取皂矾者，当其黄光上走时，仍用此法掩盖，以取硫黄。得硫一斤，则减去皂矾三十余斤。其矾精华已结硫黄，则枯滓遂为弃物。凡火药，硫为纯阳，硝为纯阴，两精逼合，成声成变，此乾坤幻出神物也。硫黄不产北狄，或产而不知炼取，亦不可知。至奇炮出于西洋与红夷，则东徂西数万里，皆产硫黄之地也。其琉球土硫黄、广南水硫黄，皆误记也。

【译文】用煤层矿石烧取皂矾时，当黄色气体上行，仍用此法掩盖而取硫黄。每得一斤硫黄，便要少得三十斤左右的皂矾。当矾内成分转变成硫黄时，剩下的枯渣便是废物。在火药的原料里，硫为纯阳，硝石为纯阴，硫与硝这两种精华成分一旦结合，便产生音响（比如枪炮之声）和变化（比如火药威力）。此即天地阴阳的力量变幻出来的神物。硫黄不产于北方，或者产硫而不会炼制，也未可知。神奇的火炮产自西洋与荷兰，则表明东西方圆数万里之内，都有硫黄的产地。至于中国东海的东部外围琉球群岛的土硫黄、广东的水硫黄，都属于误记。

砒 石

凡烧砒霜质料，似土而坚，似石而碎，穴土数尺而取之。江西信郡、河南信阳州皆有砒井，故名信石。近则出产独盛衡阳，一厂有造至万钧者。凡砒石井中，其上常有浊绿水，先绞水尽，然后下凿。砒有红、白两种，各因所出原石色烧成。

【译文】烧制砒霜，其原料是砒石，像土但比土坚硬，像石但比石碎，掘土数尺即可得到。江西广信（今上饶）、河南信阳都有砒井，因此随地名被称为信石。最近盛产之地只有衡阳，有的厂家居然年产三十万斤。产砒石的井中，水上常有污浊的绿色水，须先将水除尽，然后再下井凿取。砒霜有红、白两种，各由原石的红、白两色砒石烧成。

凡烧砒，下鞠土窑，纳石其上，上砌曲突，以铁釜倒悬覆突口。其下灼炭举火，其烟气从曲突内熏贴釜上。度其已贴一层，厚结寸许，下复息火，待前烟冷定，又举次火，熏贴如前。一釜之内，数层已满，然后提下，毁釜而取砒。故今砒底有铁沙，即破釜滓也。凡白砒止此一法。红砒则分金炉内银铜恼气有闪成者。

烧 砒

【译文】烧制砒霜时，在地下挖掘土窑，把砒石放进窑中，土窑上部装上弯曲的烟囱，然后用铁锅倒盖在烟囱口上。下面引燃烧柴，烟气经过烟囱，全部熏贴在倒放的铁锅内。预计烟气积结物已贴一寸厚时，下面熄火。等到以前的烟气冷却，又第二次点火，照前法进行熏贴。这样反复几次，锅内已经结满数层，然后提下铁锅打碎，取得砒霜。靠锅底的砒霜内有铁沙，就是破锅的渣滓。烧制白砒只有此法。而红砒还有另一方法，就是在分金炉内烧炼含砷的银铜矿石，由冒出的气体迅速凝结而成。

凡烧砒时，立者必于上风十余丈外，下风所近，草木皆死。烧砒之人经两载即改徙，否则须发尽落。此物生人食过分厘立死。然每岁千万金钱速售不滞者，以晋地菽麦必用拌种，且驱田中黄鼠害；宁、绍郡稻田必用蘸秧根，则丰收也。不然火药与染铜需用能几何哉！

【译文】烧制砒时，操作者必须站在上风口十余丈以外。下风所近之地，草木皆死。烧制砒者两年后就要改行，否则须发都会掉光（影响健康）。此物大活人吃一点立即死亡。不过，每年产值成千上万，有多少都销售一空，供不应求。原因是山西等地种豆类、麦类须用砒霜拌种，并且可用砒驱除田间鼠害；在浙江宁波、绍兴一带，稻田须用砒霜蘸染秧根，避免虫患，以保障丰收。否则，天下太平，仅仅是制造火药和白铜，又能使用多少砒霜呢？

膏液第十二

宋子曰：天道平分昼夜，而人工继晷[①]以襄事[②]，岂好劳而恶逸哉？使织女燃薪，书生映雪[③]，所济成何事也？草木之实，其中韫藏膏液，而不能自流。假媒水火，冯藉木石，而后倾注而出焉。此人巧聪明，不知于何禀度也。

人间负重致远，恃有舟车。乃车得一铢[④]而辖转，舟得一石而罅[⑤]完，非此物之为功也不可行矣。至菹[⑥]蔬之登釜也，莫或膏之，犹啼儿之失乳焉。斯其功用一端而已哉？

【注释】①晷（guǐ）：日影。引申为白昼。②襄（xiāng）事：成事。③映雪：晋朝的孙康家贫，常常"映雪"（借雪的反光）读书。④铢：古代重量单位，二十四铢等于旧制一两。⑤罅（xià）：缝隙，裂缝。⑥菹（zū）：泛指菜、肉之类。

【译文】宋子说：按照天道，一天分为昼夜两部分，而人们却点灯在晚上做事，难道是"好劳恶逸"吗？让织女烧柴照明而织，书生映雪而读，这都不是长久之计。我们有更好的点灯、点蜡的照明方法。草木的果实含藏着油液，但不能自行流出。需要靠水火之力、借木石之功才能得到。这是人类的机巧聪明，不知是在何时受教、掌握而流传下来的。

人类依赖车船负重远行，但是车需要一铢的（极言其少）润滑油，轮子才可以灵活转动；船身有了一石的油灰，缝隙就可以完全填补好。没有油，这一切都无法办到。至于酸菜和蔬菜的烹调，若无食油，犹如给啼哭的婴儿终止了乳汁。而这不过是油的一两个功效而已。

油 品

凡油，供馔食用者，胡麻（一名脂麻）、莱菔[①]子、黄豆、菘菜子（一名白菜）为上，苏麻（形似紫苏，粒大于胡麻）、芸薹子（江南名菜子）次之，茶子（其树高丈余，子如金罂[②]子，去肉取仁）次之，苋菜子次之，大麻仁（粒如胡荽[③]子，剥取其皮，为綍索用者）为下。

【注释】①莱菔（lái fú）：萝卜。②金罂：安石榴的一个别名。③胡荽：就是芫荽（yán sui），俗称“香菜”。

【译文】供给食用的油，有芝麻油、萝卜籽油、黄豆油、菘菜籽油（菘菜一名白菜），这些都是上品，苏麻油（苏麻子形似紫苏，粒大于胡麻）、油菜子油（江南名菜子）次之，茶籽油（其树高有丈余，其籽像金罂子，去肉取仁）次之，苋菜籽油又次之，还有大麻仁油（粒如胡荽子，剥取其皮，可以制作绳子），是下品。

燃灯，则桕仁内水油为上，芸薹次之，亚麻子（陕西所种，俗名壁虱脂麻，气恶不堪食）次之，棉花子次之，胡麻次之（燃灯最易竭）。桐油与桕[①]混油为下（桐油毒气熏人，桕油连皮膜则冻结不清）。造烛，则桕皮油为上，蓖麻子次之，桕混油每斤入白蜡结冻次之，白蜡结冻诸清油又次之，樟树子油又次之（其光不减，但有避香气者）。冬青子油又次之（韶郡专用，嫌其油少，故列次）。北土广用牛油，则为下矣。

【注释】①桕（jiù）：指乌桕，属于落叶乔木。种子外面包着一层白色蜡层称"桕脂"，可制蜡烛和肥皂，种子可榨油。

【译文】单就点灯而言，桕仁内的水油为上品，油菜子油次之，亚麻仁油（陕西所种的亚麻，俗名叫壁虱脂麻，气味差，不堪食用）、棉花子油、胡麻油次之（而胡麻油点灯最费油）。桐油与桕油的混合油为下品（桐油的毒气熏人，连皮膜榨出的桕混油冻结不清。）制造蜡烛，则桕皮油为上品，蓖麻籽油次之，桕的混油每斤加入白蜡结冻的油次之，白蜡结冻的各种清油、樟树子油（樟树子油光亮不差，但有气味）、冬青子油则又次之（冬青子油为韶郡专用油，嫌其油少，故列为次），北方广泛应用牛油制成的蜡烛，则为下品。

凡胡麻与蓖麻子、樟树子，每石[①]得油四十斤。莱菔子每石得油二十七斤（甘美异常，益人五脏）。芸薹子每石得三十斤，其耨勤而地沃、榨法精到者，仍得四十斤（陈历一年，则空内而无油）。茶子每石得油一十五斤（油味似猪脂，甚美，其枯则止可种火及毒鱼用）。桐子仁每石得油三十三斤。桕子分打时，皮油得二十斤，水油得十五斤，混打时共得三十三斤（此须绝净者）。冬青子每石得油十二斤。黄豆每石得油九斤（吴下[2]取油食后，以其饼充豕粮）。菘菜子每石得油三十斤（油出清如绿水）。棉花子每百斤得油七斤（初出甚黑浊，澄半月清甚）。苋菜子每石得油三十斤（味甚甘美，嫌性冷滑）。亚麻、大麻仁每石得油二十余斤。此其大端，其他未穷究试验，与夫一方已试而他方未知者，尚有待云。

【注释】①石（dàn）：市制容量单位，十升为一斗，十斗为一石。②吴下：吴地，今江苏南部及浙江北部地区。在三国时，鲁肃称赞吕蒙："非吴下阿蒙。"吕蒙就是吴下人。

【译文】胡麻与蓖麻子、樟树子，每石可得油四十斤。萝卜籽每石可得油二十七斤（味道异常甘美，滋养五脏，益处颇多）。油菜子每石可得油三十斤，如果农家耕耘得勤快，土地肥沃，而且榨油方法高超，可得四十斤（需要注意的是，陈放一年，则籽实内部空洞无油。）茶籽每石可得油十五斤（油味似猪油，口感很好，其枯饼只能用来引火和毒鱼。）桐子仁每石可得油三十三斤。桕树子核和皮膜分榨时，可得皮油二十斤，水油十五斤。混榨时则可得桕混油三十三斤（子、皮都必须干净）。冬青子每石可得油十二斤。黄豆每石可得油九斤（吴下一带，黄豆榨油后，渣饼充当猪粮）。大白菜子每石可得油三十斤（大白菜子油的特点是清如绿水）。棉花子每百斤可得油七斤（初出油颜色很黑并且浑浊，沉淀半月即清澈）。苋菜子每石可得油三十斤（苋菜子油其味甘美，但是有些人不喜欢它的清凉滑润）。亚麻仁、大麻仁每石可得油二十余斤。情况大致如此，其他的我没有深入研究，或者在一地已经试验而在他方没有做试验对比，这些尚有待进一步考察。

法具

凡取油，榨[①]法而外，有两镬[②]煮取法，以治蓖麻与苏麻；北京有磨法，朝鲜有舂法，以治胡麻。其余则皆从榨出也。凡榨，木巨者围必合抱，而中空之。其木樟为上，檀与杞次之（杞木为者，妨地湿，则速朽）。此三木者脉理循环结长，非有纵直文。故竭力挥椎，实尖其中，而两头无璺[③]坼之患，他木有纵文者不可为也。中土江北少合抱木者，则取四根合并为之。铁箍裹定，横拴串合而空其中，以受诸质，则散木有完木之用也。

【注释】①榨：压出物体里汁液。②镬（huò）：锅，古代的大锅。③璺（wèn）：裂纹。

【译文】获取油的方法，榨法以外，有两锅煮取法，专门获取蓖麻油与苏麻油；北京有磨法，朝鲜有舂法，以处理芝麻。其余的就都用榨取的方法。用巨木做的榨具，其木有合抱粗细，中间挖空。樟木是最好的材料，檀木与杞木次之（杞木做的榨具必须防湿，否则容易腐烂）。这三种木料的纹理都是扭曲的，没有纵直纹。所以尽管用力挥椎，也只是插捣中间的空洞，而不用担心两头断裂，别的木头有纵直文的不可制作榨具。在中原、江北，合抱之木很少，则取四根木头合并在一起，用铁箍裹牢锁定，再用横拴串合起来，挖空中间部分，以便放各种榨油的原料，如此，散木就具有了整木的功效。

凡开榨，空中其量随木大小。大者受一石有余，小者受五斗不足。凡开榨，辟中，凿划平槽一条，以宛凿入中，削圆上下，下沿凿一小孔，剛[①]一小槽，使油出之时流入承藉器中。其平槽约长三四尺，阔三四寸，视其身而为之，无定式也。实槽尖与枋[②]，唯檀木、柞子木两者宜为之，他木无望焉。其尖过斤斧而不过刨，盖欲其涩，不欲其滑，惧报转也。撞木与受撞之尖，皆以铁圈裹首，惧披散也。

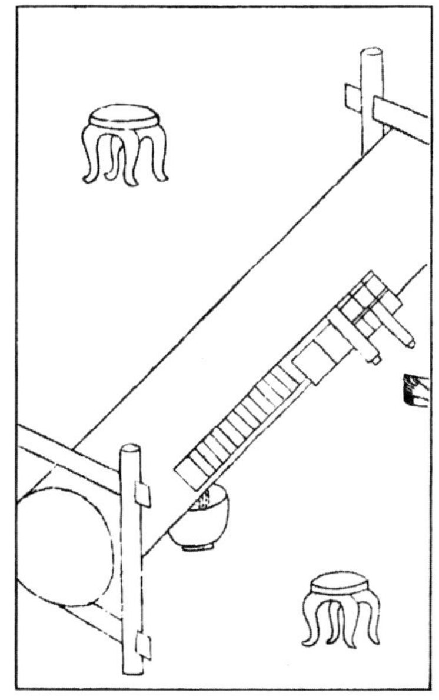

南方榨

【注释】①劀（chí）：破，划开。②枋：四棱矩形木块，装入榨槽中间，以楔打紧，用以挤压油料出油。

【译文】做榨具，原木的大小决定榨具的容量。大者容纳一石原料也有余，小者接受五斗原料就放不下了。还要在木料中空部分开一条平槽，用弯凿在木料里面上下削圆，下沿再凿出一个小孔。划开一个小槽，使榨出的油流入到盛器中。其平槽长约三四尺，宽三四寸，这要看榨具的大小，所以没有固定的模式。装在槽里的尖楔与枋只有檀木、柞木这两种适合，其他的木质都达不到标准。尖楔用斧头砍制而成，不须刨光，因为需要的就是尖楔的粗涩，不能光滑，光滑则担心随意滑动。撞木与受撞的尖楔，都用铁圈裹住头部，避免木料发散。

榨具已整理，则取诸麻、菜子入釜，文火慢炒（凡柏、桐之类属树木生者，皆不炒而碾蒸），透出香气，然后碾碎受蒸。凡炒诸麻、菜子，宜铸平底锅，深止六寸者，投子仁于内，翻拌最勤。若釜底太深，翻拌疏慢，则火候交伤，减丧油质。炒锅亦斜安灶上，与蒸锅大异。凡碾埋槽土内（木为者以铁片掩之），其上以木竿衔

柏皮油及诸芸薹胡麻皆同

铁砣[①]，两人对举而推之。资本广者则砌石为牛碾，一牛之力可敌十人。亦有不受碾[②]而受磨者，则棉子之类是也。既碾而筛，择粗者再碾，细者则入釜甑[③]受蒸。蒸气腾足，取出，以稻秸与麦秸包裹如饼形。其饼外圈箍，或用铁打成，或破篾[④]绞刺而成，与榨中则寸相稳合。

【注释】①砣：团状物。②碾（niǎn）：用于使谷物等破碎、去皮或使场地、道路等变平的工具。③甑（zèng）：古代蒸饭的一种瓦器。底部有许多透蒸气的孔格，置于鬲上蒸煮，如同现代的蒸锅。④篾（miè）：劈成条的竹片，亦泛指劈成条的芦苇、高粱秆皮等。

【译文】榨具既已备好，下一步将各种麻子或菜子放入锅中，用微火慢炒（凡是柏、桐等树上的子实，都不用炒，而是碾碎后蒸）。等炒出香味，然后碾碎再蒸。炒各种麻子、菜子时，适合用铸造的平底锅，深六寸左右。将子仁投入锅中，搅拌不停。如果锅底太深、搅拌不到位，则火候不匀，会影响油质。炒锅斜安在灶上，与蒸锅大不相同。碾槽埋在土内（木制的则用铁片包起），上面用木杆穿一个圆铁砣，两人对举推碾。金钱宽松的人家则用石料做成碾子，再用牛拉。一牛之力可抵十人。也有不用碾而用磨的，如棉子之类。碾后再筛，筛出粗的再碾，细的则放锅里蒸。蒸汽透足物料后取出，将其用稻秸或麦秸包裹成饼状。饼外边的圆箍用铁打成，或破开竹蔑绞制而成。饼箍尺寸要与榨具的中间空槽大小吻合。

凡油原因气取，有生于无。出甑之时，包裹怠缓，则水火郁蒸之气游走，为此损油。能者疾倾、疾裹而疾箍之，得油之多，诀由于此，榨工有自少至老而不知者。包裹既定，装入榨中，随其量满，挥撞挤轧，而流泉出焉矣。包内油出滓存，名曰枯饼。凡胡麻、莱菔、芸薹诸饼，皆重新碾碎，筛去秸[①]芒，再蒸、再裹而再榨之。初次得油二分，二次得油一分。若柏、桐诸物，则一榨已尽流出，不必再也。

【注释】①秸（jiē）：农作物收割以后的茎。如麦秸、豆秸等。

【译文】油本来因汽而提取，属于“有生于无”（因为加火蒸才产生汽）。从甑器取出时，包裹速度缓慢，则水火郁蒸的汽就会跑掉，因此造成油的损失。熟练者快速倾倒，立即包裹又马上将其箍住，得油自然会多，这就是诀窍。在榨工中，有自少至老仍然不知道这个诀窍的人。包裹完毕，装入榨具中，依据榨具的容量装满，然后挥、撞、挤、轧，油就这样像泉水一样流出。包裹内的油流尽，剩下的渣滓，挤压成“枯饼”。胡麻、萝卜子、油菜子的饼，需要重新碾碎，筛去茎秆和壳刺，再蒸、再裹和再榨。初次得油二份的话，第二次只能得到一份。假设是柏子、桐子等物榨油，那么榨一次即可，不必反复榨取。

若水煮法，则并用两釜。将蓖麻、苏麻子碾碎，入一釜中，注水滚煎，其上浮沫即油。以杓掠取，倾于干釜内，其下慢火熬干水气，油即成矣。然得油之数毕竟减杀。北磨麻油法，以粗麻布袋捩[①]绞，其法再详。

【注释】①捩（liè）：扭转。

【译文】水煮取油法，则是一起使用两个大锅。将蓖麻籽、苏麻籽碾碎后，放入一个锅中，注水后烧沸滚煎，上面的浮沫就是油料。用勺子舀出油料，倾倒在干锅内，其下点燃慢火熬干水分，油就成为成品了。但是得油的数量毕竟有所减少。北方地区磨麻油的方法，是把磨过的芝麻子装进粗麻布袋进行捩绞，其法再容进一步了解。

皮 油

凡皮油造烛，法起广信郡。其法取洁净桕子，囫囵入釜甑蒸，蒸后倾于臼内受舂。其臼深约尺五寸，碓以石为头，不用铁嘴。石取深山结而腻者，轻重斫[①]成限四十斤，上嵌衡木之上而舂之。其皮膜上油尽脱骨而纷落，挖起，筛于盘内，再蒸，包裹入榨，皆同前法。皮油已落尽，其骨为黑子。用冷腻小石磨不惧火煅者（此磨亦从信郡深山觅取），以红火矢围壅煅热，将黑子逐把灌入疾磨。磨破之时，风扇去其黑壳，则其内完全白仁，与梧桐子无异。将此碾、蒸、包裹、入榨，与前法同。榨出水油，清亮无比。贮小盏之中，独根心草燃至天明，盖诸清油所不及者。入食馔即不伤人，恐有忌者，宁不用耳。

【注释】①斫（zhuó）：大锄，引申为用刀、斧等砍。

【译文】皮油造烛法起于广信郡（今江西上饶）一带。方法是，取洁净的桕子，整个放入锅里蒸，蒸后倾倒在臼内用力舂击。臼深约一尺五寸，碓头的材质是石头，不用铁嘴，石料一定要取自深山，选择坚硬而细腻的上品石料，斫成的重量限定在四十斤，上部嵌在平衡木的一端进行舂捣。柏皮膜上的油全部脱骨掉落以后，挖起来，筛过以后再蒸，包裹、入榨等程序和以前一样。皮油落尽以后，只剩下黑子（核）。用不怕火的冷滑细腻的小石磨（此磨也从信郡一带深山中寻觅而得），用红火围在四周烧热，将黑子逐一灌入，快速转磨。磨破之时，用风扇去黑壳，里面完全是白仁，与梧桐子一模一样。将此碾碎后蒸，包裹后再榨，与上述方法相同。榨出的水油清亮无比，装进小盏中，一根草芯的灯可以点到天明。柏皮油是其他清油比不上的，但是作为食用油炒菜做饭，虽不会伤人，但有人忌讳不吃。

推桕子黑粒去壳取仁

其皮油造烛，截苦竹[1]筒两破，水中煮涨（不然则粘带），小篾箍勒定，用鹰嘴铁杓挽油灌入，即成一枝。插心于内，顷刻冻结，捋[2]箍开筒而取之。或削棍为模，裁纸一方，卷于其上，而成纸筒，灌入亦成一烛。此烛任置风尘中，再经寒暑，不敝坏也。

【注释】①苦竹：又名伞柄竹。秆圆筒形，高达四米。笋有苦味，故名苦竹，不能食用。②捋（luō）：用手轻轻摘取。

【译文】用皮油制造蜡烛，将苦竹筒一分为二，在水中煮涨（不煮涨则容易粘住皮油）。然后用小篾箍加以紧固，用尖嘴铁勺挽油灌入，就能成为一支蜡烛。在中间插蜡烛芯，顷刻就会凝结成蜡，摘取小篾箍，打开竹筒取出蜡烛。或者削棍作为模具，裁纸一张，卷在棍上而成纸筒，灌入皮油也会制作出蜡烛。这种蜡烛在风尘中任意置放，任凭寒暑经年变化，质量都丝毫无损。

杀青[①]第十三

宋子曰：物象精华、乾坤微妙，古传今而华达夷，使后起含生目授而心识之，承载者以何物哉？君与民通，师将弟命，冯藉呫呫口语，其与几何？持寸符、握半卷，终事诠旨，风行而冰释焉。覆载之间之藉有楮先生[②]也，圣顽咸嘉赖之矣。身为竹骨与木皮，杀其青而白乃见，万卷百家，基从此起。其精在此，而其粗效于障风护物之间。事已开于上古，而使汉、晋时人擅名记者，何其陋哉！

【注释】①杀青：杀青本是古代制作竹简的程序之一。将竹简火炙去汗后，刮去青色表皮，以便书写和防蛀虫。这里则是用来指将竹子洗去青皮，以制造竹纸的程序。这一篇主要介绍的就是有关造纸的工艺技术。②楮先生：用楮树皮制成的纸。唐代文人韩愈著有《毛颖传》一篇文章，把毛笔比作一个叫毛颖的人，又把纸称为楮先生，故称。

【译文】宋子说：自然事物的精华，天地间深奥的道理，从古代传到当今，由中原传到边境，使后人可以通过眼睛阅读而内心熟记，这都是靠什么记载下来的呢？君民间的政事沟通，师徒间的传道授业，只靠附耳细语，又能流传多少呢？然而，只要有一张纸质凭证或半卷书籍，就可以把上级的命令、旨意记清楚，传达下去解决问题，使命令雷厉风行，疑难也会像冰雪融化一样消释。天地之间，人都要依靠被尊称为“楮先生”的纸，不管聪慧与否都是如此。以竹子和树皮为原料，除去青皮便可制成白纸，万卷图书中诸子百家之学说，都借助于这种白纸流传。精细的纸就用在这种地方，粗糙的纸则用来糊窗或包装东西。造纸一事上古就已经开始了，而有人把它归于汉、晋时某一个人的发明，这是多么浅陋啊！

纸 料

凡纸质，用楮树（一名榖树）皮与桑穰、芙蓉膜等诸物者为皮纸，用竹麻者为竹纸。精者极其洁白，供书文、印文、柬[①]启[②]用；粗者为火纸[③]、包裹纸。所谓杀青，以斩竹得名；汗青以煮沥得名；简即已成纸名。乃煮竹成简[④]，后人遂疑削竹片以纪事，而又误疑“韦编”为皮条穿竹札也。秦火未经时，书籍繁甚，削竹能藏几何？如西番用贝树造成纸叶[⑤]，中华又疑以贝叶书经典。不知树叶离根即焦，与削竹同一可哂也。

【注释】①柬：古代信件、名片、帖子等的泛称。②启：古代专指下级给上级的信件，后来用为信札的通称。③火纸：即用于敬鬼神的纸钱。④所谓杀青……乃煮竹成简：上文已有提到，“杀青”本是古代制作竹简的程序之一，经过杀青的竹简又称作“杀青简”“汗简”“汗青”。这里是作者把古代的竹简误以为就是竹纸，把古代制作竹简的工序误以为是造纸的工序，故有此说法。⑤西番用贝树造成纸叶：贝叶即“贝多罗”，梵文pattra或patra的音译，一种棕榈科扇椰树的叶子。纸未发明以前，古印度用贝多罗树叶作为纸类之代用品，用以书写，但不是纸。用贝叶书写的佛经，就叫贝叶经。

【译文】一般纸张原料用楮树（又叫榖树）皮与桑树皮、木芙蓉等的二层皮造出的纸，就叫皮纸。用竹麻造出的纸就叫竹纸。制作精细的纸非常洁白，可用来书写文章、印刷文章、制作请帖和信札等各类文书；粗糙的纸则用作火纸、包装纸。古人所说的“杀青”，是因为造纸需要砍伐青竹子而得名；“汗青”则是因为蒸煮青竹皮而得名；“简”就是成品纸的称呼。原来其实是煮竹成“简”，后人就误以为古代是削竹片用来记事，又误以为“韦编”的意思就是把皮条穿在竹简上。秦始皇还没焚书之前，书籍是非常多的，如果只用竹片，又能记载多少呢？另外，西域国家有用贝树叶造纸的，中国又有人误以为贝叶可以直接用来写佛经。殊不知树叶离根就会焦枯，这种说法与削竹片用来记事的说法是一样可笑的。

造竹纸

凡造竹纸，事出南方，而闽省独专其盛。当笋生之后，看视山窝深浅，其竹以将生枝叶者为上料。节界芒种，则登山砍伐。截断五七尺长，就于本山开塘一口，注水其中漂浸。恐塘水有涸时，则用竹枧通引，不断瀑流注入。浸至百日之外，加工槌洗，洗去粗壳与青皮（是名杀青），其中竹穰形同苎麻样。用上好石灰化汁涂浆，入楻桶[①]下煮，火以八日八夜为率。

【注释】①楻桶：大木桶，用来装要蒸煮的造纸原料，放在直接受火的蒸煮锅上面。

【译文】一般制造竹纸的，都在南方，而福建省最为盛行。当竹笋长出来之后，先看看山沟里竹林的长势，以将要生出枝叶的嫩竹为上等原料。到了芒种时节就上山砍伐竹子。将竹子截成五到七尺长，在本山就地挖出一个小水塘，往里面注水漂洗浸泡竹料。为了防止塘水干涸，就用竹管引流，不断注入从高山流下来的水。浸泡一百天以上，将竹料取出加工，用木棒敲打清洗，洗掉粗壳和青

斩竹漂塘　　煮楻足火

竹皮（这就叫“杀青”），其中的竹穰就跟苎麻一样了。再用上好的石灰调成乳液涂在竹料上，放入楻桶内蒸煮，加火蒸煮，以八天八夜为限。

凡煮竹，下锅用径四尺者，锅上泥与石灰捏弦，高阔如广中煮盐牢盆样，中可载水十余石。上盖楻桶，其围丈五尺，其径四尺余。盖定受煮，八日已足。歇火一日，揭楻取出竹麻，入清水漂塘之内洗净。其塘底面、四维皆用木板合缝砌完，以妨泥污（造粗纸者，不须为此）。洗净，用柴灰浆过，再入釜中，其上按平，平铺稻草灰寸许。桶内水滚沸，即取出别桶之中，仍以灰汁淋下。倘水冷，烧滚再淋。如是十余日，自然臭烂。取出入臼受舂（山国皆有水碓[①]），舂至形同泥面，倾入槽内。

【注释】①水碓（duì）：借助水力舂米的工具。

【译文】一般蒸煮竹麻的时候，下面就用直径四尺的蒸煮锅，锅上用泥和石灰捏出边沿，高度宽度就像广东中部沿海地区煮盐的牢盆一样，里面可以盛十多石水。蒸煮锅上面盖上楻桶，它的圆周长一丈五尺，直径四尺多。盖好之后加火，蒸煮八天就够了。歇火一天后，打开楻桶取出竹麻，放入清水塘内漂洗干净。塘的底面和四周都是用木板合缝砌好的，以防泥污渗入（制造粗纸就不用这样）。洗干净之后，用柴灰水浆洗，再放入锅中，在里面按压平整，上面平铺一寸左右厚的稻草灰。桶内的水沸腾之后，就把竹麻取出放到其他桶内，仍然用柴灰水淋下。如果柴灰水冷了，要烧滚后再淋。就这样经过十多天，竹麻自然腐烂。取出放入臼中捣碎（山区都有水碓)。捣成泥面状，再倒入抄纸槽内。

凡抄纸槽，上合方斗，尺寸阔狭，槽视帘，帘视纸。竹麻已成，槽内清水浸浮其面三寸许，入纸药[1]水汁于其中(形同桃竹叶[2]，方语无定名)，则水干自成洁白。凡抄纸帘，用刮磨绝细竹丝编成。展卷张开时，下有纵横架匡。两手持帘入水，荡起竹麻，入于帘内。厚薄由人手法，轻荡则薄，重荡则厚。竹料浮帘之顷，水从四际淋下槽内，然后覆帘，落纸于板上，叠积千万张。数满，则上以板压，捎绳入棍，如榨酒法，使水气净尽流干。然后以轻细铜镊逐张揭起、焙干。凡焙纸，先以土砖砌成夹巷，下以砖盖巷地面，数块以往，即空一砖。火薪从头穴烧发，火气从砖隙透巷，外砖尽热。湿纸逐张贴上焙干，揭起成帙。

【注释】①纸药：植物粘液，能使纸浆均匀。常用的纸药是用杨桃藤、黄蜀葵等植物的浸出液。②桃竹叶：这里是指用杨桃藤浸出液制成的纸药。

【译文】一般抄纸槽的形状就像一个方斗，其尺寸的宽窄，要看纸帘的大小而定，纸帘又要看纸的大小而定。竹麻既已制成，槽内就放入清水浸泡，水面高出竹浆大约三寸，再往里面加入纸药水(纸料植物叶子像桃竹叶，各地叫法不同)，纸脱水后自然就会洁白。抄纸帘一般是用刮磨得极细的竹丝编成的。纸帘展开时，下有长方形的框架支撑着。(抄纸时)两手持着纸帘浸入水中，荡起竹浆抄入帘中。纸张的厚薄随人的手法而定，荡得轻纸张就薄，荡得重纸张就厚。竹浆浮在纸帘上的时候，水就从框架的四边流入槽中。然后翻转纸帘，使纸落到木板上，叠积到千万张。数量够了上面就放一块木板按压，系上绳子插入撬棍，像榨酒一样把纸内的水分压榨干净。然后用轻细的铜制镊子一张一张揭起、烘干。烘纸的时候，先用土砖砌成两堵墙形成夹巷，下面用砖盖着夹巷底部，隔几块砖就空出一砖。薪火从巷头的火穴烧起，热气就从砖的缝隙透过夹巷，使外面的砖头都热起来，把湿纸逐张贴上去烘干，再揭下来叠好。

覆帘压纸　　荡料入帘

近世阔幅者，名大四连，一时书文贵重。其废纸，洗去朱墨、污秽，浸烂入槽再造，全省从前煮浸之力，依然成纸，耗亦不多。南方竹贱[①]之国，不以为然。北方即寸条片角在地，随手拾取再造，名曰还魂纸。竹与皮、精与粗，皆同之也。若火纸、糙纸，斩竹煮麻，灰浆水淋，皆同前法。唯脱帘之后，不用烘焙，压水去湿，日晒成干而已。

【注释】①竹贱：南方竹子很多，故曰“竹贱”。

【译文】近代有一种叫作“大四连”的宽幅纸，一时间流行作书写纸。将这种纸的废纸洗掉朱墨、污秽，浸烂了放入槽内再次抄造，可以节省掉前面提到的浸竹和煮竹等工序，依然可以造出纸，耗费也不多。像南方这种竹贱的地方，对这种做法就不以为然了。在北方，即使是掉在地上的寸条片角的纸，也要随手捡起来再造，再生的纸就叫作“还魂纸”。竹纸和皮纸，精纸和粗纸，都是用上述方法制造出来的。至于制造火纸、粗糙的纸，斩竹、煮竹麻，用柴灰水浆、用稻草灰水淋等工序，都跟前述的方法相同。只是湿纸从帘上脱下来后，不需要烘干，只需压去水分，靠太阳晒干就可以。

盛唐时，鬼神事繁，以纸钱代焚帛（北方用切条，名曰板钱），故造此者名曰火纸。荆楚近俗有一焚侈至千斤者。此纸十七供冥烧，十三供日用。其最粗而厚者名曰包裹纸，则竹麻和宿田晚稻稿所为也。若铅山诸邑所造柬纸，则全用细竹料厚质荡成，以射重价。最上者曰官柬，富贵之家通刺[①]用之，其纸敦厚而无筋膜。染红为吉柬，则先以白矾水染过，后上红花汁云。

透火焙干

【注释】①通刺：古时将姓名写在木片或竹片上，拜访他人时，投递之以表示自己的身份，就像现在的名片一样。

【译文】盛唐的时候，祭祀鬼神之事很频繁，就用烧纸钱代替焚帛（北方用切条，叫作“板钱”），所以造出的这种纸就叫火纸。荆楚（湖北及其周围一带）近来的习俗，有浪费到一次就烧掉上千斤火纸的。这种纸有十分之七都用于祭祀焚烧，有十分之三供日常使用。其中最粗最厚的就叫包裹纸，是用竹纤维和隔年的晚稻的杆子制作而成的。至于江西铅山等地造出来的柬纸，就全用细竹料加厚抄造而成，以求高价。最上等的叫官柬纸，富贵人家投递名片时会使用，这种纸厚实没有粗筋。染红后可用作办喜事的红帖，染色时先用白矾水染过，再染上红花汁。

造皮纸

凡楮树取皮，于春末夏初剥取。树已老者，就根伐去，以土盖之。来年再长新条，其皮更美。凡皮纸，楮皮六十斤，仍入绝嫩竹麻四十斤，同塘漂浸，同用石灰浆涂，入釜煮糜。近法省啬者，皮、竹十七而外，或入宿田稻稿十三，用药得方，仍成洁白。凡皮料坚固纸，其纵文扯断如绵丝，故曰绵纸。衡断且费力。其最上一等，供用大内糊窗格者，曰棂纱纸。此纸自广信郡造，长过七尺，阔过四尺。五色颜料，先滴色汁，槽内和成，不由后染。其次曰连四纸。连四中最白者曰红上纸。皮名而竹与稻稿参和而成料者，曰揭帖[①]呈文纸。

【注释】①揭帖：明代内阁直达皇帝的一种机密文件。

【译文】剥取楮树皮，一般在春末、夏初的时候进行。选取已老的楮树，就近根部将树砍下来，再盖上土。等待来年长出新枝条，它的树皮会更好。制造皮纸，一般用六十斤楮皮，加入四十斤极嫩的竹麻，一起放入塘内漂洗浸泡，涂上石灰浆，放入锅内煮烂。近来有节省用料的做法，就是十分之七用树皮、竹麻，十分之三加入隔年的稻杆，如果用药得当，仍然可以造成洁白的纸。凡质地结实的皮纸，纵向扯断后就跟丝绵一样，所以也叫作“绵纸”。横向扯断就更费劲。其中最上一等的纸供宫内糊窗格使用，叫作“棂纱纸”。这种纸在广信府（今江西上饶地区）制造，长度大于七尺，宽度大于四尺。各种颜料的用法，是事先将色汁滴入抄纸槽内和纸浆搅和而成，不是成纸后再染。较次等的纸叫作“连四纸”，连四纸中最白的叫“红上纸”。还有名义上是用楮树皮而实际上是用竹子和稻杆掺和成原料造出的纸，叫作“揭帖呈文纸”。

芙蓉等皮造者，统曰小皮纸，在江西则曰中夹纸。河南所造，未详何草木为质，北供帝京，产亦甚广。又桑皮造者曰桑穰纸，极其敦厚，东浙所产，三吴[①]收蚕种者必用之。凡糊雨伞与油扇，皆用小皮纸。凡造皮纸长阔者，其盛水槽甚宽，巨帘非一人手力所胜，两人对举荡成。若棂纱［纸］，则数人方胜其任。凡皮纸供用画幅，先用矾水荡过，则毛茨不起。纸以逼帘者为正面，盖料即成泥浮其上者，粗意犹存也。

【注释】①三吴：古代对长江下游江南地区的一个地域合称，具体所指说法不一。狭义指的是吴郡、吴兴、会稽三郡，广义则泛指江南吴地，例如苏州、常州、湖州、杭州、无锡、上海和绍兴等地。

【译文】用木芙蓉等树皮制造的纸，统称为“小皮纸”，在江西地区则叫“中夹纸”。河南制作的纸，不清楚是用什么植物作原料，北运供京城使用，产量也非常大。还有用桑皮制成的纸叫“桑穰纸”，质地非常厚实，是浙江东部生产的，三吴地区收蚕种时必须用到。糊制雨伞和油扇，一般都用小皮纸。一般制造宽幅的皮纸，它的抄纸槽也会很大。巨大的抄纸帘不是一个人的手力所能提起的，要两个人对举着抄造。若是制造棂纱纸，就要几个人举帘才能胜任。一般供书画用的皮纸，先用明矾水荡过，就不会起毛了。

纸张以贴近抄纸帘的那一面为正面，因为抄纸时泥料都会浮在上面（纸的反面），造出的纸反面就比较粗糙。

朝鲜白硾纸，不知用何质料。倭国有造纸不用帘抄者，煮料成糜时，以巨阔青石覆于炕面，其下爇火，使石发烧。然后用糊刷蘸糜，薄刷石面，居然顷刻成纸一张，一揭而起。其朝鲜用此法与否，不可得知。中国有用此法者，亦不可得知也。永嘉蠲糨纸亦桑穰造。四川薛涛笺①，亦芙蓉皮为料煮糜，入芙蓉花末汁。或当时薛涛所指，遂留名至今。其美在色，不在质料也。

【注释】①薛涛笺：唐代女诗人薛涛设计的笺纸，是一种便于写诗，长宽适度的粉红色小纸。

【译文】朝鲜的白硾纸不知用的是什么原料。日本有造纸而不用帘抄的方法，原料煮烂之后，把巨大的青石放在坑上，下面烧火，使石发热。然后用糊刷蘸取纸浆，薄薄地刷在石面上，竟然立刻就造出一张纸，一揭而起。朝鲜用不用这种方法造纸，就不得知晓了。中国是否有用到这种方法，也不可得知了。永嘉县的蠲糨纸也是用桑皮制造的。四川的薛涛笺也是用木芙蓉树皮作原料煮烂，再加入芙蓉花汁。这种纸或许是当时薛涛所设计的，所以薛涛的名字流传至今。它的美在于颜色，不在于质地。

五金第十四

扫码听谦德君为您导读

宋子曰：人有十等[①]，自王公至于舆台，缺一焉而人纪不立矣。大地生五金以利用天下与后世，其义亦犹是也。贵者千里一生，促亦五六百里而生；贱者舟车稍艰之国，其土必广生焉。黄金美者，其值去黑铁一万六千倍，然使釜、鬵[②]、斤、斧不呈效于日用之间，即得黄金，直高而无民耳。贸迁有无，货居《周官》泉府[③]，万物司命系焉。其分别美恶而指点重轻，孰开其先，而使相须于不朽焉？

【注释】①人有十等：古代社会的一种等级制度。在十等中，王、公、大夫、士四等，属于贵族；皂、舆、隶、僚、仆、台六等，属于奴隶。②鬵（zèng）：古同"甑"，古代蒸饭的一种瓦器，如同现代的蒸锅。③《周官》泉府：泉府，官名。在《周礼》种，属于司徒的属官，掌管国家税收、收购市上的滞销物资等。也指储备钱财的府库。

【译文】宋子说：人分十等，从高贵无比的王、公，一直到低贱至极的舆、台，假设缺一等，则等级制度便难以建立。大地产出金、银、铜、铁、锡等五金，以利天下，其分类的道理也与人完全一致。贵金属千里才有产地，近的也要隔五六百里才有。贱金属就是在舟车难到的偏远之国，其地必也广泛产出。最好的黄金价值比黑铁高一万六千倍，然而没有铁锅、斧头等在生活中的应用，即使得到黄金，纵然其价值再高，也好比只有高官而没有百姓一样。贸易往来互通有无，金属货币由《周礼·地官》所说的泉府一类官员掌管，万物命运尽在掌握之中。分辨金属的贵贱优劣、指点其价值的轻重好坏，是谁率先发起，又让金属一直沿用呢？

黄 金

凡黄金为五金之长，熔化成形之后，住世永无变更。白银入洪炉虽无折耗，但火候足时，鼓鞴[①]而金花闪烁，一现即没，再鼓则沉而不现。惟黄金则竭力鼓鞴，一扇一花，愈烈愈现，其质所以贵也。凡中国产金之区，大约百余处，难以枚举。山石中所出，大者名马蹄金，中者名橄榄金、带胯金，小者名瓜子金。水沙中所出，大者名狗头金，小者名麸麦金、糠金。平地掘井得者，名面沙金，大者名豆粒金。皆待先淘洗后冶炼而成颗块。

【注释】①鞴（bèi）：古代的鼓风吹火器。

【译文】黄金是五金之尊，一旦熔化成形，永远不再发生变化。白银进入熔炉熔化，虽无损耗，但火候足时，用鼓风机鼓风则金花闪烁，会一现即没，再次鼓风则消失不见。只有黄金，尽管极力鼓风，鼓一次则金花闪现一次，火力越猛，金花越多，这是黄金昂贵的奥秘。中国产黄金的地区约有百处，难以一一列举。山石中所产的黄金，大块的叫“马蹄金”，中等的叫“橄榄金”“带胯金”，小的叫“瓜子金”。从水沙中所产出的，大的叫“狗头金”，小的叫“麸麦金”“糠金”。在平地掘井得到的黄金叫“面沙金”，大块的叫“豆粒金”。都要先淘洗后冶炼，最后成为黄金颗块。

金多出西南，取者穴山至十余丈见伴金石，即可见金。其石褐色，一头如火烧黑状。水金多者出云南金沙江（古名丽水），此水源出吐蕃，绕流丽江府，至于北胜州，回环五百余里，出金者有数截。又川北潼川等州邑与湖广沅陵、溆浦等，皆于江沙水中淘沃取金。千百中间有获狗头金一块者，名曰金母，其余皆麸麦形。

【译文】黄金多在西南一带产出，采金人在山上挖掘深洞，挖至十余丈深可见到伴金石，就可见到黄金。其石为褐色，另一头如火烧黑一般。水金盛产地是云南金沙江（古称丽水），此水源自吐蕃（西藏），绕云南丽江府流过，再到云南的永胜，迂回环绕五百余里，出金处有几个地方。此外四川北部潼川（今梓潼）等地与湖广（湖南）沅陵、溆浦等地，都在江沙水中淘金。千百次淘金时，间或获得一块狗头金，称为“金母”，其余尽是麸麦形的极小颗粒。

入冶煎炼，初出色浅黄，再炼而后转赤也。儋、崖有金田，金杂沙土之中，不必深求而得。取太频则不复产，经年淘炼，若有则限。然岭南夷獠洞穴中，金初出如黑铁落[1]，深挖数丈得之黑焦石下。初得时咬之柔软，夫匠有吞窃腹中者，亦不伤人。河南蔡、巩等州邑，江西乐平、新建等邑，皆平地掘深井取细沙淘炼成，但酬答人功，所获亦无几耳。大抵赤县之内，隔千里而一生。《岭表录［异］》云，居民有从鹅鸭屎中淘出片屑者，或日得一两，或空无所获。此恐妄记也。

【注释】①黑铁落：铁匠在打铁时敲出的铁渣。

【译文】黄金入炉进行煎炼，起初出炉，颜色呈浅黄色，再行冶炼后转成赤色。儋州、崖州一带有金田，黄金掺杂于沙土中，不用深挖便可得到。不过，频繁挖取，则不复产出。长年淘炼，即使得金也会有限。在岭南一带少数民族地区的洞穴中，起初所采的金像黑色氧化铁屑，深挖数丈以后在黑焦石下面可以得到。初得的金一咬，感觉柔软，匠人进行偷窃，即使吞到腹中，也不会伤人。河南上蔡、巩义市和江西乐平、新建等地区，都在平地挖掘深井，取细沙进行淘炼而得金，但人工费用极大，获利有限。大致来说，中国境内隔千里会有一地产金。唐人刘恂所著的《岭表录异》记载，居民从鹅鸭屎中淘出金屑，有的一日得一两金，有的空无所获。这恐怕是虚妄荒谬之言。

凡金质至重，每铜方寸重一两者，银照依其则，寸增重三钱。银方寸重一两者，金照依其则，寸增重二钱。凡金性又柔，可屈折如枝柳。其高下色，分七青、八黄、九紫、十赤。登试金石上（此石广信郡河中甚多，大者如斗，小者如拳，入鹅汤中一煮，光黑如漆），立见分明。凡足色金参和伪售者，唯银可入，余物无望焉。欲去银存金，则将其金打成薄片剪碎，每块以土泥裹涂，入坩埚[1]中鹏砂熔化，其银即吸入土内，让金流出以成足色。然后入铅少许，另入坩埚内，勾出土内银，亦毫厘具在也。

【注释】①坩埚：用极耐火的材料（如黏土、石墨、瓷土或较难熔化的金属）所制的器皿或熔化罐。

【译文】金非常贵重。假设铜一寸见方有一两重，依此计算，则同样一寸见方的银要比铜重三钱；假设一寸见方的银重一两，则同样一寸见方的金要比银重二钱。金性柔软，可如柳枝一样屈折。金的高低成色，依次是七成金为青色，八成金为黄色，九成金为紫色，十成足金为赤色。将金放在试金石（此石在江西广信郡的河中极多，大者如斗，小者似拳，将试金石放入鹅汤中一煮，其色光黑如漆）上测试，金的高低成色一目了然。在足色金中掺假出售，只可掺银，其余金属都不行。要想除银存金，便要把金打成薄片剪碎，每片再裹上泥土，放入坩埚中加鹏砂熔化，金中的银就被土吸入，金流出就成为足色。然后入铅少许，将土于另一坩埚内熔化，土中银会被提炼出来，而且毫厘无损。

凡色至于金，为人间华美贵重，故人工成箔而后施之。凡金箔每金七分造方寸金一千片，粘铺物面，可盖纵横三尺。凡造金箔，既成薄片后，包入乌金纸内，竭力挥椎打成（打金椎，短柄，约重八斤）。凡乌金纸由苏杭造成。其纸用东海巨竹膜为质。用豆油点灯，闭塞周围，止留针孔通气，熏染烟光而成此纸。每纸一张打金箔五十度，然后弃去，为药铺包朱用，尚末破损，盖人巧造成异物也。

【译文】金色华美贵重，在人间无与伦比，所以人工制成金箔作为装饰。七分重的黄金可打造成一寸见方的金箔一千片，粘铺在器物表面，可以覆盖三尺见方的面积。打造金箔，成薄片以后，再包入乌金纸内，尽力挥椎（打金椎，柄很短，约重八斤）打成。乌金纸由苏州、杭州一带造成，这种纸用东海的巨竹膜为原料。点燃豆油灯，封闭好四周，只留针眼大的孔通气，用灯烟将纸熏染成乌金纸。每张纸可承受打金箔五十次，然后弃去作废，但尚未破损，可供药铺包朱砂用。这是凭人巧造出来的奇物。

凡纸内打成箔后，先用硝熟猫皮绷急为小方板，又铺线香灰撒墁皮上。取出乌金纸内箔，覆于其上，钝刀界画成方寸。口中屏息，手执轻杖，唾湿而挑起，夹于小纸之中。以之华物，先以熟漆布地，然后粘贴（贴字者多用楮树浆）。秦中造皮金者，硝扩羊皮使最薄，贴金其上，以便剪裁服饰用。皆煌煌至色存焉。凡金箔粘物，他日敝弃之时，刮削火化，其金仍藏灰内。滴清油数点，伴落聚底，淘洗入炉，毫厘无恙。

【译文】在乌金纸内将金子打成金箔后，先将硝熟的猫皮绷紧成为小方皮板，然后在皮面上铺撒香灰。取出乌金纸里面的金箔覆盖在香灰上，再用钝刀画成许多一寸见方的小方格。操作者屏息静气，手持小棍，用唾液粘湿后挑起金箔，并夹在小纸之中。用金箔装饰物件，先以熟漆在物件表面刷一层底，再将金箔进行粘贴（贴字时多用楮树汁）。陕西中部造皮金的工匠则用硝熟的羊皮拉至极薄，将金箔贴在皮上，以便剪裁用作服饰，都能显出辉煌闪亮的金色。金箔粘贴的物件，当以后破旧扔掉时，将金箔削刮下来用火烧，其金质依然残留灰内。滴上几滴清油，金质又随油聚在下面，淘洗后入炉熔炼，毫厘无损。

凡假借金色者，杭扇以银箔为质，红花子油刷盖，向火熏成。广南货物，以蝉蜕壳调水描画，向火一微炙而就，非真金色也。其金成器物，呈分浅淡者，以黄矾涂染，炭火作炙，即成赤宝色。然风尘逐渐淡去，见火又即还原耳。（黄矾详《燔石》卷。）

【译文】让器物涂上金色的方法：杭州扇子用银箔为材料，以红花子油刷涂，用火熏成。广东南部的货物则以蝉蜕壳碎粉调水来描画，用火微烤而成。这两种都不是真金的颜色。用金做成的器物颜色浅时，也可用黄矾涂染，再用炭火烤，即能变成赤宝色。然而风尘吹污，颜色逐渐又淡，把它再用炭火炙一下，又可恢复赤宝色。（关于黄矾，可详见《燔石》章。）

银 附：朱砂银

凡银，中国所出，浙江、福建旧有坑场，国初或采或闭。江西饶、信、瑞三郡有坑从未开。湖广则出辰州，贵州则出铜仁，河南则宜阳赵保山、永宁秋树坡、卢氏高嘴儿、嵩县马槽山，与四川会川密勒山、甘肃大黄山等，皆称美矿。其他难以枚举。然生气有限，每逢开采，数不足则括派以赔偿。法不严则窃争而酿乱，故禁戒不得不苛。燕、齐诸道，则地气寒而石骨薄，不产金、银。然合八省所生，不敌云南之半，故开矿煎银，唯滇中可永行也。

【译文】中国产银之地，在浙江、福建旧时都有坑场。明朝初年，有的依旧开采，有的已然关闭。江西饶州、广信和瑞州三处都有银矿坑，然而从未开采过。湖南辰州出银，贵州的银则出于铜仁，河南宜阳的赵保山、永宁的秋树坡、卢氏的高嘴儿、嵩县的马槽山，还有四川会川的密勒山、甘肃大黄山等地，都是产银的上等矿，其他地方不胜枚举。然而发展有限，每次开采量倘若不足，所得还不够交付苛捐杂税。如果法制不严，则盗窃、争抢常常酿成祸乱，所以，禁令也就越来越严苛。河北、山东各地，地气寒而地矿的石层薄，不产金银。然而，总计以上八省所出之银，还不及云南产量的一半，所以开矿、炼银，只有在云南才可长期办下去。

凡云南银矿，楚雄、永昌、大理为最盛，曲靖、姚安次之，镇沅又次之。凡石山硐中有矿砂，其上现磊然小石，微带褐色者，分丫成径路。采者穴土十丈或二十丈，工程不可日月计。寻见土内银苗，然后得礁砂[①]所在。凡礁砂藏深土，如枝分派别，各人随苗分径横挖而寻之。上楮横板架顶，以防崩压。采工篝灯逐径施钁，得矿方止。凡土内银苗，或有黄色碎石，或土隙石缝有乱丝形状，此即去矿不远矣。

【注释】①礁砂：即银矿砂。

【译文】在云南银矿中，楚雄、永昌、大理为最盛，曲靖、姚安次之，镇沅再次之。只要石山洞中有银矿砂，就会在上面出现一些凸起的小石，微带褐色，分布如枝杈般。采矿者挖土十丈或二十丈左右，工程时间很长，不能以日、月计算。找到银苗以后，才知道礁砂所在之处。礁砂藏在深土内，像树枝那样分散。各人沿着矿脉分头挖取。坑内架板支撑洞顶，以防崩裂塌方。矿工点灯沿着矿脉挥锄采挖，挖到银矿后才停止。土内的银苗出现黄色碎石，或者土石缝内有乱丝形状，这就离银矿很近了。

凡成银者曰礁，至碎者曰砂，其面分丫若枝形者曰矿，其外包环石块曰“矿”[①]。“矿”石大者如斗，小者如拳，为弃置无用物。其礁砂形如煤炭，底衬石而不甚黑，其高下有数等（商民凿穴得砂，先呈官府验辨，然后定税）。出土以斗量，付与冶工，高者六七两一斗，中者三四两，最下一二两（其礁砂放光甚者，精华泄露，得银偏少）。

开采银矿

【注释】①其外包环石块曰“矿”：这是在银精矿外围的脉石，即围岩。

【译文】含银较多的成块矿石叫礁，细碎的叫砂，表面分丫如树枝形状的矿脉叫矿，包在矿外面的石块叫围岩，围岩大的像斗，小的像拳头，都属于弃置无用之物。礁砂的形状像煤炭，底下垫着石头而显得不那么黑，礁砂分高低几等（商民挖洞得到礁砂，先呈交官府检验，然后定税）。取出的银矿石以斗计量，交给冶炼工。出银多的一斗可炼出六七两，中等的可获得三四两，最下等也就一二两（有一种非常光亮的礁砂，属于精华泄露，得银较少）。

凡礁砂入炉，先行拣净淘洗。其炉土筑巨墩，高五尺许，底铺瓷屑、炭灰。每炉受礁砂二石。用栗木炭二百斤周遭丛架。靠炉砌砖墙一朵，高阔皆丈余。风箱安置墙背，合两三人力，带拽透管通风。用墙以抵炎热，鼓鞴之人方克安身。炭尽之时，以长铁叉添入。风火力到，礁砂熔化成团。此时，银隐铅中，尚未出脱。计礁砂二石熔出团约重百斤。

熔礁结银与铅

【译文】礁砂（银矿石）入炉前，先要拣净、淘洗。炼银炉墩巨大，用土筑成，高约五尺，底部铺上瓷屑、木炭。每炉可容纳二石礁砂，用栗木炭二百斤堆架在周围。靠炉砌一垛砖墙，高、宽各一丈多。墙背安置风箱，由二三人一起拽拉风箱，通过风管送风。墙的作用是挡住炉的高温，鼓风人才可安身。木炭烧完后，用长铁叉再添入。风力、火力足时，礁砂化成一团，此时银隐在铅中，尚未脱离出来。在二石的礁砂中，能熔出团块大约一百斤。

冷定取出，另入分金炉（一名虾蟆炉）内，用松木炭匝围，透一门以辨火色。其炉或施风箱，或使交箑。火热功到，铅沉下为底子（其底已成陀僧样，别入炉炼，又成扁担铅）。频以柳枝从门隙入内燃照，铅气净尽，则世宝凝然成象矣。此初出银亦名生银。倾定无丝纹，即再经一火，当中止现一点圆星，滇人名曰茶经。逮后入铜少许，重以铅力熔化，然后入槽成丝（丝必倾槽而现，以四围匡住，宝气不横溢走散）。其楚雄所出又异，彼铜砂铅气甚少，向诸郡购铅佐炼。每礁百斤，先坐铅二百斤于炉内，然后煽炼成团。其再入虾蟆炉沉铅结银，则同法也。此世宝所生，更无别出。方书、本草无端妄想、妄注，可厌之甚。

【译文】熔炉冷却以后，取出团块另装入分金炉（一名虾蟆炉）内，用松木炭围起，留出一小门以观察火候。分金炉用风箱或交互用团扇煽风，温度如果达到要求，铅即沉到炉底（炉底的铅就成为密陀僧即氧化铅，另入熔炉烧炼，又会成为扁担铅）。频繁用柳枝从小门缝中插入燃烧，铅去尽后，就提炼成世人喜爱的纯银了。这是初炼成的银，也叫生银。倒出来凝固后，假设没有丝纹，便要再次熔炼，使凝固的银锭中心现出一点圆星，云南人称其为“茶经”。其后，向里面加一点铜，重新用铅熔化，然后放入槽中就会凝结成丝状（一定要倒入槽中才出现丝状的原因是，四周被框住，银气不会四溢流散）。云南楚雄所产的银矿有一个特点，其中含铅很少，需要向各地买铅炼银。凡是银矿石一百斤，先在炼炉底部垫铅二百斤，然后鼓风将其熔炼成团，再放入分金炉中，使铅下沉而分离出银，与上述方法是一样的。银只有这样才能炼出来，别无他法。一些炼丹术方书和本草书没有来由地乱想、妄注，非常讨厌。

沉铅结银

大抵坤元精气，出金之所三百里无银，出银之所三百里无金。造物之情亦大可见。其贱役扫刷泥尘，入水漂淘而煎者，名曰淘厘锱。一日功劳，轻者所获三分，重者倍之。其银俱日用剪、斧口中委余，或鞋底粘带布于衢市，或院宇扫屑弃于河沿。其中必有焉，非浅浮土面能生此物也。

【译文】一般来说，大地所含矿藏中，出金之地三百里内无银，出银之所三百里内无金。大自然的情况，大致如此。有的仆役将扫刷的泥尘入水淘洗、煎炼出银，叫作“淘厘锱”。用一天的时间，少的可得银三分，多的加倍。其所得的银，都来自日常用的剪刀、斧子刃下所掉的残渣，或在街市上行走鞋底粘带的土，或院落房间打扫下来的尘土扔到河边。其中必杂有或多或少的银质，但这不是说浅浮的土面就能生银。

凡银为世用，惟红铜与铅两物可杂入成伪。然当其合琐碎而成钣锭，去疵伪而造精纯。高炉火中，坩埚足炼。撒硝少许，而铜、铅尽滞埚底，名曰银锈。其灰池中敲落者，名曰炉底。将锈与底同入分金炉内，填火土甑之中，其铅先化，就低溢流，而铜与粘带余银，用铁条逼就分拨，井然不紊。人工、天工亦见一斑云。炉式并具于左。

分金炉清锈底

【译文】世上的银子，只有红铜与铅这两种物质可掺入造假。但是把碎银铸成银锭，要除去杂质而成纯银。方法是放进坩埚内，在高温的炉火中充分熔炼。撒入一点硝石，则铜、铅一起沉在锅底，叫作“银锈”。吸附在灰池中而敲落的叫作“炉底”。将银锈与炉底同时放进分金炉内，把炭火填入土甑中，其中的铅会先行熔化，流于低洼处，而铜、银粘于一处，用铁条将其拨开，二者井然分开，毫不紊乱。人的技巧与自然的作用浑然天成，于此也可见一斑。炉的图式在下面。

朱砂银：凡虚伪方士以炉火惑人者，唯朱砂银[令]愚人易惑。其法以投铅、朱砂与白银等分，入罐封固，温养三七日后，砂盗银气，煎成至宝。拣出其银，形存神丧，块然枯物。入铅煎时，逐火轻折，再经数火，毫忽无存。折去砂价、炭资，愚者贪惑犹不解，并志于此。

【译文】朱砂银：骗人的炼丹者用炉火迷惑人，只有朱砂银骗人最容易。其制造方法是，用铅、朱砂与等量的白银放入坩埚密封，文火加热二十一天后，朱砂染上银气，炼成为“银”。拣出此“银”一看，外表有银之形，但没有银的本质，只是一块干枯之物。加入铅煎炼，越炼越轻，再炼几次，此“银”会完全消失。徒然损失朱砂与木炭的费用，愚者贪婪，迷惑不解，屡屡受骗，所以特记于此。

铜

凡铜供世用，出山与出炉只有赤铜。以炉甘石或倭铅参和，转色为黄铜；以砒霜等药制炼为白铜；矾、硝等药制炼为青铜；广锡参和为响铜；倭铅和写为铸铜。初质则一味红铜而已。

【译文】铜供人们使用，山上产出与出自冶炉中的，只有赤铜（红铜）一种。赤铜与炉甘石或者锌掺在一起熔炼，则赤铜转色成为黄铜。赤铜与砒霜等药一起制炼，成为白铜。赤铜与矾石、硝石等药一起熔炼，可制成青铜。赤铜和广锡一起熔炼，就成为响铜，与锌共炼成为铸铜，不过，红铜是基本材料。

凡铜坑所在有之。《山海经》言，出铜之山四百三十七。或有所考据也。今中国供用者，西自四川、贵州为最盛，东南间自海舶来，湖广武昌、江西广信皆饶洞穴。其衡、瑞等郡，出最下品，曰蒙山铜者，或入冶铸混入，不堪升炼成坚质也。

【译文】铜坑随处都有。《山海经》说，产铜的山有四百三十七处。或许言之有据。如今中国使用的铜，西部四川、贵州出产量最大，东南各省偶有通过海船从国外购进的，湖广武昌、江西广信的铜矿十分富饶。衡州（今湖南衡阳）、瑞州（今江西高安）一带所出产的都是下品，叫“蒙山铜”，有时在冶铸时混入一些，但不足以单独冶炼成硬质铜。

凡出铜山夹土带石，穴凿数丈得之，仍有“矿”包其外。“矿”状如姜石，而有铜星，亦名铜璞，煎炼仍有铜流出，不似银“矿”之为弃物。凡铜砂在“矿”内，形状不一，或大或小，或光或暗，或如鍮[①]石，或如姜铁。淘洗去土滓，然后入炉煎炼，其熏蒸傍溢者，为自然铜，亦曰石髓铅。

穴取铜铅

【注释】①鍮（tōu）：黄铜矿石。

【译文】凡是出铜的山，都夹土带石，深挖数丈，可见到包在铜外面的“矿”石（围岩）。这种石形状像姜，但是有铜斑，也叫作“铜璞”，煎炼后仍有铜流出，不像银“矿”的脉石那样，煎炼后就被抛弃掉。铜砂在“矿”石里的形状不一，或大或小，或有光或无光，有的像黄铜，有的像姜铁。淘洗掉土滓，然后入炉煎炼，从炉面溢出来的含有少量铜的炉渣是自然铜，也叫“石髓铅”。

凡铜质有数种。有全体皆铜，不夹铅、银者，洪炉单炼而成。有与铅同体者，其煎炼炉法，傍通高低二孔，铅质先化从上孔流出，铜质后化从下孔流出。东夷铜又有托体银矿内者，入炉炼时，银结于面，铜沉于下。商舶漂入中国，名曰日本铜，其形为方长板条。漳郡人得之，有以炉再炼，取出零银，然后写成薄饼，如川铜一样货卖者。

【译文】铜矿有数种，有全体都是铜，一点也不夹杂铅、银的，经过熔炉一炼即成；有与铅同体的，其冶炼方法是，在熔炉一侧开高、低两个孔，铅先熔化从上孔流出，铜后熔化从下孔流出。日本铜也有包在银矿之内的，入炉熔炼，银出现在上，铜沉在下。商船运进中国，称之为“日本铜”，形状是长方形的板条。福建漳州人得到此铜，有的入炉再炼，提炼出银，再将铜炼成薄饼，类似川铜一样地销售。

化铜

凡红铜升黄色为锤锻用者，用自风煤炭（此煤碎如粉，泥糊作饼，不用鼓风，通红则自昼达夜。江西则产袁郡及新喻邑）百斤灼于炉内，以泥瓦罐载铜十斤，继入炉甘石六斤，坐于炉内，自然熔化。后人因炉甘石烟洪飞损，改用倭铅。每红铜六斤，入倭铅四斤，先后入罐熔化。冷定取出，即成黄铜，唯人打造。

【译文】将红铜炼成可锤锻的黄铜，需要用一百斤自风煤炭烧炉（自来风煤炭是一种碎煤，呈粉末状，和泥制成煤饼，不用鼓风一样燃烧，昼夜通红不灭，产于江西袁州府及新喻县），用泥瓦罐装上十斤铜，再装入炉甘石六斤，放在炉内，自然熔化。后来工匠因为炉甘石挥发厉害而损耗太大，就改用锌。每红铜六斤加进锌四斤，先后入罐熔化。冷却凝结后取出，即成黄铜，然后任人打造。

凡用铜造响器，用出山广锡无铅气者入内。钲（今名锣）、镯（今名铜鼓）之类，皆红铜八斤，入广锡二斤；铙、钹，铜与锡更加精炼。凡铸器，低者红铜、倭铅均平分两，甚至铅六铜四；高者名三火黄铜、四火熟铜，则铜七而铅三也。

【译文】用铜制造乐器，用两广产的不含铅的锡与铜一起放入炉内熔炼。制造钲器（今名为锣）、镯（今名为铜鼓），用红铜八斤，然后加入广锡两斤。制造铙、钹，用的铜和锡更加精炼。制造铸器时，质量低的含红铜和锌各一半，甚至铅六铜四。至于高质的铜器，则用三火黄铜经过三次熔炼的黄铜或者四火熟铜作原料，其中含铜量达十分之七，铅只含有十分之三。

凡造低伪银者，唯本色红铜可入。一受倭铅、砒、矾等气，则永不和合。然铜入银内，使白质顿成红色，洪炉再鼓，则清浊浮沉立分，至于净尽云。

【译文】制造低劣的假银，只有纯色的红铜可以掺入。银遇到锌、砒、矾这些物质，永不能熔合。然而，铜混入银中，银的白色顿时成了红色，再入熔炉内鼓风熔炼，铜被氧化而银不被氧化，则银、铜的清浊、浮沉立刻分明，以至于干干净净地分离。

附：倭铅

凡倭铅，古书本无之，乃近世所立名色。其质用炉甘石熬炼而成。繁产山西太行山一带，而荆、衡为次之。每炉甘石十斤，装载入一泥罐内，封裹泥固，以渐砑干[①]，勿使见火拆裂。然后逐层用煤炭饼垫盛，其底铺薪，发火煅红，罐中炉甘石熔化成团，冷定，毁罐取出。每十耗去其二，即倭铅也。此物无铜收伏，入火即成烟飞去。以其似铅而性猛，故名之曰“倭”云。

【注释】①砑（yà）干：用卵形或弧形的石块碾压或摩擦皮

革、布帛等，使紧实而光亮。

升炼倭铅

【译文】“倭铅”（锌），古书中没有记录，是近世起的名称。“倭铅”由炉甘石烧炼而成，盛产于山西太行山一带，而荆州、衡州产量稍差。炉甘石每十斤装入泥罐，再用泥封好，再将表面摩擦光滑、风干，以防见火时坼裂。然后逐层用煤炭饼将泥罐垫起，下面铺上薪柴，燃火烧红。罐中的炉甘石熔化成团，冷却后毁罐取出，即成倭铅（锌）。每十斤炉甘石耗损二斤。此物没有铜的掺入，入火就会变成烟，飞散而去。因其外形似铅，但是性质又比铅猛烈，故称其为“倭铅”（倭是日本，日本人在明代为害猛烈，因有此称）。

铁

凡铁场，所在有之，其质浅浮土面，不生深穴，繁生平阳冈埠，不生峻岭高山。质有土锭、碎砂数种。凡土锭铁，土面浮出黑块，形似秤锤。遥望宛然如铁，拈之则碎土。若起冶煎炼，浮者拾之，又乘雨湿之后牛耕起土，拾其数寸土内者。耕垦之后，其块逐日生长，愈用不穷。西北甘肃，东南泉郡，皆锭铁之薮也。燕京、遵化与山西平阳，则皆砂铁之薮也。凡砂铁，一抛土膜，即现其形，取来淘洗，入炉煎炼，熔化之后与锭铁无二也。

【译文】铁矿无处不在，铁浅藏在地面，不生于深洞中，广泛产于平原和丘陵地带，也不产于崇山峻岭。矿质有土锭铁、碎砂铁多种。土锭铁是地面浮出的黑块，形似秤锤。远看像铁，用手一捻就成为碎土。如进行冶炼，则将地表的矿石收集，又趁雨湿后，用牛犁土，把埋在几寸深的都拣起来。土地经过耕后，“土锭铁”依旧逐日生长，用之不尽。西北的甘肃、东南的福建泉州，都是土锭铁的盛产之处。燕京、遵化与山西平阳，是砂铁的盛产地。砂

垦土拾锭

淘洗铁砂

铁一破地表就可看到，取来淘洗，入炉煎炼，熔化之后与土锭铁

一样。

凡铁分生、熟：出炉未炒则生，既炒则熟。生熟相和，炼成则钢[①]。凡铁炉，用盐做造，和泥砌成。其炉多傍山穴为之，或用巨木匡围，塑造盐泥，穷月之力，不容造次。盐泥有罅，尽弃全功。凡铁一炉载土二千余斤，或用硬木柴，或用煤炭，或用木炭，南北各从利便。扇炉风箱必用四人、六人带拽。土化成铁之后，从炉腰孔流出。炉孔先用泥塞。每旦昼六时，一时出铁一陀。既出，即叉泥塞，鼓风再熔。

【注释】①生熟相和，炼成则钢：生铁、熟铁和钢都是铁碳合金。一般把含碳量大于1.7%、小于6.67%的称为生铁，含碳量小于0.05%的称为熟铁，含碳量0.05%至1.7%的称为钢。

【译文】铁分为生铁、熟铁两种：出炉后没有炒过的是生铁，炒过就成为熟铁。生熟铁混合一起熔炼，就炼成了钢。炼铁炉用掺盐的泥土垒成，多靠近山洞设置，或用巨木围成框，用盐泥制造，要用一月之力建成，不可潦草。如盐泥出现裂缝，会前功尽弃。炼一炉铁可装两千余斤铁矿石，燃料有的用硬木柴，有的用煤炭，有的用木炭，南北各地就地取材。向炉内鼓风的风箱，必须由四人或六人共同推拉。矿石熔化成铁水后，从炉腰孔流出。炉孔先用泥堵塞。每日在白天的十二小时以内，每两小时出一坨铁。出一次铁后，立刻用叉拨泥塞住铁孔，再鼓风熔炼。

凡造生铁为冶铸用者，就此流成长条、圆块，范内取用。

若造熟铁，则生铁流出时相连数尺内，低下数寸筑一方塘，短墙抵之。其铁流入塘内，数人执持柳木棍排立墙上。先以污潮泥晒干，舂筛细罗如面，一人疾手撒挽[1]，众人柳棍疾搅，即时炒成熟铁。其柳棍每炒一次，烧折二三寸，再用则又更之。炒过稍冷之时，或有就塘内斩划成方块者，或有提出挥椎打圆后货者。若浏阳诸冶，不知出此也。

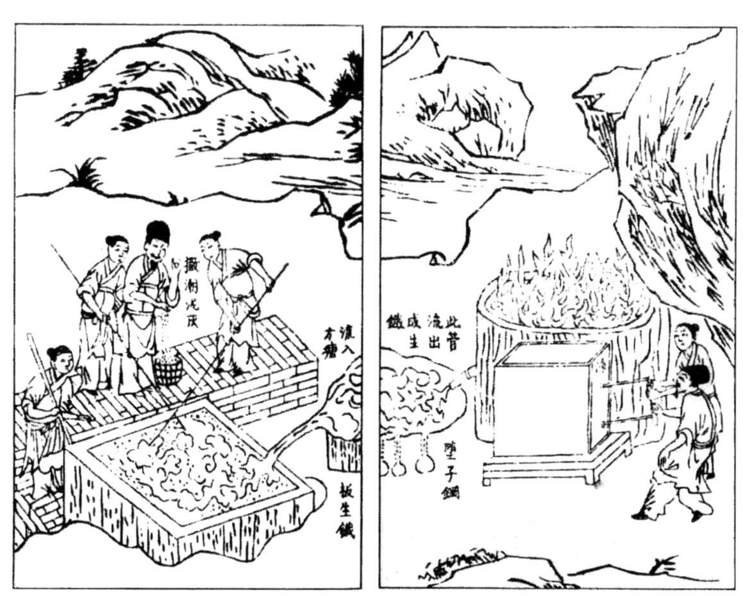

生熟炼铁炉

【注释】①挽（rān）：客家方言口头语，意为撒洒。

【译文】生产生铁，只要是供铸造用的，便让铁水流到条状或圆块状的铸模内，取出即可使用。若造熟铁，则在生铁水流出几尺远并低几寸的地方，修筑一个方塘，塘边砌短墙，铁水流入方塘后，数人持柳木棍立在墙上。提前把黑色湿泥晒干，捣碎、筛成如面粉的细末。一人飞快将泥粉撒播在铁水上面，其余众人用柳棍快速搅拌，生铁就炒成了熟铁。柳棍每搅动一次，要烧损二三寸左右，用过几次则需更新。炒过后稍微冷却时，有的人就地在方塘内将铁水划成方块，或者提出来打成圆饼售卖。但像湖南浏阳那些冶铁场，还不懂得此项技术。

凡钢铁炼法，用熟铁打成薄片，如指头阔，长寸半许，以铁片束包尖紧，生铁安置其上（广南生铁名堕子生钢者妙甚），又用破草履盖其上（粘带泥土者，故不速化），泥涂其底下。洪炉鼓鞴，火力到时，生钢先化，渗淋熟铁之中，两情投合，取出加锤。再炼再锤，不一而足。俗名团钢，亦曰灌钢者是也。

【译文】炼钢铁的方法是，用熟铁打成薄片，宽如手指，长一寸半左右。然后把薄片包扎紧，再将生铁放在上面（广东南部有一种生铁，叫堕子生钢，最好用），再用带有泥土的破草鞋（有泥土不致于很快烧毁）盖在上面，铁片下面涂上泥浆。再放入熔炉鼓风熔炼，火力到时，生铁化成铁水渗淋到熟铁中，让生熟铁二者相互结合。自炉中取出，加以锤打，再炼再锤，直至满意。这样，就得到团钢，也称灌钢。

其倭夷刀剑，有百炼精纯、置日光檐下则满室辉曜者，不用生熟相和炼，又名此钢为下乘云。夷人又有以地溲淬刀剑者（地溲乃石脑油之类，不产中国），云钢可切玉，亦未之见也。凡铁内有硬处不可打者名铁核，以香油涂之即散。凡产铁之阴，其阳出慈石，第有数处，不尽然也。

【译文】日本国有一种刀剑，采用百炼精纯的钢料，白天放在屋檐日光下则满室光辉闪耀。这种钢不用生铁与熟铁合炼，又有人说此钢属于下品。外国有人用地溲（地溲是石脑油之类的物质，中国没有）为刀剑进行淬火，据说这种钢刀可以切玉，但我未曾亲眼目睹。铁内有一种硬质，无法进行锻打，被称为“铁核”。如用香油涂抹，再打就会打散。铁矿产于山的背阳处，相反的向阳之处便产出磁铁石，好几个地方都有这种现象，但不是全都如此。

锡

凡锡，中国偏出西南郡邑，东北寡生。古书名锡为“贺”者，以临贺郡产锡最盛而得名也。今衣被天下者，独广西南丹、河池二州居其十八，衡、永则次之。大理、楚雄即产锡甚盛，道远难致也。

【译文】锡产于中国西南各地，东北很少产出。古书称锡为“贺”，因为临贺县产锡盛多，因而得名。现在，遍布天下的锡，仅仅是广西南丹、河池两个州就占十分之八，衡州、永州次之，云南大理、楚雄即使产锡很多，但路远难行，运输不便。

凡锡有山锡、水锡两种。山锡中又有锡瓜、锡砂两种，锡瓜块大如小瓠[①]，锡砂如豆粒，皆穴土不甚深而得之。间或土中生脉充牣[2]，致山土自颓，恣人拾取者。水锡，衡、永出溪中，广西则出南丹州河内，其质黑色，粉碎如重罗面。南丹河出者，居民旬前从南淘至北，旬后又从北淘至南，愈经淘取，其砂日长，百年不竭。但一日功劳，淘取煎炼，不过一斤。会计炉炭资本，所获不多也。南丹山锡出山之阴，其方无水淘洗，则接连百竹为枧[3]，从山阳枧水淘洗土滓，然后入炉。

河池山锡

南丹水锡

【注释】①瓠（hù）：就是瓠瓜，葫芦的一个变种。②牣（rèn）：满。③枧（jiǎn）：同“笕”。引水的竹、木管子。

【译文】锡分为山锡、水锡两类，山锡中又有锡瓜、锡砂两种。锡瓜块如小葫芦大小，锡砂像豆粒，两者都属于挖土不深时即可得到。有时土中矿脉充斥而呈条带状分布并露出地表，任人随意拾取。水锡，衡州、永州产于小溪中，广西则产于南丹州的河中。其锡看起来如黑色粉状，类似罗筛过的面一样。南丹河里所产的水锡，居民在十日前从南淘到北，十日后又从北淘到南，越淘取，砂锡增长越多，百年不竭。但一天忙碌淘洗、煎炼，也不过得锡一斤，再算炉炭成本，获利有限。南丹山锡产于山的北坡，当地无水淘洗，则用许多竹筒接成水槽，从山的南坡引水过来，淘洗掉土滓，然后入炉。

凡炼煎亦用洪炉。入砂数百斤，丛架木炭亦数百斤，鼓鞲熔化。火力已到，砂不即熔，用铅少许勾引，方始沛然流注。或有用人家炒锡剩灰勾引者。其炉底炭末、瓷灰铺作平池，傍安铁管小槽道，熔时流出炉外低池。其质初出洁白，然过刚，承锤即坼裂。入铅制柔，方充造器用。售者杂铅太多，欲取净则熔化，入醋淬八九度，铅尽化灰而去。出锡唯此道。方书云马齿苋取草锡者，妄言也。谓砒为锡苗者，亦妄言也。

炼锡炉

【译文】炼锡时也用洪炉，在炉内装入锡砂数百斤，架起的木炭也有数百斤，鼓风进行熔炼。火力到时，如锡砂还不熔化，就用一点铅作引子，锡才熔化流出。也有用别人炼锡时的剩灰作引子的。炉底下用炭末、瓷器粉末铺作平池，炉旁安装铁管小槽道，锡熔化时自然流到炉外的低池中。锡刚出炉时其色洁白，不过刚性太强，一锤打就会开裂。加入铅才能使锡变柔，这样才能制造器物。卖锡者掺铅太多，要想提纯，则须进行熔化，再入醋中淬火八九次，铅就化成灰而尽除。生产锡只有此法。方术之书中说，从马齿苋中可取得草锡，属于妄言。所谓砒是锡矿的苗头，也是妄言。

铅 附：胡粉、黄丹

凡产铅山穴，繁于铜、锡。其质有三种。一出银矿中，包孕白银。初炼和银成团，再炼脱银沉底，曰银矿铅，此铅云南为盛。一出铜矿中，入烘炉炼化，铅先出，铜后随，曰铜山铅，此铅贵州为盛。一出单生铅穴，取者穴山石，挟油灯寻脉，曲折如采银矿，取出淘洗煎炼，名曰草节铅，此铅蜀中嘉、利等州为盛。其余雅州出钓脚铅，形如皂荚子，又如蝌斗子，生山涧沙中。广信郡上饶、饶郡乐平出杂铜铅，剑州出阴平铅，难以枚举。

【译文】产铅的矿山，多于产铜、锡的矿山。铅矿有三种。一种出于银矿中，含有银，初炼时与银成为团块状态，再炼时铅脱离银沉底，叫银矿铅，这种铅云南最多。另一种出于铜矿中，入炉熔炼，铅先流出，随后铜流出，叫作铜山铅，贵州产量最大。另一种铅是独铅矿，炼铅者挖山石、拎油灯寻矿，此矿脉像银矿脉那样曲折，采出后就淘洗煎炼，得到“草节铅”。这种铅在四川嘉州、利州产量最大。其他还有雅州（今四川雅安）出产的钓脚铅，形状类似皂荚子，又似蝌蚪子，出于山涧的砂中。江西广信府上饶、饶州府乐平出产杂铜铅，剑州（今四川剑阁）出“阴平铅”，不一而足，难以枚举。

凡银矿中铅，炼铅成底，炼底复成铅。草节铅单入烘炉煎炼，炉傍通管，注入长条土槽内。俗名扁担铅，亦曰出山铅，所以别于凡银炉内频经煎炼者。凡铅，物值虽贱，变化殊奇，白粉、黄丹，皆其显象。操银底于精纯，勾锡成其柔软，皆铅力也。

【译文】提炼银矿中的铅，采用以下方法：对银矿铅进行熔炼，银流出后铅便沉在炉底，再熔炼炉底的铅料，才得到铅。草节铅单独入炉熔炼，炉旁接通一管，便于铅水注入长条形的土槽，所得铅称为扁担铅，又叫“出山铅”，有别于在炼银炉内多次熔炼的铅。铅价值虽低，变化却很神奇。白粉、黄丹都是铅变化而成。使粗银和“炉底”提炼精纯，使锡变软，都靠铅力方可。

胡粉：凡造胡粉，每铅百斤，熔化，削成薄片，卷作筒，安木甑内。甑下、甑中各安醋一瓶，外以盐泥固济，纸糊甑缝。安火四两，养之七日，期足启开，铅片皆生霜粉，扫入水缸内。未生霜者，入甑依旧再养七日，再扫，以质尽为度。其不尽者留作黄丹料。

【译文】造胡粉的方法是，每百斤铅，熔化后削成薄片，再卷成筒，放在木甑中。甑下和甑中部各放一瓶醋。外面用盐泥密封牢固，用纸将甑上的缝糊好，点燃四两木炭，文火加热七天。到时开启，铅片上布满霜粉，扫入水缸内。未生霜的铅片依法再入甑中，再加热七天，再扫下霜粉，直到铅尽为止。残渣可以留作制黄丹的原料。

每扫下霜一斤，入豆粉二两、蛤粉四两，缸内搅匀，澄去清水，用细灰按成沟，纸隔数层，置粉于上。将干，截成瓦定[①]形，或如磊块，待干收货。此物古因辰、韶诸郡专造，故曰韶粉（俗误朝粉）。今则各省直饶为之矣。其质入丹青，则白不减；揸妇人颊，能使本色转青。胡粉投入炭炉中，仍还熔化为铅，所谓色尽归皂者。

【注释】①瓦定：疑为“瓦当”之误。

【译文】每扫下一斤霜，加豆粉二两、蛤粉四两，在水缸内搅匀，澄清后除去水。用细木炭粉按成沟，上面铺纸数层，将湿粉放于纸上，快干时切成瓦形或方块形，待干后收起售卖。古时辰州（今湖南沅陵）、韶州（今广东韶关）专造此物，故名韶粉（老百姓误称为朝粉）。现在则各省都广泛制造。用这种粉作画，其白色不退；妇女用以搽脸，搽多了面色变青。把胡粉投入炭炉中，仍然熔化为铅，这就是一切颜色都复归于黑。

黄丹：凡炒铅丹，用铅一斤、土硫黄十两、硝石一两，熔铅成汁，下醋点之。滚沸时，下硫一块。少顷，入硝少许。沸定再点醋。依前渐下硝、黄。待为末，则成丹矣。其胡粉残剩者，用硝石、矾石炒成丹，不复用醋也。欲丹还铅，用葱白汁拌黄丹慢炒，金汁出时，倾出即还铅矣。

【译文】烧制铅丹时，需要铅一斤、土硫黄十两、硝石一两，先将铅熔化，洒入一些醋。滚沸时放进一块硫黄。稍过顷刻，再投入一点硝石。沸腾停止后再点醋少许。依照前法逐步再加入硝石、硫黄。等物料都变成粉末，黄丹就制成了。残剩的胡粉，再用硝石、矾石炒成黄丹时，就不用再放入醋了。要想使黄丹还原为铅，用葱白汁伴黄丹慢炒，金色液汁出现以后，就已经还原为铅了。

佳兵第十五

宋子曰：兵非圣人之得已也。虞舜在位五十载，而有苗犹弗率。明王圣帝，谁能去兵哉？弧矢之利，以威天下，其来尚矣。为老氏者，有葛天[1]之思焉。其词有曰："佳兵者，不祥之器。"盖言慎也。

【注释】①葛天：就是葛天氏，葛天氏乃远古联盟共主，《吕氏春秋》《路史》《帝王世纪》等诸多典籍皆有记录。葛天氏和老子一样，信奉"无为而治"。

【译文】宋子说：使用兵器，实非圣人的意愿。远古时期的虞舜帝在位五十年（约前2255—前2206），苗人仍然不肯顺服。自古至今，明王圣帝，谁能不用兵器呢？武器的功用，威慑天下、安定百姓，这种说法由来已久，备受推崇。老子有葛天氏的思想，《道德经》第三十一章说："坚甲利兵，皆是不祥之物。"这是老子警戒人们用兵要慎重。

火药机械之窍，其先凿自西番与南裔，而后乃及于中国。变幻百出，日盛月新。中国至今日，则即戎者以为第一义。岂其然哉？虽然，生人纵有巧思，乌能至此极也！

【译文】制造火药与火器的奥秘，先是西洋、南洋各国率先发现，而后才波及中国，变幻百出，推陈出新，日益发达。中国到了今天，领兵统帅者将其摆在第一位置。难道这是正确的选择吗？虽然如此，人们纵有奇思妙想，如果不高度重视，又岂能让火药与火器的制造登峰造极！

弧、矢

凡造弓，以竹与牛角为正中干质（东北夷无竹，以柔木为之），桑枝木为两弰[①]。弛则竹为内体，角护其外；张则角向内而竹居外。竹一条而角两接。桑弰则其末刻锲，以受弦彄[②]。其本则贯插接笋于竹丫，而光削一面以贴角。

【注释】①弰（shāo）：弓的末端。②彄（kōu）：弓弩两端系弦的地方。

【译文】造弓时，选择竹木及牛角为弓背中部的材料（东北一带没有竹，于是选用柔韧的木料），以桑枝木做弓背两端的弓弰。松弦时，竹在弓弧的内侧，而角在外侧进行保护。张弦时，角在内而竹在外。弓背用一整条竹，而角由两截接成。桑木弰则在末端刻出缺口，用以套上弓弦。桑木本身与竹片彼此穿插接榫，削光弓的一面用来贴上牛角。

凡造弓，先削竹一片（竹宜秋冬伐，春夏则朽蛀），中腰微亚小，两头差大，约长二尺许。一面粘胶靠角，一面铺置牛筋与胶而固之。牛角当中牙接（北虏无修长牛角，则以羊角四接而束之。广弓则黄牛明角亦用，不独水牛也），固以筋胶。胶外固以桦皮，名曰暖靶。凡桦木关外产辽阳，北土繁生遵化，西陲繁生临洮郡，闽、广、浙亦皆有之。其皮护物，手握如软绵，故弓靶所必用。即刀柄与枪干亦需用之。其最薄者，则为刀剑鞘室也。

【译文】制造弓，先削一片竹（竹宜于秋冬两季进行砍伐，春夏砍伐则容易导致朽蛀），竹片中间较窄，两头较宽，长约二尺。一面用胶将牛角粘牢，另一面用胶粘上牛筋进行加固。两段牛角之间彼此咬合（北方少数民族没有修长的牛角，就用四段羊角连接在一起替代。在广东，不只用水牛角，半透明的黄牛角也经常使用），用胶液与牛筋进行固定，最外部用胶粘上桦树皮，称为“暖靶”。桦树在关外，只有辽阳生产；在华北，则在河北遵化盛产；西北在甘肃临洮郡一带广泛分布，此外在福建、广东、浙江也都有出产。桦皮保护物品，手握如绵，所以在制造弓靶时必用。就是刀柄与枪杆，也需要用到桦皮。最薄的桦皮，就用来做刀鞘、剑鞘。

凡牛脊梁每只生筋一方条，约重三十两。杀取晒干，复浸水中，析破如苎麻丝。胡虏无蚕丝，弓弦处皆纠合此物为之。

中华则以之铺护弓干，与为棉花弹弓弦也。凡胶，乃鱼脬[①]、杂肠所为，煎治多属宁国郡。其东海石首鱼，浙中以造白鲞[②]者，取其脬为胶，坚固过于金铁。北虏取海鱼脬煎成，坚固与中华无异，种性则别也。天生数物，缺一而良弓不成，非偶然也。

【注释】①鱼脬（pāo）：鱼的鳔。②鲞（xiǎng）：剖开晾干的鱼。

【译文】牛的脊梁上生有一根细长的筋，约重三十两。杀牛后晒干，再浸在水中，然后析破成苎麻丝那样细。北方少数民族没有蚕丝，弓弦都是纠合牛筋而制作。中原地区则用牛筋保护弓干和做弹棉花的弓弦。胶是由鱼鳔、杂肠制作的，多在宁国郡熬制而成。东海有一种石首鱼，浙江往往晒鱼干，取其鱼鳔制造胶，其坚固程度胜过铜铁。北方少数民族取海鱼鳔煎制而成的胶，与中原的胶没有区别，只是鱼的种类不同。这些天然产物，缺少一样都难以制作良弓，这一点绝非偶然。

凡造弓，初成坯后，安置室中梁阁上，地面勿离火意。促者旬日，多者两月，透干其津液，然后取下磨光，重加筋胶与漆，则其弓良甚。货弓之家，不能俟日足者，则他日解释之患因之。凡弓弦，取食柘叶蚕茧，其丝更坚韧。每条用丝线二十余根作骨，然后用线横缠紧约。缠丝分三停，隔七寸许则空一二分不缠，故弦不张弓时，可折叠三曲而收之。往者北虏弓弦，尽以牛筋为质，故夏月雨雾，妨其解脱，不相侵犯。今则丝弦亦广有之。涂弦或用黄蜡，或不用亦无害也。凡弓两弰系彄处，或切最厚牛皮，或削柔木如小棋子，钉粘角端，名曰垫弦，义同琴轸。放弦归返时，雄力向内，得此而抗止，不然则受损也。

【译文】一开始造成弓坯以后，要将弓坯放置到房梁上，然后地面上不断用火烘烤。最少需要十天，最多需要两个月，胶液干透后取下磨光，再一次铺筋、涂胶和上漆。有了这些制造工序，弓的质量就会达到上乘。卖弓的匠人，不等工序满足时日所需，则日后其弓容易脱胶。弓弦用吃柘叶的蚕茧丝制成，这种丝坚韧有力。每条弓弦用丝线二十余根作骨，然后用丝线横缠紧束。缠丝时分为三段，每缠七寸左右则空出一二分不缠，所以，若弓不张弦时，可将弦折成三截收藏。以往北方少数民族，弓弦都是以牛筋作为原料，所以夏季雨雾天多，弓弦容易吸潮松脱，所以不敢出兵进犯。现在丝弦随处可见，用黄蜡涂弦进行防潮，不用也无关紧要。弓两弰系弦的地方，要用最厚的牛皮或将软木削成小棋子状，用胶在牛角末端粘牢，叫作“垫弦”。其作用如琴轸一样。射箭后，弓弦的反弹力很大，有了垫弦，便可抗御此力，否则，弓弦会受损。

凡造弓，视人力强弱为轻重：上力挽一百二十斤，过此则为虎力，亦不数出；中力减十之二三；下力及其半。彀满之时，皆能中的。但战阵之上，洞胸彻札，功必归于挽强者。而下力倘能穿杨贯虱[①]，则以巧胜也。凡试弓力，以足踏弦就地，秤钩搭挂弓腰，弦满之时，推移秤锤所压，则知多少。其初造料分两，则上力挽强者，角与竹片削就时，约重七两；筋与胶、漆与缠约丝绳，约重八钱。此其大略。中力减十之一二，下力减十之二三也。

【注释】①穿杨贯虱：形容射技高超。百步之外，射箭可穿透杨树和虱子。

【译文】制造弓，看人力强弱而定弓的轻重：大力者能挽一百二十斤，超过这个限度的称为虎力，但此等人寥寥无几；中等力量者能挽八九十斤；力劣者能挽六十斤左右。弓拉满弦时都可以射中目标，但在战场上，射箭能穿透敌人胸膛或铠甲者，都要靠挽力强大的射手。力量小的，也可以做到“穿杨贯虱”，但属于以巧取胜。试弓力时，可以用脚踩弓弦，将秤钩钩住弓的中点往上拉，弦满之时，推移秤锤称平，即可测知弓力。做弓料的分量是，大力者所用的弓，角和竹片削好后约重七两；筋、胶、漆和缠丝加在一起约重八钱。这是大概数。中等力气的减少十分之一二，下等力气的减少十分之二三左右。

试弓定力　箭端

凡成弓，藏时最嫌霉湿（霉气先南后北，岭南谷雨时，江南小满，江北六月，燕、齐七月。然淮扬霉气独盛）。将士家或置烘厨、烘箱，日以炭火置其下（春秋雾雨皆然，不但霉气）。小卒无烘厨，则安顿灶突之上。稍怠不勤，立受朽解之患也。（近岁命南方诸省造弓解北，纷纷驳回，不知离火即坏之故，亦无人陈说本章者。）

【译文】弓在收藏时，最忌讳霉湿潮气（梅雨天气的到来次序是先南后北，岭南是谷雨时，江南是小满，江北是六月，河北、山东是七月，淮扬地区梅雨天气为多）。**有的将士之家置有烘厨、烘箱，每天以炭火在下面加热烘干**（春秋季节下雾、下雨时也如此，不只是在梅雨季节）。**小兵们没有烘厨，则将弓安顿在灶头烟突上烘干。稍有疏忽，弓即受潮朽解。**（近年来，朝廷命南方各省造弓运到北方，由于质量出了问题被纷纷退回，因为不懂得弓离开温暖的环境就坏的原理，也没有明白人上奏陈述事情的原委）。

凡箭笴[①]，中国南方竹质，北方萑[②]柳质，北虏桦质，随方不一。竿长二尺，镞长一寸，其大端也。凡竹箭削竹四条或三条，以胶粘合，过刀光削而圆成之。漆丝缠约两头，名曰“三不齐”箭杆。浙与广南有生成箭竹不破合者。柳与桦杆，则取彼圆直枝条而为之，微费刮削而成也。凡竹箭其体自直，不用矫揉。木杆则燥时必曲。削造时以数寸之木，刻槽一条，名曰箭端，将木杆逐寸戛拖而过，其身乃直。即首尾轻重，亦由过端而均停也。

【注释】①笴（gǎn）：箭杆。②萑（huán）：古代指芦苇一类的植物。

【译文】箭杆在中国南方用竹做原料，北方用萑柳，北方少数民族用桦木，各地取材不同。箭杆长二尺，箭头长一寸，大致如此。造竹质箭杆是削竹三四条，以胶黏合，再用刀削圆刮光，用漆丝缠紧两头，称为“三不齐”箭杆。浙江、广东南部有天然生成的箭竹，无须破开与黏合。柳杆和桦杆则选择其圆直的枝条做材料，微加削、刮即成。竹箭杆本身自直，无须矫正加工。木箭杆在干燥时会弯。制作时用一块几寸长的木头，上刻一条槽，称为“箭端”，把木箭杆逐寸沿着槽刮拉而过，杆身就会变直。即使木杆原来头尾轻重不一，通过这样处理也可让头尾均平。

凡箭，其本刻衔口以驾弦，其末受镞。凡镞，冶铁为之。（《禹贡》砮石乃方物，不适用。）北虏制如桃叶枪尖，广南黎人矢镞如平面铁铲，中国则三棱锥象也。响箭则以寸木空中锥眼为窍，矢过招风而飞鸣，即《庄子》所谓嚆矢[①]也。凡箭行端斜与疾慢，窍妙皆系本端翎羽之上。箭本近衔处剪翎直贴三条，其长三寸，鼎足安顿，粘以胶，名曰箭羽。（此胶亦忌霉湿，故将卒勤者，箭亦时以火烘。）

【注释】①嚆（hāo）矢：就是响箭。嚆，呼叫。

【译文】箭杆末端要刻有凹口叫作弦口，以便扣在弦上，另一端安放箭头。箭头以铁制成。（《禹贡》中所记载的石制箭头是进贡的地方物品，并不适用于作战。）北方少数民族做的箭头如桃叶枪尖，广东南部黎族人制的箭头像平面铁铲，中原地区的箭头则像三棱锥。响箭是在小小箭杆上凿出圆孔，箭射出后，因招风而鸣响，就是《庄子》中说起的“嚆矢”。箭飞行的正、偏与快、慢，奥妙在于箭杆末端的箭翎。箭尾部靠近衔口处用脬胶粘上三条箭翎，各长三寸，逐一安放，用胶粘牢，称为箭羽。（脬胶也怕霉湿，故将士中有勤快的，也常以火烘箭。）

羽以雕膀为上（雕似鹰而大，尾长翅短），角鹰次之，鸱鹞又次之。南方造箭者，雕无望焉，即鹰、鹞亦难得之货，急用塞数，即以雁翎，甚至鹅翎亦为之矣。凡雕翎箭行疾过鹰、鹞翎，十余步而端正，能抗风吹。北虏羽箭多出此料。鹰、鹞翎作法精工，亦恍惚焉。若鹅、雁之质，则释放之时，手不应心，而遇风斜窜者多矣。南箭不及北，由此分也。

【译文】箭羽以雕的翅毛为最好（雕类似鹰，比鹰大，尾长翅短），其次是角鹰，鸱鹞又次之。南方无雕，连鹰和鸱鹞的羽毛也极难得到，急用时就用雁翎充数，甚至用鹅翎来制作。雕翎箭飞起来比鹰翎、鹞翎箭快十余步而且端正，能抗风吹。北方少数民族的箭羽多用雕翎。鹰羽、鹞翎如能制作精工，效果与雕羽类似。但鹅翎、雁翎箭在射出时，手不应心，遇风便会斜窜，偏离目标。南方的箭不及北方，原因就在此。

弩、干

弩：凡弩为守营兵器，不利行阵。直者名身，衡者名翼，弩牙发弦者名机。斫木为身，约长二尺许，身之首横拴度翼。其空缺度翼处，去面刻定一分（稍厚则弦发不应节），去背则不论分数。面上微刻直槽一条以盛箭。其翼以柔木一条为者名扁担弩，力最雄。或一木之下加以竹片叠承（其竹一片短一片），名三撑弩，或五撑、七撑而止。身下截刻锲衔弦，其衔傍活钉牙机，上剔发弦。上弦之时，唯力是视。一人以脚踏强弩而弦者，《汉书》名曰“蹶张材官[①]”。弦送矢行，其疾无与比数。

【注释】①蹶张材官：指勇健有力的武官将士。材官，武卒或供差遣的低级武职；蹶张，用脚踏强弩，使强弩张开。

【译文】弩：弩是守营的兵器，并不利于冲锋上阵。弩中间直的部件叫弩身，横的部件叫弩翼，扣弦发箭的机关叫弩机。削砍木材制成弩身，长二尺左右。弩身前部横拴着两个弩翼，拴翼的孔离弩面限定一分（稍远一点，弦和箭就不匹配），离弩底的距离不必计较。弩面上微刻一条直槽，用以存放箭。用软木做成弩翼的叫扁担弩，弹力最大。也可在一根柔木下加上相叠的竹片（竹片一片比一片短），叫三撑弩，也有五撑的，最多的七撑。弩身后端刻缺口，用来扣弦，缺口旁边钉上可以活动的扳机，上推则发弦射箭。上弦时只凭人力、由一人脚踏强弩上弦射箭的，《汉书》称为“蹶张材官”。弩弦射出箭，其速度很快。

凡弩弦以苎麻为质，缠绕以鹅翎，涂以黄蜡。其弦上翼则紧，放下仍松，故鹅翎可扱首尾于绳内。弩箭羽以箬叶为之。析破箭本，衔于其中而缠约之。其射猛兽药箭，则用草乌一味，熬成浓胶，蘸染矢刃。见血一缕，则命即绝，人畜同之。凡弓箭强者，行二百余步；弩箭最强者，五十步而止，即过咫尺，不能穿鲁缟[①]矣。然其行疾则十倍于弓，而入物之深亦倍之。

【注释】①穿鲁缟："强弩之末，势不能穿鲁缟"，古谚语，《三国志》《汉书》都有引用。意思是强弩发射出去的箭，到最后，连山东产的薄薄的丝绢都穿透不了。比喻强大的力量已衰竭，不起作用。

【译文】弩弦以苎麻为材料，缠绕上鹅翎，而且涂以黄蜡。弦装到翼上时很紧，放下来仍旧松弛，所以鹅翎头尾都可夹入麻绳中。弩的箭羽用箬竹叶制成，箭杆底部剖开一点然后将箬竹叶夹入其中缠紧。射猛兽用毒箭，用草乌一味，熬成浓胶，蘸染在箭尖。被箭射中，见血立即命绝，人畜效果一样。强弓射箭二百余步远，强弩最强者不过五十步而止，再远一点即不能穿过"鲁缟"了。然而弩的飞行速度快，十倍于弓，射入物体也深一倍。

国朝军器造神臂弩、克敌弩，皆并发二矢、三矢者。又有诸葛弩，其上刻直槽，相承函十矢，其翼取最柔木为之。另安机木，随手扳弦而上，发去一矢，槽中又落下一矢，则又扳木上弦而发。机巧虽工，然其力棉甚，所及二十余步而已。此民家妨窃具，非军国器。其山人射猛兽者，名曰窝弩，安顿交迹之衢，机傍引线，俟兽过带发而射之。一发所获，一兽而已。

【译文】明朝军器监部门曾经制造神臂弩、克敌弩，全部能同时发射二三支箭。又有诸葛弩，上面刻着直槽，能装十支箭，其弩翼用最柔韧的木材制作而成。另外又安有木制弩机，随手扳机即可上弩连发。发出一箭，槽中又自动落下一枝，则又扳机上弦发射，这种弩制作精工，但力量绵弱，只能射二十余步远。这是民家防盗窃的用具，并非军国的兵器。还有山区人射猛兽用的，叫窝弩，设在野兽经常出没的路口，机上有引线，待兽走过，一拉线便射箭。不过，一箭所射，一兽而已。

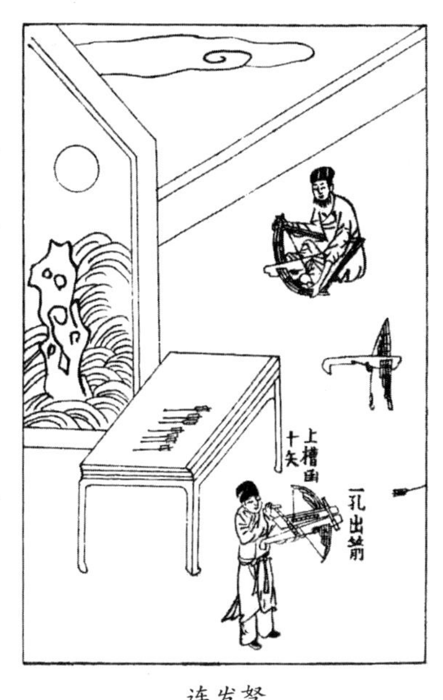

连发弩

凡干戈[1]，名最古，干与戈相连得名者。后世战卒、短兵驰骑者更用之。盖右手执短刀，则左手执干以蔽敌矢。古者车战之上，则有专司执干并抵同人之受矢者。若双手执长戈与持戟、槊，则无所用之也。凡干，长不过三尺，杞柳织成尺径圈，置于项下，上出五寸，亦锐其端，下则轻竿可执。若盾名中干，则步卒所持以蔽矢并拒槊者，俗所谓傍牌是也。

【注释】①戈（gē）：古代的一种兵器，横刃，用青铜或铁制成，装有长柄。

【译文】“干戈”一词最古远，因干、戈连起来而得名。后世兵卒和拿短兵器的骑兵更常配合使用干和戈。他们右手执短刀，而左手执干（盾）以遮蔽敌方箭矢。在古时的战车上，有专人执盾，以保护同车人免于被射。倘若双手持拿长戈、戟或者长矛，则无法持盾了。盾长不过三尺，将杞柳枝织成直径一尺的圈状，放于脖子下面防护，上部有五寸长的尖齿，下部安一轻竿可供手持。一种盾叫“中干”，是步兵所持用的，用来挡箭或抗拒长矛，俗称傍牌。

火药料

火药火器，今时妄想进身博官者，人人张目而道，著书以献，未必尽由试验。然亦粗载数叶，附于卷内。凡火药，以消石、硫黄为主，草木灰为辅。消性至阴，硫性至阳，阴阳两神物相遇于无隙可容之中，其出也，人物膺之，魂散惊而魄齑粉。凡消性主直，直击者消九而硫一；硫性主横，爆击者消七而硫三。其佐使之灰，则青杨、枯杉、桦根、箬叶、蜀葵、毛竹根、茄秸之类，烧使存性，而其中箬叶为最燥也。

【译文】火药与火器，现在妄想当官升职的人，都议论纷纷，著书献策，但他们未必都亲自试验过。我也略记数页，附于本卷。火药成分以硝石、硫黄为主，草木灰为辅。硝石性属阴，而硫黄性属阳，至阴、至阳之物相遇于密闭空间中，一时爆炸，人或动物遇到后都会魂魄惊飞而化为粉碎。硝石的性质是纵向爆炸，用于射击的火药中，硝占十分之九而硫占十分之一；硫黄的性质是横向爆炸，所以用于爆破的火药中，硝占十分之七而硫占十分之三。辅助性的木炭，则是用青杨、枯杉、桦根、箬竹叶、蜀葵、毛竹根、茄秆之类烧成的，其中箬竹叶炭末最为燥烈。

凡火攻有毒火、神火、法火、烂火、喷火。毒火以白砒、硇砂[①]为君，金汁、银锈、人粪和制。神火以朱砂、雄黄、雌黄为君。烂火以硼砂、磁末、牙皂、秦椒配合。飞火以朱砂、石黄、轻粉、草乌、巴豆配合。劫营火则用桐油、松香。此其大略。其狼粪烟昼黑夜红，迎风直上，与江豚灰能逆风而炽，皆须试见而后详之。

【注释】①硇（náo）砂：矿物名。

【译文】火攻的方式有毒火、神火、法火、烂火和喷火。毒火药以砒霜、硇砂为主，再用金汁、银锈、人粪混合配制。神火药以朱砂、雄黄、雌黄为主。烂火则以硼砂、瓷末、猪牙皂荚、花椒配制。飞火以朱砂、雄黄、轻粉、草乌、巴豆配制。劫营火则是用桐油、松香配制。这是大致情况。都说狼粪烟白昼色黑、晚上色红，并能迎风直上，还有江豚灰逆风炽燃，这些都需要试验后才能准确知道。

硝石、硫黄

凡硝（消），华夷皆生，中国则专产西北。若东南贩者不给官引，则以为私货而罪之。硝质与盐同母，大地之下潮气蒸成，现于地面。近水而土薄者成盐，近山而土厚者成硝。以其入水即消溶，故名曰“消”。长淮以北，节过中秋，即居室之中，隔日扫地，可取少许，以供煎炼。凡硝三所最多：出蜀中者曰川硝，生山西者俗呼盐硝，生山东者俗呼土硝。

【译文】 硝（消）石，中国和外国都产硝石，在中国，则专产于西北。如果东南地区硝石贩子没有官方销售证件，则朝廷以贩卖私货论罪。硝石与食盐同属于盐类，由大地产生的潮气蒸发而现于地面。近水而土薄的地方生成盐，近山而土厚的地方生成硝。因硝入水消溶，故名为“消”。长江、淮河以北，每过中秋后，即便在室内隔日扫地，也可得到少量的硝以供煎炼提纯。硝石在三地出产最多，四川产的叫川硝，山西产的俗称盐硝，山东产的俗称土硝。

凡硝刮扫取时（墙中亦或迸出），入缸内水浸一宿，秽杂之物浮于面上，掠取去时，然后入釜，注水煎炼。硝化水干，倾于器内，经过一宿，即结成硝。其上浮者曰芒硝，芒长者曰马牙硝（皆从方产本质幻出），其下猥杂者曰朴硝。欲去杂还纯，再入水煎炼。入莱菔数枚同煮熟，倾入盆中，经宿结成白雪，则呼盆硝。凡制火药，牙硝、盆硝功用皆同。凡取硝制药，少者用新瓦焙，多者用土釜焙，潮气一干，即成研末。凡研硝不以铁碾入石臼，相激火生，则祸不可测。凡硝配定何药分两，入黄同研，木灰则从后增入。凡硝既焙之后，经久潮性复生。使用巨炮，多从临期装载也。

【译文】将硝刮扫下来（土墙中也有冒出硝的），放入缸中浸泡一夜，将浮在上面的秽杂物撇去，然后入锅加水煎炼。等硝完全溶解并充分浓缩时，倒于容器内，经过一夜，即结成硝。上面漂浮的叫芒硝，芒长的叫马牙硝（都是从各地所产的原料中演变出来的），下面琐碎繁杂的叫朴硝。要去掉杂质提纯，须再将硝放入水中煎炼，加入萝卜数根在锅内一同煮熟，再倾倒进盆中，过一夜便析出雪白的结晶，称为盆硝。制造火药时，牙硝、盆硝功用一样。取硝制药，量少者在新瓦片上烘焙，多者用土锅烘焙，潮气烘干后即可取出研末。研硝时不能用铁碾在石臼中硬性碾压，否则铁、石摩擦相激，产生火花，造成灾祸，会不堪设想。硝量多少按所配火药方子而定，与硫黄一起进行磨研，木炭则后加。硝石烘干之后，久放会返潮，所以大炮所用的火药，多是临时生产与装载的。

硫黄（详见《燔石》卷）。凡硫黄配硝，而后火药成声。北狄无黄之国，空繁硝产，故中国有严禁。凡燃炮，拈硝与木灰为引线，黄不入内，入黄则不透关。凡碾黄难碎，每黄一两，和硝一钱同碾，则立成微尘细末也。

【译文】硫黄（详见《燔石》一章）。硫黄与硝配制后，才能做成火药燃爆。在北方，没有硫黄的蒙古族一带，产硝虽多而无用，所以内地禁向北方贩运硫黄。燃炮时将硝与木炭捻成引线，不加硫黄，加了硫黄，引线就不好用了。硫黄很难碾碎，但是每一两硫黄加一钱硝同碾，就能很快碾成微尘一样的粉末。

火 器

西洋炮熟铜铸就，圆形若铜鼓。引放时，半里之内，人马受惊死（平地爇引炮有关捩，前行遇坎方止。点引之人反走坠入深坑内，炮声在高头，放者方不丧命）。红夷炮铸铁为之，身长丈许，用以守城。中藏铁弹并火药数斗，飞激二里，膺其锋者为齑粉。凡炮爇引内灼时，先往后坐千钧力，其位须墙抵住。墙崩者其常。

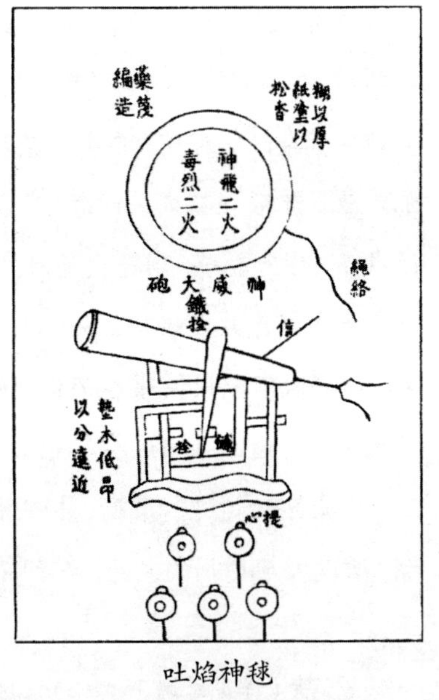

吐焰神毬

【译文】西洋炮用熟铜铸成，圆得像铜鼓。引放时，半里之内，人、马中炮都会受惊而死（在平地引放大炮时装有可使炮身转动的机关，要将炮身移至有坑之地停下来，炮在上面燃爆射出，炮手往回跑，跳进深坑之内，炮声在高处爆发，炮手才会保住性命）。**红夷炮用铸铁做成，炮身长约一丈，用以守城。炮膛中装有几斗铁弹与火药，炮弹飞激二里左右，被击中的马上粉碎。大炮引爆时，首先产生很大后坐力，因此大炮的位置必须有砖石墙抵住。砖石墙崩塌是常有现象。**

大将军，二将军（即红夷之次，在中国为巨物）。佛郎机（水战舟头用）。三眼铳。百子连珠炮。地雷埋伏土中，竹管通引，冲土起击，其身从其炸裂。所谓横击，用黄多者。（引线用矾油，炮口覆以盆。）混江龙，漆固皮囊裹炮沉于水底，岸上带索引机。囊中悬吊火石、火镰，索机一动，其中自发。敌舟行过，遇之则败。然此终痴物也。

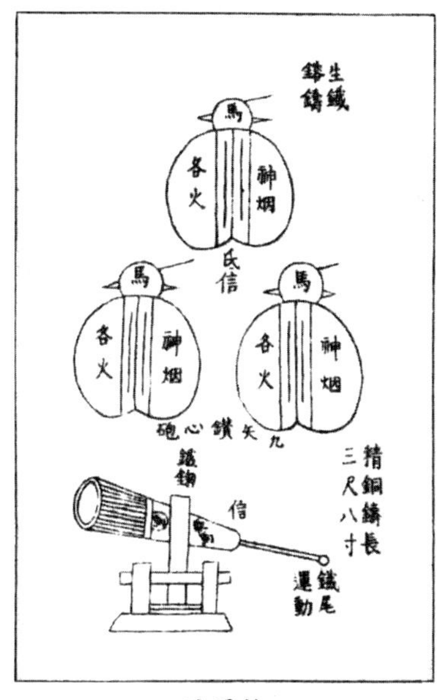

流星炮

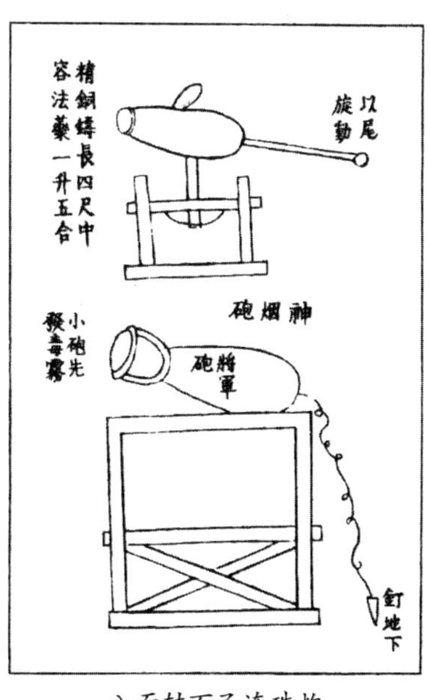

八面转百子连珠炮

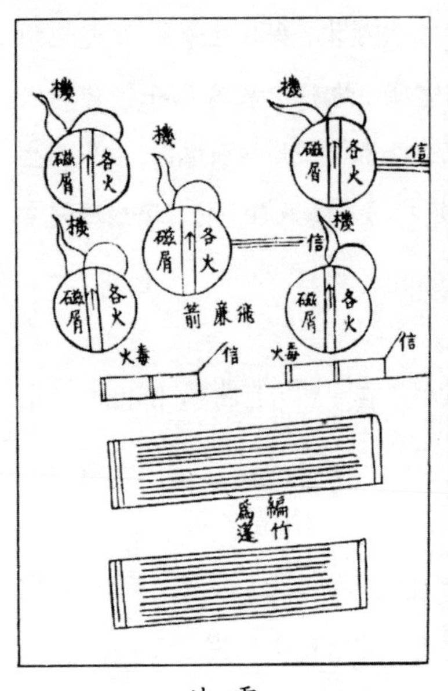

地　雷

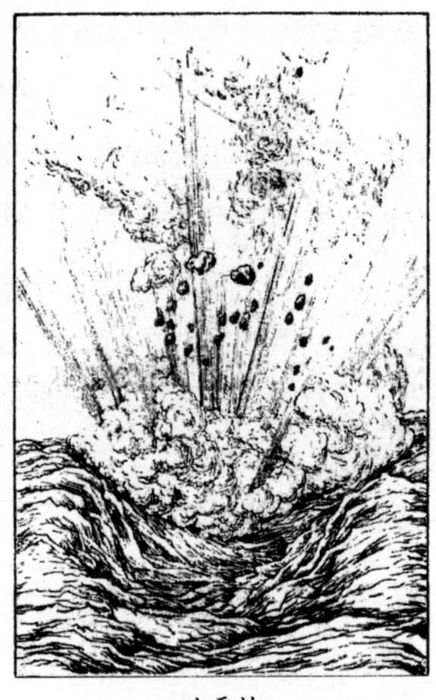
地雷炸

【译文】大将军、二将军（比红夷炮略小，在中国算是巨型大炮）。佛朗机（用于水战，装在船头）。三眼铳、百子连珠炮。地雷埋在地中，用竹管通引线，冲土而起爆炸，地雷自身也炸裂。此即横向爆炸，用硫量较多。（引线涂上矾油，引线入口处要用盆覆盖。）混江龙（水雷）是将炮药装进皮囊，涂漆密固，沉于水底，岸上牵绳引动机关爆炸。皮囊中悬吊火石、火镰，牵绳引动机关，囊里自动爆发，敌船行驶而过，遇上水雷必然炸坏。然而水雷不灵活，很笨重。

鸟铳。凡鸟铳长约三尺，铁管载药，嵌盛木棍之中，以便手握。凡锤鸟铳，先以铁挺一条大如箸者为冷骨，裹红铁锤成。先为三接，接口炽红，竭力撞合。合后以四棱钢锥如箸大者，透转其中，使极光净，则发药无阻滞。其本近身处，管亦大于末，所以容受火药。每铳约载配消一钱二分，铅铁弹子二钱。发药不用信引（岭南制度，有用引者），孔口通内处露消分厘，捶熟苎麻点火。左手握铳对敌，右手发铁机逼苎火于消上，则一发而去。鸟雀遇于三十步内者，羽肉皆粉碎，五十步外方有完形，若百步则铳力竭矣。鸟枪行远过二百步，制方仿佛鸟铳，而身长药多，亦皆倍此也。

【译文】鸟铳长约三尺，用铁管装载火药，铁管嵌在木棍中，方便手握。锤制鸟铳时，先用一条筷子粗细的铁棍作冷骨，用烧红的铁裹在铁条外锤打而成。先做三段铁管，接口处烧得通红，竭力锤打接合到一处。接合后，以筷子大小的四棱钢锥插入铁管中，极力旋转，使其光滑，这样火药爆发时就无阻滞。铁管靠近铳身的一端粗大，便于装进火药。每支铳约装火药一钱二分、铅铁弹子二钱，

鸟 铳

点火不用引信（岭南所制造的鸟铳有用引信的）。孔口通向铁管内部，外露一点硝，用捶碎的苎麻点火。左手握铳对准敌人，右手扣动扳机，将苎火逼到硝上，则瞬间发射。鸟雀三十步内中弹，全身都会

粉碎，五十步外才能有整个外形，如果有一百步远，则火力尽无。鸟枪射程二百步远，制法与鸟铳类似，只是枪管长，装药量也大，大约多出一倍。

混江龙

混江龙炸

万人敌。凡外郡小邑乘城却敌，有炮力不具者，即有空悬火炮而痴重难使者，则万人敌近制随宜可用，不必拘执一方也。盖消黄火力所射，千军万马立时糜烂。其法：用宿干空中泥团，上留小眼，筑实消、黄火药，参入毒火、神火，由人变通增损。贯药安信而后，外以木架匡围，或有即用木桶而塑泥实其内郭者，其义亦同。若泥团必用木匡，所以妨掷投先碎也。敌攻城时，燃灼引信，抛掷城下。火力出腾，八面旋转。旋向内时，则城墙抵住，不伤我兵。旋向外时，则敌人马皆无幸。此为守城第一器。而能通火药之性、火器之方者，聪明由人。作者不上十年，守土者留心可也。

【译文】万人敌。在边远小城守城御敌，有的不具有火炮，或者虽有火炮而笨重，难以迁移使用。那么近来制造的万人敌，就很方便使用，不受环境限制。因为硝石和硫黄的威力，可使千军万马立时炸烂。制造方法是：用干燥的中空的泥团，通过上面留出的小眼，给内部装实火药，掺入毒火、神火，用量可以根据需要变通。压实并安上引信后，泥团外面以木框围好。也可用木桶，桶内抹泥又填实火药，道理相同。如用泥团，则必须用木框加以保护，以防投掷时未炸先碎。若敌人攻城，则燃着引信，抛于城下，待火力冲

万人敌

出，八方旋转，旋向内时，被城墙挡住，不会伤自己一方的兵士。旋向外时，那么敌军的人马都不会幸存。这是守城的第一等武器。能通晓火药、火器制造方法的人，都可尽力展示聪明与才华。造出这种武器至今未及十年，守护边防的人要用心研究、认真掌握这种技术，以便报效国家、保卫疆土。

丹青第十六

宋子曰：斯文千古之不坠也，注玄尚白[①]，其功孰与京哉？离火红[②]而至黑孕其中，水银白而至红呈其变。造化炉锤，思议何所容也！五章[③]遥降，朱临墨而大号彰；万卷横披[④]，墨得朱而天章焕。文房异宝，珠玉何为？至画工肖象万物，或取本姿，或从配合，而色色咸备焉。夫亦依坎附离[⑤]，而共呈五行变态，非至神孰能与于斯哉？

【注释】①注玄尚白：玄，黑色。指白纸黑字的文字记载。②离火红：在八卦中，"离"为火，故称离火。火燃尽则为黑烬，故言"至黑孕其中"。③五章：典出《尚书·皋陶谟》："天命有德，五服五章哉。"此处指穿着各种颜色官服的王公大臣。④横披：长条形的横幅字画。此谓披阅文章之意。披阅，展卷阅读、翻看。⑤依坎附离：坎为水，离为火，水火相济，五行中的金、木、土也发生变化，于是出现了各种朱墨颜色。

【译文】宋子说：文化源远流长，千古不灭，靠的是白纸黑字进行记载，其功用无与伦比。火烧出黑烟，制墨原料就孕育其中。白色水银烧炼后，变成红色的银朱（就有了制作书画的材料）。物质烧炼、锤打后所产生的变化，匪夷所思。从古至今，朝廷大臣，从天而降，手持皇帝的朱笔御批，重大号令得以传布天下；文人骚客，读书万卷，黑墨之字得朱红之批而让华章焕发异彩。朱、墨等文房之中的异宝，珠玉岂能相提并论？画家描绘万物，或作墨画，或加其他颜料配合，画得五彩斑斓。借水、火之力，生朱、墨之色，表现了水、火、木、金、土五行的相互变化，如果不是自然之力，谁又能做到这种程度呢？

朱

凡朱砂、水银、银朱，原同一物，所以异名者，由精粗老嫩而分也。上好朱砂，出辰、锦（今名麻阳）与西川者，中即孕汞，然不以升炼。盖光明、箭镞、镜面等砂，其价重于水银三倍，故择出为朱砂货鬻。若以升水，反降贱值。唯粗次朱砂，方以升炼水银，而水银又升银朱也。

【译文】朱砂、水银与银朱原是同一物质。之所以名称不同，是根据精、粗、老、嫩而分。上好朱砂出于辰州、锦州（今名麻阳）与四川。朱砂虽然包孕水银，但不用来炼取水银。因为光明砂、箭镞砂及镜面砂等几种朱砂的价钱比水银贵重三倍，所以选出好朱砂来售卖。倘若用朱砂来炼制水银，反而降低了价格。只有粗、次的朱砂才拿来提炼水银，再用水银升炼成银朱。

凡朱砂上品者，穴土十余丈乃得之。始见其苗，磊然白石，谓之朱砂床。近床之砂，有如鸡子大者。其次砂不入药，只为研供画用与升炼水银者。其苗不必白石，其深数丈即得。外床或杂青黄石，或间沙土，土中孕满，则其外沙石多自坼裂。此种砂贵州思、印、铜仁等地最繁，而商州、秦州出亦广也。凡次砂取来，其通坑色带白嫩者，则不以研朱，尽以升汞。若砂质即嫩而烁视欲丹者，则取来时，入巨铁辗槽中，轧碎如微尘，然后入缸，注清水澄浸。过三日夜，跌取其上浮者，倾入别缸，名曰二朱；其下沉结者，晒干即名头朱也。

【译文】朱砂里的上品，须挖土十余丈才能得到。开始见到的矿苗是一堆白石，叫朱砂床。靠近矿床的朱砂有的大如鸡蛋。次等的朱砂不能入药，只供研磨作画与提炼水银之用。次等朱砂的矿苗未必是白石，下挖数丈即能得到。矿床外或杂有青黄石块和沙土，由于土中充满着朱砂，石块或沙土多自行裂开。这种次砂在贵州思南、印江、铜仁等地产量最大，陕西商县、甘肃秦州（天水）也大量出产。开采次等朱砂时，如坑中全是色白而细嫩的矿石，就不用来研成朱砂，而是用来升炼水银。砂质虽嫩但闪烁有

研 朱

红光的，则取来放进大的铁碾槽中，轧碎如微尘一般，然后放入缸中，注入清水澄浸。过三天三夜以后，舀取浮在上面的放入另一缸中，名叫二朱；缸中下沉聚结的，晒干后就是头朱。

升炼水银

凡升水银，或用嫩白次砂，或用缸中跌出浮面二朱，水和搓成大盘条，每三十斤入一釜内升汞，其下炭质亦用三十斤。凡升汞，上盖一釜，釜当中留一小孔，釜傍盐泥紧固。釜上用铁打成一曲弓溜管，其管用麻绳密缠通梢，仍用盐泥涂固。煅火之时，曲溜一头插入釜中通气（插处一丝固密），一头以中罐注水两瓶，插曲溜尾于内，釜中之气达于罐中之水而止。共煅五个时辰，其中砂末尽化成汞，布于满釜。冷定一日，取出扫下。此最妙玄，化全部天机也。（《本草》胡乱注：凿地一孔，放碗一个盛水。）

【译文】提炼水银，或者用嫩白的次朱砂，或者用缸中先舀出的二朱，将朱砂与水拌和，搓成大粗条。每三十斤入一锅中炼汞（水银），所用木炭也是三十斤。提炼汞的锅上，还要倒扣上一个锅，上锅的顶留一小孔，两锅的衔接处用盐泥封紧。用铁打成弯管与锅上小孔相连，弯管要用麻绳缠好，仍用盐泥密封牢固。煅火时，弯管的一头插入锅内通气（插入处要用麻丝、盐泥密封），弯管的另一头插入装有两瓶水的罐内，使反应锅里的气体只能到达罐里的水为止。共煅烧十个小时，锅内的朱砂粉都变化成汞，布满锅壁。冷却一日后，再取出扫下。此中道理最为玄奥，包含着自然界的天机。（《本草纲目》注中说：“凿地一孔，放碗一个盛水”，那是乱注，不比上述蒸法取汞简便易行。）

凡将水银再升朱用，故名曰银朱。其法或用磬口泥罐，或用上下釜。每水银一斤，入石亭脂（即硫黄制造者）二斤，同研不见星，炒作青砂头，装于罐内。上用铁盏盖定，盏上压一铁尺。铁线兜底捆缚，盐泥固济口缝，下用三钉插地鼎足盛罐。打火三炷香久，频以废笔蘸水擦盏，则银自成粉，贴于罐上。其贴口者朱更鲜华。冷定揭出，刮扫取用。其石亭脂沉下罐底，可取再用也。每升水银一斤，得朱十四两、次朱三两五钱。出数藉硫质而生。

银复升朱

【译文】把水银再炼制成朱砂的，起名叫作银朱。其方法是，或者用空口的泥罐烧炼，或用一上一下的两口锅。每斤水银加入石亭脂（天然硫黄）二斤，放在一起研磨，见不到水银的亮斑为止，用火炒成青色砂粒状，装于罐内。罐口用一个铁盏盖紧，铁盏上压一铁尺。用铁线将铁盏与罐底绑紧，再用盐泥封好接缝。下面用三根大铁钉插在地上，鼎足而立以架罐。点火进行煅烧，约点燃三炷香之久。期间不断地用废笔蘸冷水滴在铁盏上，水银自然变成银朱粉末贴在罐上，贴在罐口的银朱，更为鲜艳华美。冷却后将铁盏揭下，就可刮扫银朱。沉到罐底的石亭脂，还可重复使用。每十六两水银，可炼得银朱十四两，次朱三两五钱。多出的数量是借了石亭脂的硫质。

凡升朱与研朱，功用亦相仿。若皇家、贵家画彩，则即同辰、锦丹砂研成者，不用此朱也。凡朱，文房胶成条块，石砚则显，若磨于锡砚之上，则立成皂汁。即漆工以鲜物彩，唯入桐油调则显，入漆亦晦也。凡水银与朱，更无他出，其汞海、草汞之说，无端狂妄，耳食[①]者信之。若水银已升朱，则不可复还为汞，所谓造化之巧已尽也。

【注释】①耳食：指听到传闻不加审察就信以为真。

【译文】人工炼制的银朱，与研制的天然朱砂，功用相似。但皇家、富贵者作画，则用辰州、锦州的丹砂研成粉，不用人工炼制的这种银朱。文房用的朱，是用胶制成条块，在石砚上研则显出朱红色，倘若在锡砚上研磨朱，则立即成为黑汁。漆工用朱砂涂饰器物，只有将其与桐油一起调和，颜色才明显。与漆一起调和，则颜色晦暗。水银和银朱，不能从上述原料以外的物质中产出，所以关于水银海和水银草之说，都是无稽妄谈，只有道听途说的人才相信。水银在炼成银朱后，就不能还原为水银，自然界变化的奇巧，到此终止。

墨

凡墨，烧烟凝质而为之。取桐油、清油、猪油烟为者，居十之一；取松烟为者，居十之九。凡造贵重墨者，国朝推重徽郡人。或以载油之艰，遣人僦居荆襄、辰沅，就其贱值桐油点烟而归。其墨他日登于纸上，日影横射，有红光者，则以紫草汁浸染灯心而燃炷者也。凡爇油取烟，每油一斤，得上烟一两余。手力捷疾者，一人供事灯盏二百付。若刮取怠缓则烟老，火燃、质料并丧也。其余寻常用墨，则先将松树流去胶香，然后伐木。凡松香有一毛未净尽，其烟造墨，终有滓结不解之病。凡松树流去香，木根凿一小孔，炷

燃扫清烟

灯缓炙，则通身膏液，就暖倾流而出也。

【译文】物质燃烧后有烟灰，其凝聚而成为墨。用桐油、菜子油、猪油烧成烟灰制墨的占十分之一，而取松烟造墨占十分之九。制造贵重的墨，在明朝首推徽州（今安徽歙县）人。他们由于运输桐油艰辛，便派人去湖北江陵、襄阳与湖南辰溪、沅陵客居，以便宜的桐油就地烧成烟灰带回。用这种墨写字上，在日光下从侧面看，有红光可见，这是用紫草汁浸灯芯后点灯所烧成的烟所造。烧桐油取烟时，一斤油可得上等烟灰一两多。手力迅速者，一人可管理二百盏灯。如果刮烟迟缓，烟烧过头，粒粗色哑，就损失了灯油和原料。其余一般用墨，都是由松烟做成。先将松树树脂流去，然后伐木。凡是松香（松脂）有一丝一毫没有流净，所造之墨终有研不开的渣滓。松树流去松香的方法，是在树根凿一小孔，燃灯缓缓炙烤，则整个树中的松脂因受热就暖，都会倾流而出。

凡烧松烟，伐松，斩成尺寸，鞠篾为圆屋，如舟中雨篷式，接连十余丈。内外与接口皆以纸及席糊固完成。隔位数节，小孔出烟，其下掩土砌砖先为通烟道路。燃薪数日，歇冷入中扫刮。凡烧松烟，放火通烟，自头彻尾。靠尾一二节者为清烟，取入佳墨为料。中节者为混烟，取为时墨料。若近头一二节，只刮取为烟子，货卖刷印书文家，仍取研细用之。其余则供漆工、垩工之涂玄者。

【译文】烧松烟时，将砍伐的松木斩截成固定尺寸，用竹条制成圆顶屋，形状似船上的雨篷，逐节接连，长十余丈。内外与接口处都要用纸及席子糊得紧密牢固。每隔数节，便留一小孔出烟，竹篷和地接触处盖上泥土，篷内砌砖造成通烟火路。将松木在篷头燃烧数日后，停烧冷却，进去扫刮松烟。烧松烟时，点燃松木与放烟都从篷头开始，烟从篷头弥散到篷尾。靠尾部的一二节中结成的是清烟，是制作一流墨的原料。中节内为混烟，用作普通墨料。靠头一二节内的，只能刮取烟子，卖给印刷厂，但是仍要研细才能使用。其余则供漆工、粉刷工做黑色颜料涂抹。

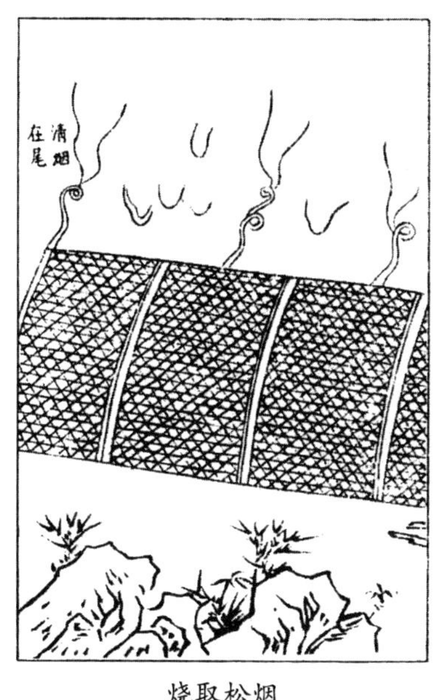

烧取松烟

取流松液

凡松烟造墨，入水久浸，以浮沉分精悫[①]。其和胶之后，以捶敲多寡分脆坚。其增入珍料与漱金、衔麝，则松烟、油烟增减听人。其余，《墨经》《墨谱》，博物者自详，此不过粗纪质料原因而已。

【注释】①精悫（què）：意思是精确。悫，是恭谨之意。

【译文】松烟造墨时，将其放入水中久浸，以浮沉的情况精确区分精粗。松烟与胶经过调和固结，加以捶敲，以敲出的多少区分墨的坚脆。至于在松烟或油烟中添加珍贵的材料比如金箔、麝香之类，松烟、油烟都可随意增减数量。其余《墨经》《墨谱》记录详细，博学者可自行研究，此书不过粗记原料与制作方法罢了。

附

胡粉（至白色，详《五金》卷）。黄丹（红黄色，详《五金》卷）。淀花（至蓝色，详《彰施》卷）。紫粉（𫄸红色，贵重者用胡粉、银朱对和，粗者用染家红花滓汁为之）。大青（至青色，详《珠玉》卷）。铜绿（至绿色，黄铜打成板片，醋涂其上，裹藏糠内，微借暖火气，逐日刮取）。石绿（详《珠玉》卷）。代赭石（殷红色，处处山中有之，以代郡者为最佳）。石黄（中黄色，外紫色，石皮内黄，一名石中黄子）。

【译文】胡粉（颜色至白，详见于《五金》章）。**黄丹**（红黄色，详见《五金》章）。**淀花**（纯蓝色，详见《彰施》章）。**紫粉**（红色，贵重的用胡粉、银朱对和，普通的用染坊的红花渣滓做成）。**大青**（深蓝色，详见《珠玉》章）。**铜绿**（深绿色，用黄铜打成薄片，涂醋后藏于米糠内，微微加温，再逐日从铜片上刮取）。**石绿**（详见《珠玉》章）。**代赭石**

（深红色，山中随处可见，山西代县所产最佳）。**石黄**（中间呈黄色，皮呈紫色。因石里呈黄色，所以另一名称叫“石中黄子”）。

曲糵[①]第十七

宋子曰：狱讼日繁，酒流生祸，其源则何辜！祀天追远，沉吟《商颂》《周雅》之间，若作酒醴之资曲糵也，殆圣作而明述矣。惟是五谷菁华变幻，得水而凝，感风而化。供用岐黄者神其名，而坚固食羞者丹其色。君臣自古配合日新，眉寿介而宿痼怯，其功不可殚述。自非炎黄作祖、末流聪明，乌能竟其方术哉！

【注释】①曲糵（niè）：糵，酿酒的酒曲，也就是酿酒时引起发酵的物质。

【译文】宋子说：人们酗酒作乱，惹是生非，引起狱讼日渐增多，然而酒曲并无罪过。君不闻，古人祭祀天地，追念祖宗，低吟《商颂》《周雅》之华章，都须饮酒助兴。酿酒则依靠酒曲，这在圣贤著作中多有阐述。酒曲来自五谷精华，得水而凝结，感风而变化，供医药用的酒曲名之为“神曲”，保持食物美味的酒曲称之为“红曲”。制曲时，主料与辅料分明，配合得法，常常推陈出新，使人康寿，医疾疗病，功不可没，不能尽述。若无炎黄创造的智慧、后人发扬的聪明，岂能使得制曲之法源远流长、尽善尽美！

酒 母

凡酿酒，必资曲药成信。无曲，即佳米珍黍，空造不成。古来曲造酒，糵造醴，后世厌醴味薄，遂至失传，则并糵法亦亡。凡曲，麦、米、面随方土造，南北不同，其义则一。凡麦曲，大、小麦皆可用。造者将麦连皮，井水淘净，晒干，时宜盛暑天。磨碎，即以淘麦水和，作块，用楮叶包扎，悬风处，或用稻秸罨黄，经四十九日取用。

【译文】酿酒，须凭借曲药作为引子。假设没有曲，纵然使用上等的好米、珍黍，要想造酒，也是徒然。自古以来，用曲酿黄酒，用糵酿甜酒。后来人们嫌甜酒味道薄淡，只用曲来酿酒，结果导致酿甜酒的技术和制糵的方法都失传了。制酒曲用麦、米、面粉，南北原料不同，因地制宜，但制造原理一样。做麦曲，大麦、小麦都可。制曲者将带皮的麦子，用井水淘洗洁净，晒干，时间在盛夏最佳。将麦磨碎，以洗麦水拌和，制作成块，用楮树叶包扎后，悬挂于通风口，或用稻草盖上，使之发黄，经过四十九天后，即可取出使用。

造面曲，用白面五斤、黄豆五升，以蓼汁煮烂，再用辣蓼末五两、杏仁泥十两，和踏成饼，楮叶包悬与稻秸罨黄，法亦同前。其用糯米粉与自然蓼汁溲和成饼、生黄收用者，罨法与时日，亦无不同也。其入诸般君臣草药，少者数味，多者百味，则各土各法，亦不可殚述。近代燕京，则以薏苡仁为君，入曲造薏酒。浙中宁、绍，则以绿豆为君，入曲造豆酒。二酒颇擅天下佳雄（别载《酒经》）。

【译文】造面曲则是用白面五斤、黄豆五升，加入蓼汁一起煮烂，再用辣蓼末五两、杏仁泥十两，混合踏制成饼，用上述楮叶包悬法或者稻草掩盖使它生出黄衣，方法同前。用糯米粉加蓼汁搓和一处揉成饼，再行覆盖，让它长出黄毛后才取用，掩黄的方法和时间也跟前述相同。酒曲中加入的各种主、次配料和草药，少则数味，多则上百味之多。各地都有各自的方法，也难以尽述。近代北京则以薏苡仁为主料，制曲造出薏酒。浙江的宁波、绍兴是以绿豆为主料，制曲酿造出豆酒。此两种酒在国内登峰造极，无与伦比（载《北山酒经》一书）。

凡造酒母家，生黄未足，视候不勤，盥[①]拭不洁，则疵药数丸，动辄败人石米。故市曲之家，必信著名闻，而后不负酿者。凡燕、齐黄酒曲药，多从淮郡造成，载于舟车北市。南方曲酒，酿出即成红色者，用曲与淮郡所造相同，统名大曲，但淮郡市者打成砖片，而南方则用饼团。其曲一味，蓼身为气脉，而米、麦为质料，但必用已成曲酒糟为媒合。此糟不知相承起自何代，犹之烧矾之必用旧矾滓云。

【注释】①盥(guàn):浇水洗手,也泛指洗。

【译文】一般来说,造酒曲的人家,假设曲料生黄毛的时间不够,探视不勤,洗手或者擦拭不净,只要有几粒坏曲,就能败坏整担的粮食。所以,卖酒曲的人家必须诚实守信,才不给酿酒者造成损失。河北、山东造黄酒的曲药,多是江苏淮安一带所造,用舟车贩运到北方。南方酿造的红酒,所用的酒曲与淮安所造的相同,统一称为大曲。但淮安所卖的曲是打成砖块状,而南方则制成饼团。每一种酒曲,以米、麦为基本原料,皆须加入蓼粉末以便于通气,还要加入已成曲的酒糟作为媒介。这种酒糟不知从哪个朝代传下来,其原理与烧矾石时须用旧矾滓掩盖炉口相同。

神 曲

凡造神曲所以入药,乃医家别于酒母者。法起唐时。其曲不通酿用也。造者专用白面,每百斤入青蒿自然汁、马蓼、苍耳自然汁相和作饼,麻叶或楮叶包罨,如造酱黄法。待生黄衣,即晒收之。其用他药配合,则听好医者增入,苦无定方也。

【译文】制造神曲,目的是当药用,医家称之为神曲,是为了与酿酒的酒曲有所区别。制神曲的方法源自唐代,此曲与酿酒者不能通用。造神曲只用白面,每百斤面加入青蒿自然汁、马蓼、苍耳自然汁拌和制作成饼,用麻叶或楮叶包藏掩盖,像制作豆酱的黄曲那样。待外表生出一层黄衣,就晒干后收藏。再用什么其他药配合,则听任爱好医药的人增减，并无一定之方。

丹 曲

凡丹曲一种，法出近代。其义臭腐神奇，其法气精变化。世间鱼肉最朽腐物，而此物薄施涂抹，能固其质于炎暑之中，经历旬日，蛆蝇不敢近，色味不离初，盖奇药也。

【译文】有一种红曲，制法在近代才开始出现。它的效果非凡，能“化真腐为神奇”，它的巧妙之处，是利用白米饭在空中的变化。世间鱼和肉最易腐烂，但用红曲在鱼和肉上薄涂一层，即能保持新鲜，哪怕是暑天也一样。涂红曲以后十天左右，蛆、蝇不敢近前，色味仍保初始状态，真是奇药啊！

凡造法，用籼[①]稻米，不拘早晚。舂杵极其精细，水浸一七日，其气臭恶不可闻，则取入长流河水漂净（必用山河流水，大江者不可用）。漂后恶臭犹不可解，入甑蒸饭则转成香气，其香芬甚。凡蒸此米成饭，初一蒸半生即止，不及其熟，出离釜中，以冷水一沃，气冷再蒸，则令极熟矣。熟后，数石共积一堆，拌信。

【注释】①籼（xiān）：水稻的一种，米粒细而长。

【译文】造红曲用黏性的籼稻米，早造、晚造皆可。米要舂捣极其精细，水浸七日后，发出的臭气难闻之至，则取出放在长流的河水中漂洗干净（须用山河流水，大江水不能用）。漂洗后，恶臭之味仍未完全解除，把它放入甑中蒸成饭后，恶臭则转成香气。蒸此种米时，蒸至半生半熟就先停下来，不可彻底蒸熟，离开蒸锅后，用冷水一浇，摊凉后再蒸至熟透。蒸熟后，将几石米饭积聚于一堆，然后拌入曲种。

长流漂米

凡曲信，必用绝佳红酒糟为料，每糟一斗，入马蓼自然汁三升，明矾水和化。每曲饭一石，入信二斤，乘饭热时，数人捷手拌匀，初热拌至冷。候视曲信入饭，久复微温，则信至矣。凡饭拌信后，倾入箩内，过矾水一次，然后分散入篾盘，登架乘风。后此，风力为政，水火无功。

【译文】曲种必须以绝佳的红酒糟作材料。每一斗糟加入马蓼自然汁三升，再用明矾水搅拌均匀。每石酒糟加入曲种二斤，趁饭热时，由数人快速地拌匀，从热拌到凉。当曲种拌入饭中以后，时间一久，温度又有升高，则说明曲种已发生效用。曲种拌入饭以后，倒入箩内，淋一次明矾水，然后分散，摊放于竹盘内，放在架上，使其通风。此后主要是通风，而水火则没有用场了。

凉风吹变

凡曲饭入盘，每盘约载五升。其屋室宜高大，防瓦上暑气侵逼。室面宜向南，妨西晒。一个时中翻拌约三次。候视者七日之中，即坐卧盘架之下，眠不敢安，中宵数起。其初时雪白色，经一二日成至黑色，黑转褐，褐转代赭，赭转红，红极复转微黄。目击风中变幻，名曰“生黄曲”，则其价与入物之力皆倍于凡曲也。凡黑色转褐，褐转红，皆过水一度。红则不复入水。凡造此物，曲工盥手与洗净盘簟，皆令极洁。一毫滓秽，则败乃事也。

【译文】曲饭放入篾盘中，每盘大约盛载五升。放曲饭的房屋必须高大，以防止瓦上的热气侵袭而入。房屋应面向南，防止猛烈的西晒。每两个小时约翻拌三次。要有人日夜守候，至少七日之内，坐卧都不能离开盘架，守候人不敢通宵安睡，半夜要起身几次观察。曲饭开始时雪白，经一两天后颜色成为黑色，又由黑色转为褐色，由褐再转成赤褐色，由赤褐色变为红色，至深红色最后又转为微黄色。目视曲饭在空气中的变幻，称为“生黄曲”。用这种方法制成的红曲，其售价与所投入的人力、物力都比一般的曲增加一倍。当曲饭由黑色变成褐色，由褐色变成红色时，都要过水一次。变红以后则不再过水。造红曲的制曲工人要勤于洗手，竹盘和细竹席要洗刷得洁净如新，周围环境也须一尘不染。若有一纤一毫的渣滓与秽物落入，都会让整个制曲过程徒劳无功。

珠玉第十八

宋子曰：玉韫山辉，珠涵水媚。此理诚然乎哉，抑意逆之说也？大凡天地生物，光明者昏浊之反，滋润者枯涩之仇，贵在此则贱在彼矣。合浦、于阗，行程相去二万里，珠雄于此，玉峙于彼，无胫而来，以宠爱人寰之中，而辉煌廊庙之上，使中华无端宝藏折节而推上坐焉。岂中国辉山、媚水者，萃在人身，而天地菁华止有此数哉？

【译文】宋子说：藏玉之山光芒闪烁，含珠之水明媚美好，这个道理是真还是假呢，难道是一种推测之说吗？天生万物，有光亮的就有昏浊的，有滋润的就有枯涩的，两相对立，贵贱并存。合浦和于阗之间的行程相距两万里之遥，珍珠雄踞于合浦，美玉耸立在于阗，但都不胫而走，被人贩运，宠爱于各郡之中，辉煌于宫廷之内。珠宝玉器，使中华无数宝藏降低身价，而其独被推于上坐。中国的辉山之玉、媚水之珠，全部已经聚集在了人身之上，难道天地的精华，仅止于此了吗？

珠

凡珍珠必产蚌腹，映月成胎，经年最久，乃为至宝。其云蛇蝮、龙颔、鲛皮有珠者，妄也。凡中国珠必产雷、廉二池。三代以前，淮扬亦南国地，得珠稍近《禹贡》“淮夷玭珠[①]”，或后互市之便，非必责其土产也。金采蒲与路，元采杨村直沽口，皆传记相承之妄，何尝得珠？至云忽吕古江出珠，则夷地，非中国也。

【注释】①玭珠：《禹贡》是《尚书》中的一篇文章。内有“淮夷玭珠”的记载。玭（pín），古人指的是一种产珍珠的蚌。

【译文】珍珠一定产于蚌腹之中，受月映照而成胎，年深日久，方成宝物。有人说蛇腹、龙的下巴颏、鲨鱼皮有珠，都是无稽之谈。中国珍珠必产于雷州（今广东海康）、廉州（今广西合浦）两处的珠池。夏、商、周三代以前的淮安、扬州地区（今苏北），对中原而言也是南方，所得到的珍珠接近于《禹贡》所载的“淮水地区产的蚌珠”，或者是互市贸易而得，不一定是当地特产。金朝（1115—1234）珍珠采于蒲与路、元朝（1271—1368）珍珠采自杨村到大沽口一带等说法，都是传记错误相传，这些地方哪里出产珍珠？至于说忽吕古江出珠，那是东北少数民族地区，并非中原地带。

凡蚌孕珠，乃无质而生质。他物形小而居水族者，吞噬弘多，寿以不永。蚌则环包坚甲，无隙可投，即吞腹，囫囵不能消化，故独得百年千年，成就无价之宝也。凡蚌孕珠，即千仞水底，一逢圆月中天，即开甲仰照，取月精以成其魄。中秋月明，则老蚌犹喜甚。若彻晓无云，则随月东升西没，转侧其身而映照之。他海滨无珠者，潮汐震撼，蚌无安身静存之地也。

【译文】蚌孕育珍珠，本是无中生有。在水族中，其形体小的，多被吞食，所以寿命不长久。但蚌周身包以坚固的甲壳，无隙可入，即使被其它海物吞入腹内，也类似“囫囵吞枣”，蚌仍然可以保持完整而不被消化，所以独得百年、千年之寿，而成就了无价之宝。蚌在深达千仞的水底孕育珍珠，每逢月圆当空，蚌就开壳仰照，吸取月精以成珍珠。当中秋之时，皓月当空，老蚌尤其欣喜，如果通宵无云，就随月亮东升西落的方向转动其身，来吸取月光。有些海滨没有珍珠，是因潮汐震撼猛烈，蚌没有安身静存之地。

凡廉州池，自乌泥、独揽沙至于青莺，可百八十里。雷州池，自对乐岛斜望石城界，可百五十里。疍户①采珠每岁必以三月，时牲杀祭海神，极其虔敬。疍户生啖海腥，入水能视水色，知蛟龙所在，则不敢侵犯。凡采珠舶，其制视他舟横阔而圆，多载草荐于上。经过水漩，则掷荐投之，舟乃无恙。舟中以长绳系没人腰，携篮投水。

【注释】①疍（dàn）户：水上居民。

【译文】合浦县廉州镇的珠池从乌泥池、独揽沙池以至青莺池一带，大约有一百八十里，雷州（以前称为海康）的珠池从对乐岛

（乐民池）到石城境内，大约有一百五十里。沿海的水上居民每年必在三月采珠，届时杀牲祭祀海神，极其诚敬。他们由于生吃海味，入水能审视水下的一切，也知蛟龙所在之地，便避开不敢侵犯。采珠的船舶比其他船只横阔而呈圆形，船上多装有草垫。船经漩涡时则投以草垫，采珠船便可化险为夷。船上以长绳绑好潜水人的腰部，他们持采珠篮潜水而下。

掷荐御漩

没水采珠船

凡没人，以锡造弯环空管，其本缺处，对掩没人口鼻，令舒透呼吸于中，别以熟皮包络耳项之际。极深者至四五百尺，拾蚌篮中。气逼则撼绳，其上急提引上。无命者或葬鱼腹。凡没人出水，煮热毳急覆之，缓则寒慄死。宋朝李招讨设法以铁为耙，最后木柱扳口，两角坠石，用麻绳作兜如囊状，绳系舶两傍，乘风扬帆而兜取之。然亦有漂溺之患。今疍户两法并用之。

扬帆采珠

【译文】采珠人潜水时带上锡制的弯管，管末端罩住口鼻以便呼吸，并把罩子的软皮带缠结在耳项之间。最深可潜至四五百尺之深，拾到蚌则放入篮中。呼吸困难时则摇绳震动，船上人急速将其拉上。命不好的多葬身鱼腹。潜水人出水时，立刻以煮热的毛毯盖在身上，慢了就会受冷而死。宋朝的招讨官李某设法以铁做成耙状框架，架的后部用木柱接口，两角边则挂上石坠，框架四周用麻绳作兜套上，再用绳将其系在船头两边，乘风扬帆兜取珠贝。但这种方法也有漂失和沉溺的隐患，现在水上居民两种方法都有采用。

凡珠在蚌，如玉在璞，初不识其贵贱，剖取而识之。自五分至一寸五分经者为大品。小平似覆釜，一边光彩微似镀金者，此名珰珠，其值一颗千金矣。古来"明月""夜光"，即此便是。白昼晴明，檐下看有光一线闪烁不定。"夜光"乃其美号，非真有昏夜放光之珠也。次则走珠，置平底盘中，圆转无定歇，价亦与珰珠相仿（化者之身受含一粒，则不复朽坏，故帝王之家重价购此）。次则滑珠，色光而形不甚圆。次则螺蚵珠，次官雨珠，次税珠，次葱符珠。幼珠如粱粟，常珠如豌豆。玭而碎者曰玑。自夜光至于碎玑，譬均一人身而王公至于氓隶也。

【译文】珠在蚌中，犹如玉在璞石中。蚌刚刚采出时，不知其价值，只有剖开后才知道贵贱。周径从五分至一寸五分的属于大珠。其中有一种珍珠叫珰珠，略呈扁圆，像倒扣的锅，一边的光彩略微类似镀金，一颗价值千金。古来所谓"明月珠""夜光珠"即此。这种珠白天晴天时在屋檐下可看到一线光芒，闪烁不定。"夜光珠"是其美称，夜间放光的珍珠并不存在。其次是走珠，放在平底盘中滚动不停，价亦与珰珠不相上下（传说死者口含一颗，则尸体不烂，所以帝王家不惜重金购买）。再次还有滑珠，其色有光而形

不甚圆，再次还有螺蚵珠、官雨珠、税珠、葱符珠。小的珠有如米粒，一般的珠类似豌豆。破碎的珠叫玑。从夜光珠直到碎玑珠，好比人从王公到奴隶一般，高低贵贱，依次而下。

凡珠生止有此数，采取太频，则其生不继。经数十年不采，则蚌乃安其身，繁其子孙而广孕宝质。所谓珠徙珠还[①]，此煞定死谱，非真有清官感召也。（我朝，弘治中，一采得二万八千两；万历中，一采止得三千两，不偿所费。）

【注释】①珠徙珠还：《后汉书·循吏传·孟尝》载，“合浦产珠，宰守采珠无度，珠遂徙邻郡。孟尝到官，革除前弊，珠遂还。”后因有“珠徙珠还”之说。

【译文】珍珠的产量有限，采取过频，珠的生长就来不及供应。经过数十年不开采，蚌就能安身繁殖后代，才会更多地孕育出珍珠。所谓“珠徙珠还”，其实是取决于珍珠自身固有的消长规律，并非真地是受到清官的感召，使迁移的珠又返还本地的事。（明朝弘治年间［1488—1505］有一年采珠二万八千两；万历年间［1573—1620］有一年只采得三千两，根本不够成本。）

宝

凡宝石皆出井中。西番诸域最盛，中国惟出云南金齿卫与丽江两处。凡宝石，自大至小，皆有石床包其外，如玉之有璞。金银必积土其上，韫结乃成。而宝则不然，从井底直透上空，取日精月华之气而就，故生质有光明。如玉产峻湍，珠孕水底。其义一也。

【译文】宝石都产于井中，中国西部边疆地区宝石的出产量最大，中原一带只出于云南金齿卫与丽江两处。大小宝石都有石床包在外面，犹如玉之有璞。金银都在地下经长期蕴结而成。而宝石则不然，从井底直透天空，取日精月华之气而形成，因此宝石生来就发光。像玉产于险峻的湍流、珠孕于水底。其中的道理一样。

凡产宝之井，即极深无水，此乾坤派设机关。但其中宝气如雾，氤氲井中，人久食其气多致死。故采宝之人，或结十数为群，入井者得其半，而井上众人共得其半也。下井人以长绳系腰，腰带叉口袋两条，及泉近宝石，随手疾拾入袋（宝井内不容蛇虫）。腰带一巨铃，宝气逼不得过，则急摇其铃，井上人引絙[①]提上。其人即无恙，然已昏瞢。止与白滚汤入口解散，三日之内不得进食粮，然后调理平复。其袋内石，大者如碗，中者如拳，小者如豆，总不晓其中何等色。付与琢工鑢[②]错解开，然后知其为何等色也。

【注释】①絙（gēng）：粗绳子。②鑢（lǜ）：磋磨骨角铜铁等的工具，使之光滑。

【译文】产宝石的井虽然极深，却没有水，这是天地自然的巧妙安排。但井中的宝气像雾，弥漫井中，人久吸其气，大多会致死。所以采宝者常常十几人结伴取宝，入井者得宝石的一半，井上众人共得另一半。下井人以长绳系腰，腰上带两个叉口袋，下井后得到宝石立即装入袋中（宝石井中不藏蛇、虫）。腰间还系一巨铃，宝气逼得难以忍受，急忙摇铃，井上的人用绳马上将其拉出，即使其人没有死亡之危，但已昏迷不醒。这时只能用白开水灌口解救，三日之内不得进食，然后再调理恢复。袋内的宝石，大者如碗，中者如拳，小者如豆，总不能马上晓得里面是何等货色。需要交给工匠用刀錏开后才知道内藏的宝石成色如何。

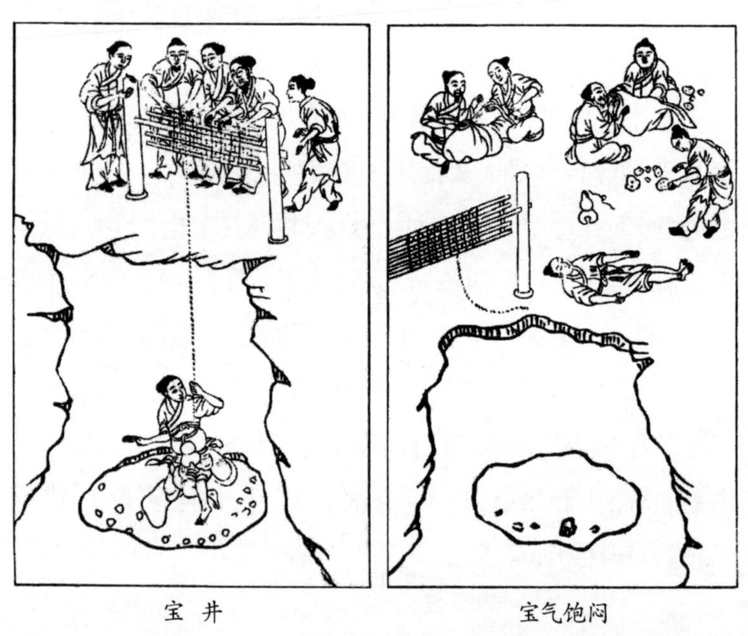

宝 井　　　　宝气饱闷

属红、黄种类者，为猫精、靺羯芽、星汉砂、琥珀、木难、酒黄、喇子。猫精黄而微带红。琥珀最贵者名曰瑿（音依，此值黄金五倍价），红而微带黑，然昼见则黑，灯光下则红甚也。木难纯黄色。喇子纯红。前代何妄人，于松树注茯苓，又注琥珀，可笑也[①]。

【注释】①“前代何妄人”四句：李时珍《本草纲目·木部·松》条引葛洪云：“老松余气结为茯苓，千年松脂化为琥珀。”李时珍对此提出质疑，在《纲目》卷三十七《琥珀》条申明：“松脂千年作茯苓，茯苓千年作琥珀，大抵皆是神异之说，未可深凭。”不过，在卷三十四《松》条提到：“松脂则为［松］树之津液精华也，在土不腐，流脂日久变为琥珀。”李时珍之论据实阐述，有根有据。至于葛洪，云松脂变茯苓、茯苓变琥珀之说当属于“妄人”笑说。

【译文】属于红、黄色种类的宝石叫猫精（睛）、靺羯芽、星汉砂、琥珀、木难、酒黄、喇子。猫精石呈黄色而微微带红。琥珀最贵重的叫瑿（音依，价钱比黄金贵五倍），红色而略微带黑，但白天看色黑，灯光下看则色红。木难为纯黄色，喇子则是纯红色。前代不知是何妄人，在谈到松树时加注说可变成茯苓，又加注说可变成琥珀，这非常可笑。

属青、绿种类者，为瑟瑟珠、珇㻞绿、鸦鹘石、空青之类。（空青既取内质，其膜升打为曾青。）至玫瑰一种，如黄豆、绿豆大者，则红、碧、青、黄数色皆具。宝石有玫瑰，如珠之有玑也。星汉砂以上，犹有煮海金丹。此等皆西番产，亦间气出，滇中井所无。时人伪造者，唯琥珀易假，高者煮化硫黄，低者以殷红汁料煮入牛羊明角，映照红赤隐然，今亦最易辨认（琥珀磨之有浆）。至引草，原惑人之说，凡物借人气能引拾轻芥也。自来《本草》陋妄，删去毋使灾木。

【译文】属于青绿色种类的宝石，有瑟瑟珠、珇珻绿、鸦鹘石、空青之类。(空青取自矿石内核，外层打成粉末即为曾青。)有一种玫瑰石，像黄豆、绿豆大小，分红、绿、青、黄等数种颜色。宝石中有次等的玫瑰石，就像珍珠中有次等的玑珠一样。比星汉砂高一等的还有煮海金丹。这些宝石产自西部地区，偶尔也有随着井中宝气出现的，云南中部矿井无此类宝石。现在有人伪造宝石，其中琥珀最易作假，高明的则煮化硫黄，低劣者以黑红色汁液煮透明的牛羊角胶，映照之下，隐约可见红色，现在也容易辨认出来(琥珀研磨时有浆)。至于琥珀能吸引小草，原是惑人之说。凡物只有借人气才能吸引轻微的东西。李时珍的《本草》有不少鄙陋虚妄之言，这些说法理应删去，以免糟蹋付梓印刷时的雕版木料。

玉

凡玉入中国，贵重用者尽出于阗(汉时西国号，后代或名别失八里，或统服赤斤蒙古，定名未详)、葱岭。所谓蓝田，即葱岭出玉别地名，而后世误以为西安之蓝田也。其岭水发源名阿耨山，至葱岭分界两河：一曰白玉河，一曰绿玉河。晋人张匡邺作《西域行程记》[①]载有乌玉河，此节则妄也。

【注释】①晋人张匡邺作《西域行程记》：误。据《新五代史·于阗传》，后晋供奉官张匡邺、判官高居诲于天福三年使于阗，高居诲作《于阗国行程记》。

于阗国

白玉河

葱岭陰

绿玉河

【译文】玉贩运到中原内地，贵重的都出自于阗（汉代时西域的一个地名，后代叫别失八里，或属于赤斤蒙古，具体名称未详）、葱岭。所谓蓝田，是葱岭的一个出玉之地，而后世误以为是西安附近的蓝田。葱岭的河水发源于阿耨山，流至葱岭后分为两条河，一叫白玉河，一叫绿玉河。晋人张匡邺作《西域行程记》记载有乌玉河，这段记载当属错误。

玉璞不藏深土，源泉峻急激映而生。然取者不于所生处，以急湍无著手。俟其夏月水涨，璞随湍流徙，或百里，或二三百里，取之河中。凡玉映月精光而生，故国人沿河取玉者，多于秋间明月夜，望河候视。玉璞堆聚处，其月色倍明亮。凡璞随水流，仍错杂乱石浅流之中，提出辨认而后知也。

【译文】含玉的石头不藏在深土中，而是在河源处的急流河水冲激下映照月光而生。但采玉的人并不去产地开采玉石，因为河水流势湍急无法下手。待夏天水涨时，玉石随湍流被冲出一百里或二三百里处，再于河中采之。玉是感受月的精光而生，所以沿河取石的当地人，多在明月当空的秋夜，守在河中观察。玉石堆聚之地，那里的月光加倍明亮。含玉的璞石随河水流动，浅滩上的乱石夹杂其间，只有开采、辨认后，玉、石才能皎然分明，一清二楚。

白玉河流向东南，绿玉河流向西北。亦力把力地，其地有名望野者，河水多聚玉。其俗以女人赤身没水而取者，云阴气相召，则玉留不逝，易于捞取。此或夷人之愚也。（夷中不贵此物，更流数百里，途远莫货，则弃而不用。）

【译文】白玉河流向东南，绿玉河流向西北。亦力把力一带有个地方名叫望野，附近河水聚玉极多。当地风俗是妇女赤身入水取玉，据说妇女的阴气可召来玉，玉就会留而不逝，易于捞取。这或可说明当地人的愚痴。（当地并不贵重此物，如果沿河再行数百里，路途遥远，玉石卖不出去，便弃而不采。）

凡玉，唯白与绿两色。绿者中国名菜玉。其赤玉、黄玉之说，皆奇石、琅玕[①]之类，价即不下于玉，然非玉也。凡玉璞根系山石流水，未推出位时，璞中玉软如棉絮，推出位时则已硬，入尘见风则愈硬。谓世间琢磨有软玉，则又非也。凡璞藏玉，其外者曰玉皮，取为砚托之类，其值无几。璞中之玉，有纵横尺余无瑕玷者，古者帝王取以为玺。所谓连城之璧，亦不易得。其纵横五六寸无瑕者，治以为杯斝[②]，此已当世重宝也。

【注释】①琅玕（gān）：像珠子一样的美石。②斝（jiǎ）：古代制造的酒器，圆口，三足。

【译文】玉只有白、绿两色，中原地区称绿玉为菜玉。所谓赤玉、黄玉之说，都指奇石、琅玕（似玉的美石）之类，其价钱不下于玉，但它们不是玉。含玉之石产于山石流水中，未剖出时璞中之玉软如棉絮，剖露出来以后，随即变硬，遇到风尘则更硬。世间所说的琢磨软玉的，这又错了。玉藏于璞中，外层叫玉皮，取来作砚、托之类的东西，并不值钱。璞中之玉有纵横一尺多而无瑕疵的，古时帝王用作玉玺。所谓价值连城之璧，更不易得。纵横五六寸而无瑕疵的玉，用来加工成酒器，这也是当世重宝了。

此外，惟西洋琐里有异玉，平时白色，晴日下看映出红色。阴雨时又为青色，此可谓之玉妖，尚方有之。朝鲜西北太尉山，有千年璞，中藏羊脂玉，与葱岭美者无殊异。其他虽有载志，闻见则未经也。凡玉，由彼地缠头回（其俗人首一岁裹布一层，老则臃肿之甚，故名缠头回子。其国王亦谨不见发。问其故，则云见发则岁凶荒，可笑之甚），或溯河舟，或驾橐驼，经庄浪入嘉峪，而至于甘州与肃州。中国贩玉者，至此互市而得之，东入中华，卸萃燕京。玉工辨璞高下，定价，而后琢之（良玉虽集京师，工巧则推苏郡）。

【译文】此外，只有西洋琐里产有异玉，平时显示白色，在阳光下显出红色，阴雨时又成青色，真可称之为“玉妖”，一般皇家才有。朝鲜西北的太尉山有一种千年璞，中间藏有羊脂玉，与葱岭所出的美玉并无二致。其余各种玉书中虽有记载，但我未曾见闻。玉由葱岭缠头的回族人（其风俗是男人长年在头部裹布，故名缠头回人。其国王也是不将头发露出，问其原委，则说一露头发就出现灾年，非常好笑）或沿河乘船，或者是骑骆驼，经庄浪卫运入嘉峪关，而到甘肃甘州（今张掖）、肃州（今酒泉）。内地贩玉者来到这里贸易，再向东运，一直汇集到北京。玉匠辨别玉石等级，定价后开始进行琢磨（良玉虽集中于北京，但能工巧匠则首推苏州）。

凡玉初剖时，冶铁为圆盘，以盆水盛砂，足踏圆盘使转，添砂剖玉，逐忽划断。中国解玉砂，出顺天玉田与真定邢台两邑，其砂非出河中，有泉流出，精粹如面，藉以攻玉，永无耗折。既解之后，别施精巧工夫，得镔铁刀者，则为利器也（镔铁亦出西番哈密卫砺石中，剖之乃得）。

【译文】剖玉，用铁做个圆形转盘，将水与砂一起放入盆内，以脚踏动圆盘进行旋转，再添砂剖玉，逐渐将玉划断。剖玉所用的砂，在内地出自顺天府玉田（今河北玉田）和真定府邢台（今河北邢台）两地，其砂不产于河中，而是从泉中流出的，其细如面粉，借以磨玉，永无耗损。玉石剖开后，再用一种利器叫“镔铁刀”，加上精巧的工艺就可制成玉器（镔铁也出于新疆哈密卫的砺石中，剖开就能得到）。

琢　玉

凡玉器琢余碎，取入钿花用；又碎不堪者，碾筛和灰涂琴瑟，琴有玉音，以此故也。凡镂刻绝细处，难施锥刃者，以蟾酥[①]填画而后锲之。物理制服，殆不可晓。凡假玉以砆碔[②]充者，如锡之于银，昭然易辨。近则捣舂上料白瓷器，细过微尘，以白蔹诸汁调成为器，干燥玉色烨然，此伪最巧云。

【注释】①蟾酥：蟾蜍腮腺和皮脂腺分泌物，有侵蚀作用。②砆碔（fū wǔ）：砆，古同“玞”，像玉的石；碔，古同“珷”，似玉的美石。

【译文】琢磨玉器时，有碎玉，可用来作钿花；太碎不堪用的则碾成粉，过筛后与灰混合来涂琴瑟，琴有玉器的音色，原因就在此。雕刻玉器时，细微之处难下锥刀，就以蟾蜍汁填画在玉上，再以刀刻。一物克一物，其理奥妙难懂。用砆碔冒充假玉，犹如以锡充银，极易辨认。最近有人将上等的白瓷器捣碎，细如微尘，再用白蔹的汁液粘调成器物，干燥后，玉色赫然灿烂，这种造假，也算巧夺天工。

凡珠玉、金银，胎性相反。金银受日精，必沉埋深土结成。珠玉、宝石受月华，不受土寸掩盖。宝石在井，上透碧空；珠在重渊，玉在峻滩，但受空明水色盖上。珠有螺城，螺母居中，龙神守护，人不敢犯。数应入世用者，螺母推出人取。玉初孕处，亦不可得。玉神推徙入河，然后恣取。与珠宫同神异云。

【译文】珠玉与金银的结成方式相反，金银受日精，深埋于土内形成。而珠玉、宝石则承受月华，不受泥土的掩盖。宝石在井中，直对碧空；珠在深渊，而玉在险峻的河滩，但都承受着明亮的天空或河水的覆盖。珠有螺城，螺母居于其中，有龙神守护，人不敢犯。那些注定要问世的珍珠，再由螺母推出供人取用。玉初孕之地，也无法得到玉。只有玉神将其推迁到河中，才能任人采取。这些与珠宫同为神异。

附：玛瑙、水晶、琉璃

凡玛瑙，非石非玉。中国产处颇多，种类以十余计。得者多为簪篋、釦(音扣)结之类，或为棋子，最大者为屏风及桌面。上品者产宁夏外徼羌地砂碛中，然中国即广有，商贩者亦不远涉也。今京师货者，多是大同、蔚州九空山、宣府四角山所产，有夹胎玛瑙、截子玛瑙、锦红玛瑙，是不一类。而神木、府谷出浆水玛瑙、锦缠玛瑙，随方货鬻。此其大端云。试法，以研木不热者为真。伪者虽易为，然真者值原不甚贵，故不乐售其技也。

【译文】玛瑙非石非玉，中国出产之地很多，有十多个种类。所得到的玛瑙，多用来做发髻上的簪子和衣扣，或做棋子，最大的做屏风及桌面。玛瑙中的上品产于宁夏塞外羌族地区的沙漠中，但内地也随处可见，商贩不需要长途贩运。现在在北京所卖的玛瑙，多产于山西大同、河南蔚县九空山及河北宣化的四角山，有夹胎玛瑙、截子玛瑙、锦红玛瑙，种类不一而足。而陕西神木与府谷所产的是浆水玛瑙、锦缠玛瑙，就地流通，这是玛瑙的大致情况。辨别真伪，用研木在玛瑙上摩擦，不发热的是真品。伪品虽然易做，但真品价钱不高，所以，人们也就不太热衷造假了。

凡中国产水晶，视玛瑙少杀。今南方用者多福建漳浦产（山名铜山），北方用者多宣府黄尖山产，中土用者多河南信阳州（黑色者最美）与湖广兴国州（潘家山）产，黑色者产北不产南。其他山穴本有之而采识未到，与已经采识而官司厉禁封闭（如广信惧中官开采之类）者尚多也。凡水晶出深山穴内瀑流石罅之中。其水经晶流出，昼夜不断，流出洞门半里许，其面尚如油珠滚沸。凡水晶未离穴时如棉软，见风方坚硬。琢工得宜者，就山穴成粗坯，然后持归加功，省力十倍云。

【译文】中国内地水晶产量比玛瑙少，现在南方所用的多产于福建漳浦当地（山叫铜山），北方所用的多产自河北宣化的黄尖山，中原用的多产自河南信阳（黑色的最美），此外还有湖北兴国（今阳新）潘家山。黑色水晶产于北方，不产于南方。其余山洞中本来就有，而未被发现；或已经发现并被开采，而官方明令禁闭（例如江西广信一带惧怕宦官剥削而停采等）这种情况很多。水晶产于深山洞穴内的瀑流、石缝之中，瀑布流过水晶，昼夜不断，流出洞口半里左右，水面上还像油珠滚动沸腾一样。水晶未离洞穴时像棉一样软，见风后才坚硬。工匠为了省事，在山穴之中就地制成粗坯，再带回去进行深入加工，足可省力十倍。

凡琉璃石，与中国水精、占城火齐，其类相同，同一精光明透之义，然不产中国，产于西域。其石五色皆具，中华人艳之，遂竭人巧以肖之。于是烧瓴甋[①]转釉成黄绿色者，曰琉璃瓦；煎化羊角为盛油与笼烛者，为琉璃碗；合化硝、铅写珠铜线穿合者，为琉璃灯；捏片为琉璃瓶、袋（硝用煎炼上结马牙者）。各色颜料汁，任从点染。凡为灯、珠，皆淮北齐地人，以其地产硝之故。

【注释】①瓴甋（líng dì）：瓴，古代一种盛水的瓶子；甋，长方砖。烧瓴甋，此处指烧砖制瓦。

【译文】琉璃石与中国水晶、占城的火齐同属一类，都精光明透。但不产于中国内地，而产于西部少数民族地区。此石五色俱全，国内的人都喜欢，所以竭尽工巧进行仿制。于是烧成砖瓦，挂上琉璃石釉料，使之成为黄、绿颜色，称为琉璃瓦。把羊角煮化，做成油罐和烛罩，称为琉璃碗。把硝和铅一起熔化做成珠子，并用铜线串起来，可制成琉璃灯。用上述材料烧炼后还可捏成薄片，做成琉璃瓶和袋（所需的硝石用煎炼时结于其上的马牙硝）。可用各色颜料汁任意将材料染色。制造琉璃灯和琉璃珠的，都是淮河以北的山东人，因为这些地方产硝。

凡硝见火还空，其质本无，而黑铅为重质之物。两物假火为媒，硝欲引铅还空，铅欲留硝住世，和同一釜之中，透出光明形象。此乾坤造化隐现于容易地面。《天工》卷末，著而出之。

【译文】硝石经过焚烧便分解而消失，其原来的成分便不再有，而黑铅是重质之物。两物通过火的媒介而发生变化，硝吸引铅而自身消失，铅与硝结合以住世长存，它们在一个锅中化合，得到玻璃，透明闪亮。此乾坤之力，造化之功，隐约变幻，现于地面，神奇无穷。《天工开物》一书，已达卷末终篇，执笔著述所知所闻，流传后世。

谦德国学文库丛书

（已出书目）

弟子规·感应篇·十善业道经
三字经·百家姓·千字文·德育启蒙
千家诗
幼学琼林
龙文鞭影
女四书
了凡四训
孝经·女孝经
增广贤文
格言联璧
大学·中庸
论语
孟子
周易
礼记
左传
尚书
诗经
史记
汉书
后汉书
三国志
道德经
庄子
世说新语
墨子
荀子
韩非子
鬼谷子
山海经
孙子兵法·三十六计
素书·黄帝阴符经
近思录
传习录
洗冤集录
颜氏家训
列子
心经·金刚经
六祖坛经

茶经·续茶经
唐诗三百首
宋词三百首
元曲三百首
小窗幽记
菜根谭
围炉夜话
呻吟语
人间词话
古文观止
黄帝内经
五种遗规
一梦漫言
楚辞
说文解字
资治通鉴
智囊全集
酉阳杂俎
商君书
读书录
战国策
吕氏春秋
淮南子
营造法式
韩诗外传
长短经

虞初新志
迪吉录
浮生六记
文心雕龙
幽梦影
东京梦华录
阅微草堂笔记
说苑
竹窗随笔
国语
日知录
帝京景物略
子不语
水经注
徐霞客游记
聊斋志异
清代三大尺牍：小仓山房尺牍
清代三大尺牍：秋水轩尺牍
清代三大尺牍：雪鸿轩尺牍
孔子家语
贤母录
张岱文集：陶庵梦忆
张岱文集：西湖梦寻
张岱文集：快园道古
群书类编故事
管子

安士全书

感应篇汇编

天工开物

梦溪笔谈

古今谭概

夷坚志

劝戒录全集

曾国藩家书